LE SCHÉMA ÉLECTRIQUE

Hubert LARGEAUD

Professeur de Techniques générales
au Centre de Formation de Paris

TROISIÈME ÉDITION
Treizième tirage 2016

EYROLLES

ÉDITIONS EYROLLES
61, bd Saint-Germain
75240 Paris Cedex 05
www.editions-eyrolles.com

© Éditions Eyrolles, 1991, pour le texte de la présente édition

© Éditions Eyrolles, 2007, pour la nouvelle présentation

ISBN : 978-2-212-12081-3

NOTE DE L'AUTEUR

Le schéma électrique peut être considéré comme un langage que tout électricien doit apprendre pour accomplir correctement sa mission. En effet, parmi les multiples tâches qui peuvent lui être confiées, celui-ci aura besoin de connaître :

— les différents types de schémas ;
— les normes de schémas à respecter ;
— les schémas de base des domaines concernés ;
— la réglementation en vigueur au niveau des installations ;
— les règles de sécurité visant le matériel et les personnes ;
— la technologie du matériel électrique.

En outre, il devra être capable :

— de lire et comprendre les différents schémas ;
— de représenter correctement les schémas des installations en respectant la normalisation en vigueur ;
— d'appliquer la réglementation et les règles de sécurité ;
— de modifier les schémas de base en vue de les adapter à la demande des utilisateurs ;
— de décrire et expliquer simplement le fonctionnement d'une installation.

Dans cet ouvrage, nous avons tenté de répondre à ces différents points de façon à combler un manque évident de littérature dans ce domaine. Pour cela, nous avons étudié de nombreux schémas de base à travers un maximum d'exemples en tenant compte :

— des normes actuellement en vigueur et en particulier :
  • des normes françaises des symboles éditées en avril 1985 et qui reprennent la publication du comité électrotechnique international ;
  • des repères d'identification des éléments ;
  • du repérage des bornes et des conducteurs.

— de la réglementation actuellement en vigueur et en particulier pour les installations intérieures des locaux d'habitation ;
— des règles de sécurité pour le matériel et les personnes.

De plus, chaque schéma est expliqué en utilisant un vocabulaire simple ce qui aidera son étude et sa compréhension ; enfin, il nous a paru nécessaire d'inclure, en début de chaque chapitre, des éléments technologiques indispensables concernant le matériel électrique.

Nous avons voulu que la présentation et l'utilisation de ce livre soient les plus simples possible.

— nous avons donc regroupé, dans la mesure du possible, chaque schéma avec sa légende et la description de son fonctionnement de façon à voir cet ensemble sans tourner de page ; cela a été fait au détriment d'un équilibrage de contenu au niveau des feuilles.

— en outre, il existe une table des matières sommaire au début de ce livre, une très détaillée au début de chaque chapitre et un index alphabétique en fin de cet ouvrage qui permettra au lecteur de retrouver facilement l'élément qu'il voulait rechercher.

Enfin, nous souhaitons que ce livre apporte au lecteur les bases de schéma d'électricité indispensables pour une meilleure communication entre tous les électriciens.

LE SCHEMA ELECTRIQUE

Généralités

GÉNÉRALITÉS

1 DÉFINITIONS

Nota : *Toutes les définitions de ce chapitre sont tirées de la norme NF C 03151.*

1.1 Schéma

Le schéma d'électricité est une représentation symbolique et conventionnelle des installations électriques.

Il représente les différentes liaisons entre les éléments d'une installation, d'un ensemble d'appareils ou d'un appareil.

1.2 Diagramme

Le diagramme aide la compréhension d'un schéma en donnant des informations complémentaires.

Il facilite l'analyse d'actions successives en précisant, le cas échéant, la valeur des intervalles de temps entre celles-ci.

1.3 Tableau

Un tableau complète ou remplace un schéma. Il permet de préciser :

— l'emplacement des parties d'une installation,

— le raccordement électrique entre les différents éléments ou parties d'une installation.

2 CLASSIFICATION DES SCHÉMAS

Nota : *Ces classifications sont tirées de la norme NF C 03151.*

2.1 Classification selon le but envisagé

Ce classement se fait en quatre grandes familles.

2.1.1 Première famille : Les schémas explicatifs

Ils facilitent l'étude et la compréhension du fonctionnement d'une installation ou d'une partie d'installation.

On distingue :

— le schéma fonctionnel qui fait comprendre le fonctionnement global de l'installation,

— le schéma des circuits ou de principe qui fait comprendre en détail le fonctionnement de l'installation,

— le schéma d'équivalence qui permet l'analyse et le calcul des caractéristiques d'un circuit.

2.1.2 Deuxième famille : Les diagrammes ou tableaux explicatifs

Ils facilitent la compréhension des schémas et donnent des informations complémentaires.

On distingue :

— le diagramme ou tableau de séquence qui facilite l'analyse des actions se succédant dans un ordre déterminé.

— le diagramme ou tableau de séquence-temps qui tient compte en plus de la valeur des intervalles de temps entre les actions successives.

2.1.3 Troisième famille : Les schémas de réalisation ou tableaux des connexions

Ils guident la réalisation et la vérification des connexions d'une installation ou d'un équipement.

On distingue :

— le schéma des connexions intérieures qui représente les connexions à l'intérieur d'une partie d'installation,

— le schéma des connexions extérieures qui représente les connexions entre les différentes parties d'une installation,

— le schéma des bornes qui représente les bornes avec les conducteurs intérieurs et extérieurs qui y sont raccordés.

2.1.4 Quatrième famille : Les plans ou tableaux de disposition

Ils donnent des indications précises sur l'emplacement des parties d'une installation.

2.2 Classification selon le mode de représentation

Ce classement se fait en trois grandes familles.

2.2.1 Première famille : Suivant l'emplacement des matériels

C'est la représentation topographique où la disposition des symboles sur le schéma rappelle la disposition réelle des matériels correspondants.

2.2.2 Deuxième famille : Suivant l'emplacement des symboles

Selon l'emplacement des symboles, on distingue :

— la représentation développée dans laquelle les symboles des différents éléments d'un même appareil sont séparés et disposés de telle sorte que le tracé de chaque circuit puisse être facilement suivi,

— la représentation rangée dans laquelle les symboles des différents éléments d'un même appareil sont séparés et disposés de telle sorte que l'on puisse tracer facilement les symboles des liaisons mécaniques entre les différents éléments qui manœuvrent ensemble,

— la représentation assemblée dans laquelle les symboles des différents éléments d'un même appareil sont représentés juxtaposés.

2.2.3 Troisième famille : Suivant le nombre de conducteurs

Selon le nombre de conducteurs, on distingue :

— la représentation multifilaire dans laquelle chaque trait est un conducteur,

— la représentation unifilaire dans laquelle un trait correspond à plusieurs conducteurs.

— la représentation en faisceau dans laquelle un trait unique correspond à un groupe de conducteurs.

3 ÉTUDE DES DIFFÉRENTS SCHÉMAS SELON LE MODE DE REPRÉSENTATION

3.1 Première famille : Suivant l'emplacement des matériels

Le schéma le plus couramment utilisé est appelé : " Schéma architectural ".

Il définit :

— sommairement l'architecture d'un local ou d'un ensemble de locaux,

— les emplacements approximatifs des appareils d'utilisation,

— les emplacements approximatifs des appareils de commande,

— la dépendance existant entre ces appareils.

Exemple

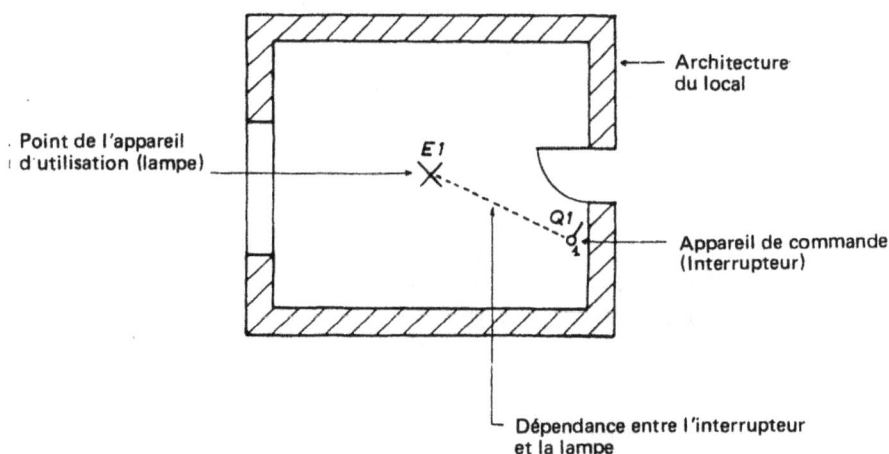

3.2 Deuxième famille : Suivant l'emplacement des symboles

C'est le schéma des circuits ou de principe.

Il doit :

— faire comprendre le fonctionnement de l'installation,

— fournir les bases d'établissement des schémas de réalisation ou des tableaux de connexions,

— faciliter les essais et le dépannage de l'installation.

Il représente, au moyen de symboles graphiques, les liaisons électriques et les fonctions des circuits sans tenir compte :

— de la réalité des formes et des dimensions :

— de l'emplacement réel des éléments représentés.

Sa représentation doit être la plus claire possible pour la compréhension du fonctionnement, c'est pourquoi :

— les conducteurs sont représentés rectilignes avec le moins possible de croisements et de changements de direction,

— les séquences des différentes opérations sont mises en évidence et apparaissent dans l'ordre de la gauche vers la droite ou du haut vers le bas.

3.2.1 Représentation développée

a) Alimentation

. En courant alternatif monophasé ou en courant continu, les alimentations sont placées de part et d'autre du schéma et symbolisées :
— soit par deux lignes verticales (cas d'un schéma horizontal),

— soit par deux lignes horizontales (cas d'un schéma vertical).

La phase ou la polarité positive est toujours placée soit à gauche, soit en haut du schéma ; le neutre ou la polarité négative se retrouve donc toujours soit à droite soit en bas de celui-ci.

Remarque : Si le conducteur de protection doit être représenté, il est toujours placé à côté du neutre.

Pour bien préciser le type d'alimentation et les polarités représentées, il est indispensable d'ajouter sur chaque ligne les symboles ci-dessous ainsi que les lettres repères correspondantes.

Symbole de la phase : ─╱─ lettre repère : L1, L2, L3

Symbole du neutre : ─╱─ lettre repère : N

Symbole du conducteur de protection : ─╱─ lettre repère : PE

Symbole de la polarité positive : ─╱─ lettre repère : L +

Symbole de la polarité négative : ─╱─ lettre repère : L −

Exemples

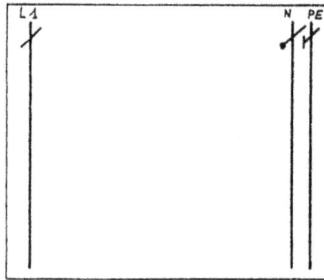 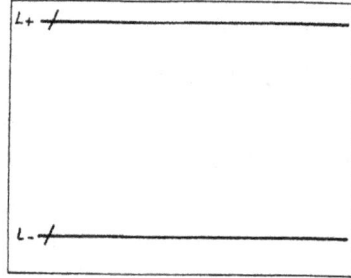

• *En courant polyphasé,* les alimentations sont groupées d'un seul côté du schéma (soit à gauche soit en haut de celui-ci) et symbolisées de la même façon que précédemment.

Remarque : Les conducteurs de phase sont placés dans un ordre croissant en commençant par le haut ou la gauche du schéma.

Le conducteur neutre est toujours placé à droite ou en bas des conducteurs de phase.

Exemples :

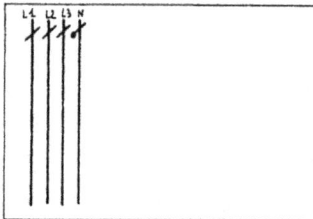 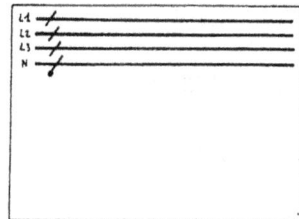

b) Protection

• *En courant alternatif,* la protection du circuit par fusible est toujours installée sur la ou les conducteurs de phase de l'alimentation ; le neutre ne doit jamais être protégé.

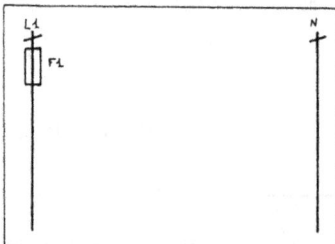 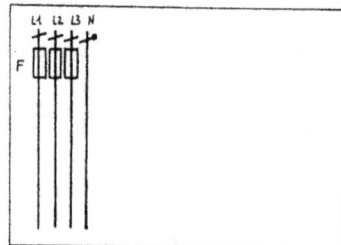

. *En courant continu*, cette protection est toujours installée sur la polarité positive de l'alimentation (la polarité négative peut aussi être protégée ; cela permet de pouvoir isoler la source d'alimentation du circuit).

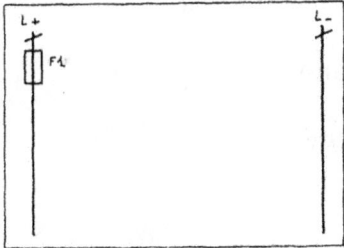

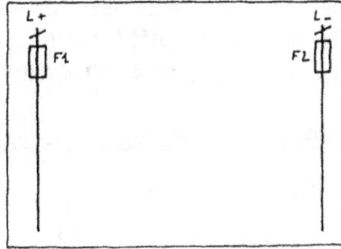

Exception :

Le schéma représente plusieurs circuits différents protégés par des fusibles distincts. Il faut les placer sur leur propre circuit.

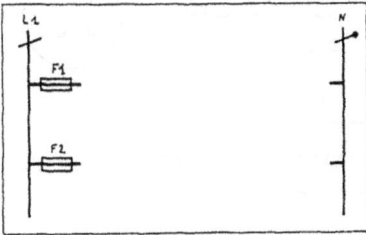

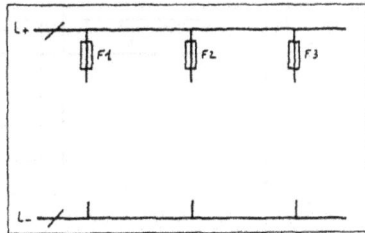

c) Symboles

La taille du symbole ainsi que l'épaisseur de ses traits n'ont aucune influence sur sa signification ; par contre, il faut s'efforcer d'orienter tous les symboles identiques dans le même sens ce qui permet de rendre le schéma beaucoup plus clair et esthétique (par exemple, représenter toutes les bobines de relais dans la position horizontale, les contacts dans la position verticale...).

d) Repérage

Le schéma développé est caractérisé par la dispersion des éléments partiels d'un même organe. Chaque symbole doit donc être repéré afin de pouvoir, d'une part, trouver très facilement son emplacement dans le schéma et d'autre part, reconstituer sans ambiguïté l'organe considéré ; ce repère d'identification se place à proximité de chaque élément.

e) Conducteurs

Chaque conducteur est représenté par un trait rectiligne. Sa largeur n'a aucune signification ; par contre, pour rendre le schéma beaucoup plus compréhensible, il est souhaitable de tracer les schémas de commande en traits fins et les schémas de puissance en traits forts.

f) Légende

Un schéma en représentation développée doit avoir une légende dans laquelle sont indiqués :
— les lettres repères des différents organes,
— le nom des différents organes,
— la fonction des différents organes.

g) Exemple de schéma développé

Circuit de puissance

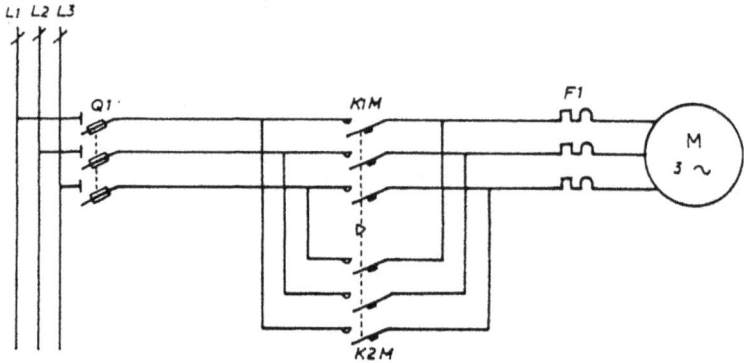

Circuit de commande

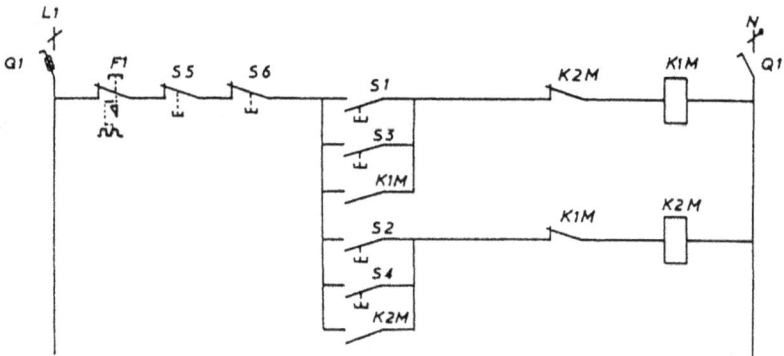

Légende pour les deux schémas

Q1	: fusible sectionneur
F1	: relais de protection magnéto-thermique
S1	: bouton poussoir marche avant : poste de travail N° 1
S3	: bouton poussoir marche avant : poste de travail N° 2
S2	: bouton poussoir marche arrière : poste de travail N° 1
S4	: bouton poussoir marche arrière : poste de travail N° 2
S5	: bouton poussoir arrêt : poste de travail N° 1
S6	: bouton poussoir arrêt : poste de travail N° 2
K1M	: discontacteur marche avant
K2M	: discontacteur marche arrière.

3.2.2 Représentation rangée

a) Alimentation

. *En courant alternatif monophasé ou en courant continu,* les alimentations sont représentées par :

— deux lignes horizontales placées de part et d'autre du schéma,

— ou des symboles tels que : ⌐ ⌐ ⌐   ⌐

— ou une combinaison des deux solutions précédentes.

Nota : Tout schéma utilisant les symboles décrits précédemment doit comporter une légende qui permet de retrouver facilement le type d'alimentation.

Exemples

⌐ : + 125 V   ⌐ : + 48 V

⌐ : − 125 V   ⌐ : − 48 V

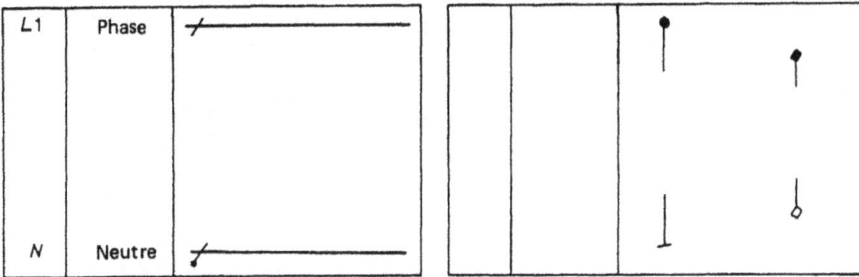

. *En courant polyphasé,* les conducteurs d'alimentation sont groupés en haut du schéma et symbolisés par des lignes horizontales.

Nota : Nous obtiendrons toujours l'ordre suivant (en commençant par le haut) : L1, L2, L3, N.

Exemple :

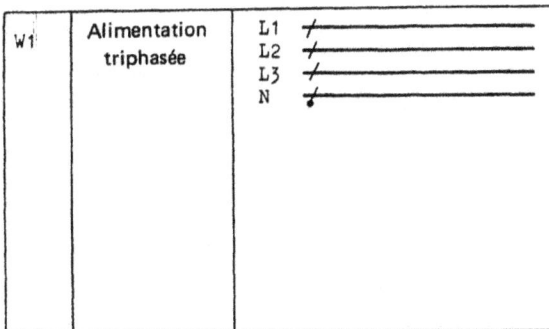

b) Protection du circuit

Cette représentation sert souvent en automatisme ; les protections sont regroupées en général dans une armoire. Il est donc admis de les supprimer sur la partie du schéma considéré, en ayant conscience que l'alimentation utilisée est protégée.

Dans le cas où cette protection doit être représentée, il faut suivre les mêmes règles que pour la représentation développée.

Exemples :

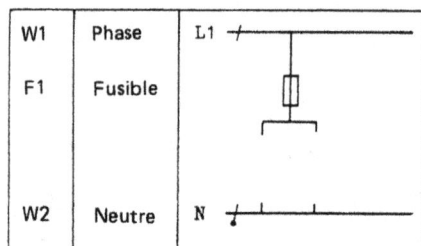

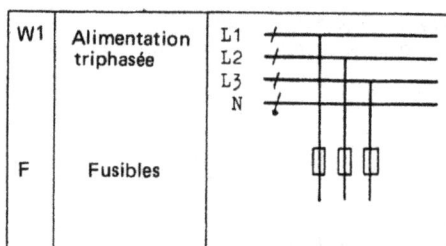

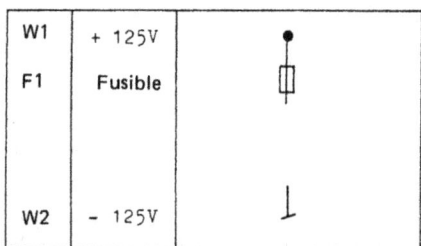

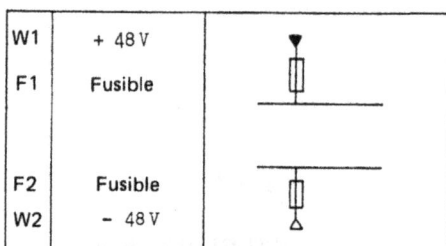

c) Symboles

Le schéma développé rangé est caractérisé par l'alignement des différents éléments d'un même organe ; leur liaison mécanique est indiquée.

Cette représentation permet de tracer un organe par ligne et conduit à couder et croiser les conducteurs ce qui réduit considérablement la clarté du schéma.

La taille du symbole ainsi que l'épaisseur de ses traits n'ont aucune influence sur sa signification. Par contre, il faut obligatoirement orienter les différents éléments d'un appareil dans le même sens puisque l'on représente la liaison mécanique (exemple : tous les contacts d'un même relais sont placés verticalement).

d) Conducteurs

Chaque conducteur est représenté par une ligne brisée de façon à relier les différents symboles entre eux et à éviter les croisements. Pour rendre le schéma beaucoup plus compréhensible, il est souhaitable de représenter les schémas de commande en traits fins et les schémas de puissance en traits forts.

e) Repérage

Comme tous les éléments d'un même appareil sont alignés et leur liaison mécanique représentée, le repère d'identification n'est indiqué qu'une seule fois. Cela permet d'obtenir pour tout le schéma, une colonne repère.

f) Légende

La légende du schéma en représentation rangée est inscrite dans une colonne juxtaposée à celle des repères ce qui permet d'obtenir la présentation suivante.

Lettre Repère	Désignation	Schéma

g) Exemple de schéma développé rangé

Lettre Repère	Désignation	Schéma
W1	Alimentation triphasée	
Q1	Fusible sectionneur	
S1	Bouton poussoir marche avant poste 1	
S3	Bouton poussoir marche avant poste 2	
S2	Bouton poussoir marche arrière poste 1	
S4	Bouton poussoir marche arrière poste 2	
K1M	Discontacteur marche avant	
K2M	Discontacteur marche arrière	
S5	Bouton poussoir arrêt poste 1	
S6	Bouton poussoir arrêt poste 2	
F1	Relais magnéto-thermique	
M	Moteur asynchrone	

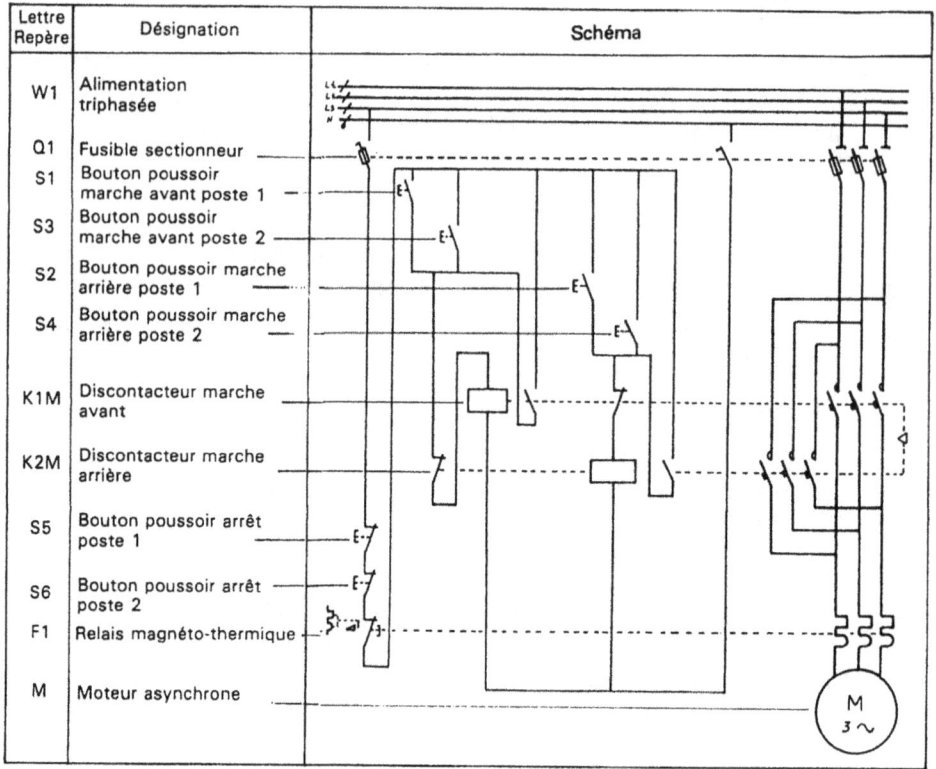

3.2.3 Représentation assemblée

C'est la même représentation que celle rangée à une exception près : les différents éléments d'un même appareil sont obligatoirement placés les uns à côté des autres, ce qui réduit encore plus la clarté du schéma ; elle n'est utilisée que pour des cas extrêmement simples.

Exemple d'un schéma en représentation assemblée

Lettre repère	Désignation	Schéma
W1	Alimentation triphasée	
Q1	Fusible sectionneur	
S5	Bouton arrêt (1)	
S1	Bouton marche avant (1)	
S2	Bouton marche arrière (1)	
S6	Bouton arrêt (2)	
S3	Bouton marche avant (2)	
S4	Bouton marche arrière (2)	
K1M	Discontacteur marche avant	
K2M	Discontacteur marche arrière	
F1	Relais magnéto thermique	
M1	Moteur asynchrone triphasé	

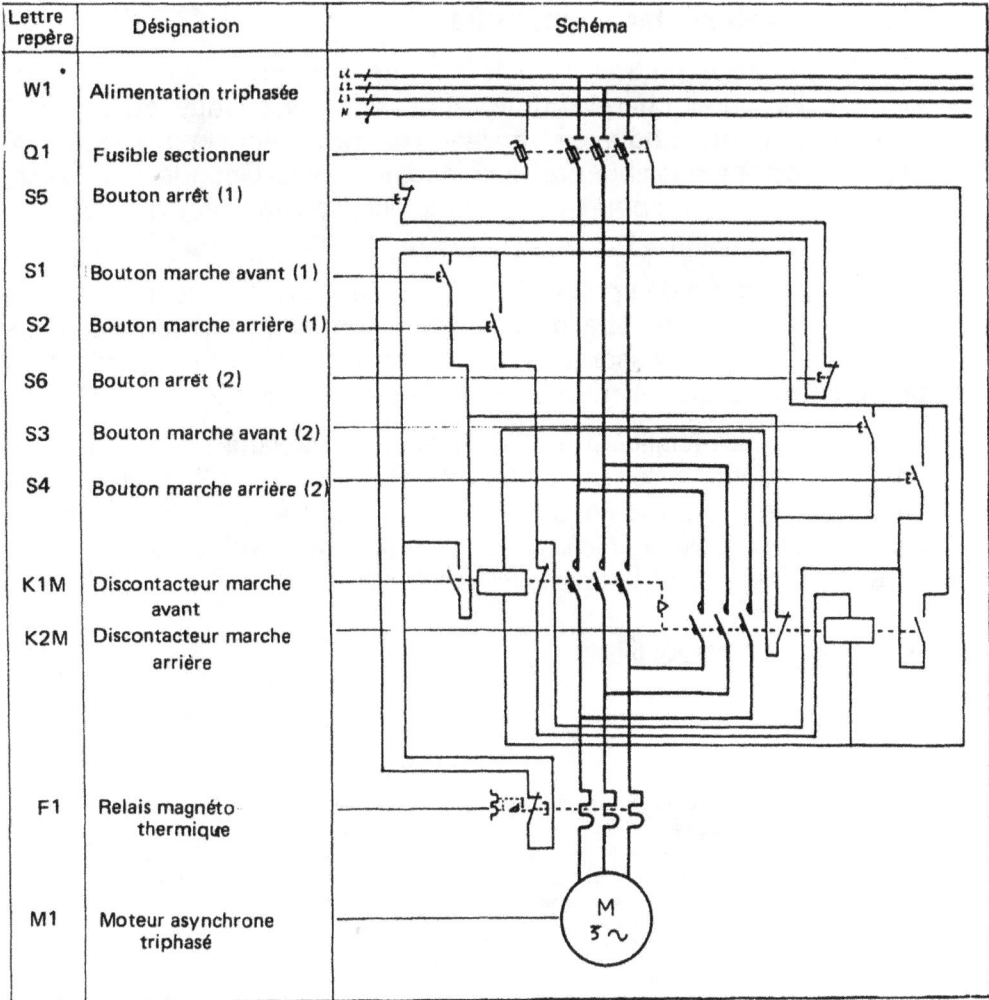

3.3 Troisième famille : Suivant le nombre de conducteurs

On distingue :

3.3.1 La représentation multifilaire

Celle-ci exige un travail de dessin très important. En effet, chaque élément d'appareil, chaque borne, chaque bornier, chaque tableau, chaque boîtier, chaque boîte de dérivation est représenté en respectant le plus fidèlement possible son emplacement réel. Chaque trait reliant deux éléments correspond à un conducteur ; son tracé est identique à la canalisation existante ou au passage du câble.

Pour faciliter la compréhension du schéma, il faut regrouper par faisceau les conducteurs parallèles en tenant compte de leur fonction dans le circuit (exemple : rassembler dans le même faisceau tous les conducteurs parallèles qui relient des organes de commande).

Le schéma multifilaire est le schéma de câblage par excellence ; chaque conducteur doit donc aboutir soit à une borne d'appareil, soit à un bornier, soit à une boîte de dérivation ; tout élément appartenant au circuit (depuis l'élément d'un appareil jusqu'au conducteur) doit être repéré en respectant la normalisation.

Exemple d'un schéma multifilaire

Légende
*   Q1   : fusible sectionneur*
*   F1   : relais de protection magnéto-thermique*
*   S1   : bouton poussoir marche avant :   poste de travail N° 1*
*   S3   : bouton poussoir marche avant :   poste de travail N° 2*
*   S2   : bouton poussoir marche arrière : poste de travail N° 1*
*   S4   : bouton poussoir marche arrière : poste de travail N° 2*
*   S5   : bouton poussoir arrêt : poste de travail N° 1*
*   S6   : bouton poussoir arrêt : poste de travail N° 2*
*   K1M : discontacteur marche avant*
*   K2M : discontacteur marche arrière*
*   M1   : moteur asynchrone triphasé*

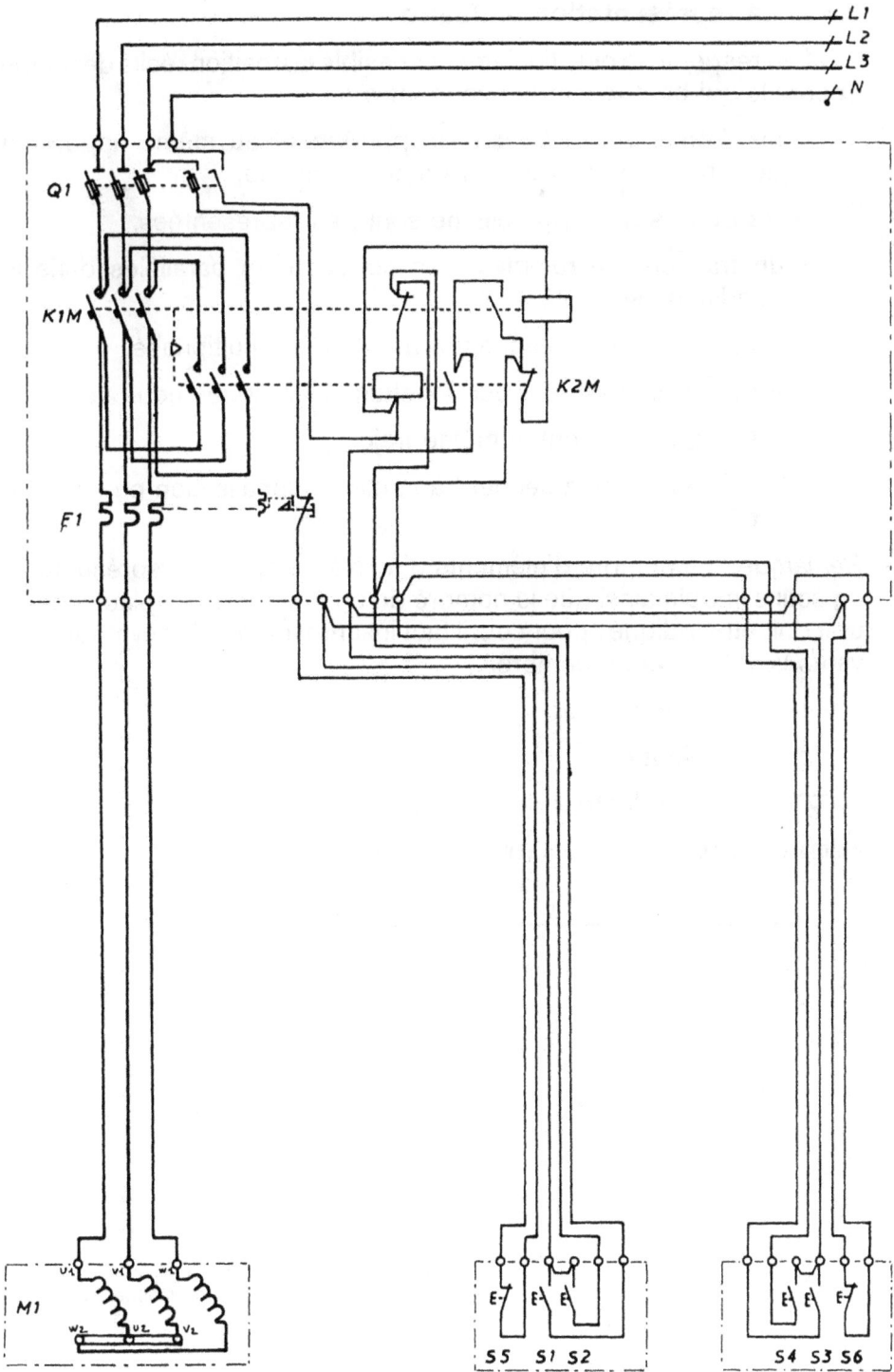

3.3.2 La représentation unifilaire

Elle respecte le plus fidèlement possible la position réelle de tous les appareils qui composent le circuit mais :

- les éléments identiques et appartenant au même appareil ne sont représentés que par un seul symbole,

- les bornes des appareils ne sont pas représentées,

- un trait unique remplace les conducteurs parallèles dans les conditions suivantes :

  - soit qu'ils appartiennent à un système multiphasé,

  - soit qu'ils assurent des fonctions électriques équivalentes,

  - soit qu'ils suivent le même trajet,

  - soit qu'ils appartiennent à la même canalisation ou au même câble.

Remarque : Le nombre d'éléments d'un même appareil représenté par un seul symbole ainsi que le nombre de conducteurs remplacés par un trait doit être indiqué ; pour cela il faut inscrire auprès des symboles suivants la valeur de ce nombre.

—/—— Conducteur

—/—— Neutre

—⊥—— Conducteur de protection.

Exemple d'un schéma unifilaire (schéma de puissance)

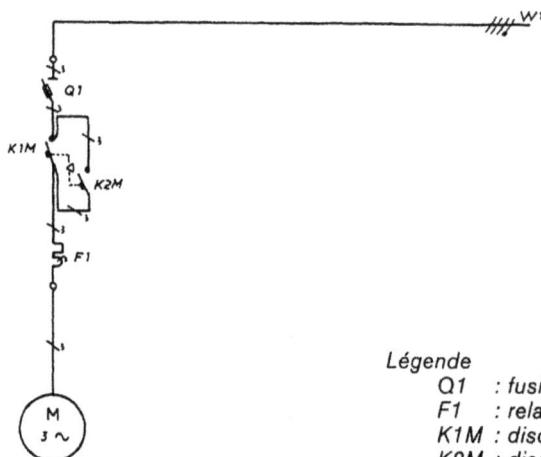

Légende
Q1 : fusible sectionneur
F1 : relais de protection magnéto-thermique
K1M : discontacteur marche avant
K2M : discontacteur marche arrière
M1 : moteur asynchrone triphasé.

3.3.3 La représentation en faisceau

C'est une représentation unifilaire dans laquelle un trait équivaut à un nombre important de conducteurs installés sur le même support ou appartenant au même câble. Ce schéma n'est utile que pour des représentations de connexions de borniers à borniers.

Pour que le schéma soit compréhensible, chaque bornier ainsi que chaque conducteur y aboutissant doit être repéré en respectant la normalisation.

Exemple de représentation en faisceau

Liaison tableau / boutons poussoirs

Le repérage des conducteurs est du type indépendant.

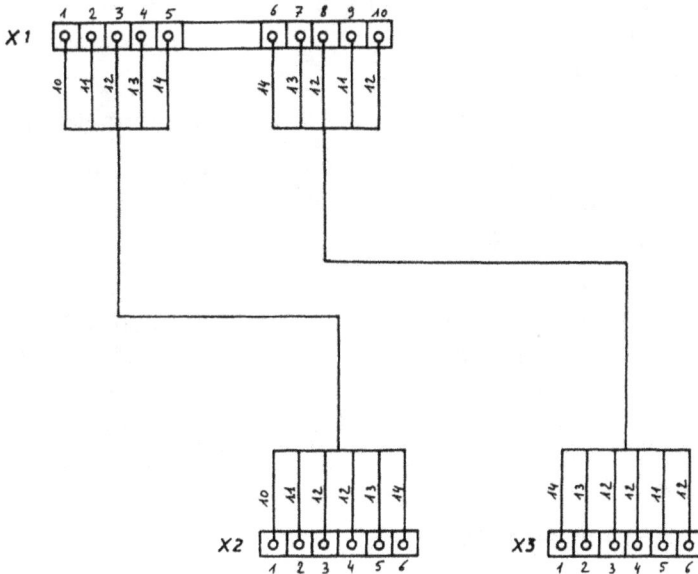

Légende   X1 : bornier tableau
                     X2 : bornier bouton poussoir poste N° 1
                     X3 : bornier bouton poussoir poste N° 2

4 NORMALISATION ÉLECTRIQUE

4.1 Définition

Elle comprend l'ensemble des règles techniques qui permettent :

— de spécifier, de standardiser les différents appareils,

— d'uniformiser leur représentation graphique et leur schéma de branchement.

4.2 Organismes officiels

Au niveau mondial, la commission électrotechnique internationale (CEI), créée en 1906, prépare les normes applicables à l'électricité et à l'électronique.

Au niveau européen, le Comité Européen de Normalisation Electrotechnique (CENELEC) créé en 1973, a pour rôle de supprimer les entraves techniques aux échanges européens pour aboutir à des prescriptions nationales identiques entre pays ; ses travaux sont basés sur les normes internationales.

Au niveau national, il existe deux bureaux de normalisation :

— le Comité Electrotechnique Français (CEF) créé en 1907 qui participe entre autres aux études de la commission électrotechnique internationale et qui règle les questions de terminologies, de symboles et schémas, de grandeurs et unités.

— L'union technique de l'électricité (U T E) créé en 1947 a remplacé à cette date l'union des syndicats de l'électricité (U S E) créé en 1907. Un de ses rôles est, d'une part de préparer les projets de normes en vue de leur présentation aux procédures d'enregistrement, d'homologation..., et d'autre part d'éditer et de diffuser les normes.

4.3 Normes françaises (N.F.)

Les textes établis par l'UTE sont des données de référence que l'on appelle Norme. Il en existe deux types qui sont :

— les normes enregistrées qui ont fait l'objet d'une décision du commissaire à la normalisation ; la liste de ces normes qui ne s'imposent pas dans les marchés publics, est publiée au bulletin mensuel de la normalisation française.

— les normes homologuées qui ont fait l'objet d'un arrêté ministériel ; la liste de ces normes qui sont obligatoirement des références dans les marchés publics est publiée au journal officiel (J.O.)

Toute norme homologuée a d'abord été publiée en norme enregistrée.

4.4 Classification des normes françaises

La référence d'une norme française comprend trois lettres et cinq chiffres.

Exemple : N F C 0 3 2 0 6

N.F. : Initiales de Norme Française

C   : Classe C : lettre indiquant le domaine traité par la norme : l'électricité

0   : Groupe 0 : c'est le groupe des généralités. Il existe dix groupes qui ont pour chiffre de 0 à 9.

3   : Sous groupe 3 : texte qui traite des schémas et des symboles. Chaque groupe peut être divisé en dix sous groupes allant de 0 à 9.

Les trois derniers chiffres sont une référence pour le texte proprement dit.

Dans cet ouvrage, nous avons cité des normes appartenant au groupe et sous groupe suivants :

    — groupe 0 :   Généralités
              — sous groupe 3 : Schémas, symboles
              — sous groupe 4 : Repérage, étiquetage.

    — groupe 1 :   Installations électriques
              — sous groupe 5 : Installations à basse tension et équipements correspondants.

    — groupe 4 :   Mesure, commande, régulation
              — sous groupe 5 : Relais électriques.

    — groupe 6 :   Appareillage, matériel d'installation
              — sous groupe 3 : Appareillage industriel à basse tension.

4.5 Liste non exhaustive des principales normes de schémas électriques

Numéro	Date	Intitulé
NF C 03 151	Janvier 1979	Schémas, Diagrammes, Tableaux ; définitions et classification.
NF C 03 152	Janvier 1979	Schémas, Diagrammes, Tableaux ; repérage d'identification des éléments.
NF C 03 153	Février 1979	Schémas, Diagrammes, Tableaux ; recommandations générales pour l'établissement des schémas.
NF C 03 154	Janvier 1979	Schémas, Diagrammes, Tableaux ; recommandations pour l'établissement des schémas des circuits.
NF C 03 155	Janvier 1979	Schémas, Diagrammes, Tableaux ; établissement des schémas et tableaux des connexions extérieures.
NF C 03 156	Août 1980	Schémas, Diagrammes, Tableaux ; établissement des schémas et tableaux des connexions intérieures.
NF C 03 190	Juin 1982	Schémas, Diagrammes, Tableaux ; diagramme fonctionnel " GRAFCET " pour la description des systèmes logiques de commandes.
NF C 03 201	Août 1986	Symboles graphiques pour schémas ; généralités, index général, table de correspondance.
NF C 03 202	Avril 1985	Symboles graphiques pour schémas ; éléments de symboles, symboles distinctifs et autres symboles d'application générale.
NF C 03 203	Avril 1985	Symboles graphiques pour schémas ; conducteurs et dispositifs de connexion.
NF C 03 204	Avril 1985	Symboles graphiques pour schémas ; composants passifs.
NF C 03 205	Avril 1985	Symboles graphiques pour schémas ; semi-conducteurs et tubes électroniques.
NF C 03 206	Avril 1985	Symboles graphiques pour schémas ; production, transformation et conversion de l'énergie électrique.

Numéro	Date	Intitulé	
NF C 03 207	Avril 1985	Symboles graphiques pour schémas	; appareillage et dispositifs de commande et de protection.
NF C 03 208	Avril 1985	Symboles graphiques pour schémas	; appareils de mesure, lampes et dispositifs de signalisation.
NF C 03 209	Avril 1985	Symboles graphiques pour schémas	; télécommunications, commutation et équipements périphériques.
NF C 03 210	Avril 1985	Symboles graphiques pour schémas	; télécommunications : transmission.
NF C 03 211	Avril 1985	Symboles graphiques pour schémas	; schémas et plans d'installation architecturaux et topographiques.
NF C 03 212	Février 1984	Symboles graphiques pour schémas	; opérateurs logiques binaires.
NF C 03 213	Août 1979	Symboles graphiques pour schémas	; opérateurs analogiques
NF C 03 416	Janvier 1979	Symboles graphiques	; principes généraux pour l'établissement des symboles graphiques d'information.
NF C 03 417	Août 1986	Symboles graphiques	; utilisables sur le matériel ; répertoire général.
NF C 04 200	Décembre 1980	Repérage des conducteurs.	
NF C 04 201	Mai 1985	Electrotechnique : code de désignation de couleurs.	
NF C 04 445	Juillet 1981	Identification des bornes d'appareils et règles générales pour un système uniforme de marquage des bornes utilisant une notation alphanumérique.	
NF C 45 252	Août 1983	Relais électrique	; repérage des bornes.
NF C 63 030	Février 1977	Appareillage industriel à basse tension	; marquage des bornes, et nombre caractéristique, règles générales.
NF C 63 031	Juin 1978	Appareillage industriel à basse tension	; marquage des bornes, nombre caractéristique et lettre caractéristique pour des contacteurs auxiliaires particuliers.

Numéro	Date	Intitulé	
NF C 63 032	Juin 1978	Appareillage industriel à basse tension	; marquage des bornes et nombre caractéristique pour les contacts auxiliaires de contacteurs particuliers.
NF C 63 033	Juin 1978	Appareillage industriel à basse tension	; marquage des bornes et nombre caractéristique pour des auxiliaires de commande particuliers.
NF C 63 034	Avril 1982	Appareillage industriel à basse tension	; marquage des bornes, bornes pour les composants de circuit électrique et pour les contacts extérieurs associés.

5 RECOMMANDATIONS GÉNÉRALES POUR L'ÉTABLISSEMENT DES SCHÉMAS

5.1 Symboles

Sa signification est définie par sa forme mais en aucun cas par sa dimension ou l'épaisseur de ses traits.

Exemples

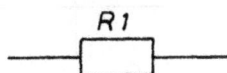

R1 = 1 kΩ
R2 = 10 kΩ   *même forme du symbole*

Elle peut être éventuellement modifiée par le symbole du conducteur ; dans ce cas, l'appareil doit être représenté exactement comme indiqué dans la norme.

Exemples

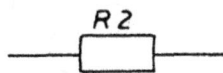

Symbole d'une résistance

Symbole d'une bobine d'électro-aimant

L'orientation des symboles n'est pas définie ; pour améliorer la présentation et la compréhension du schéma, les symboles sont en général représentés dans le sens horizontal ou vertical afin d'éviter de croiser ou couder les tracés des conducteurs.

Les symboles doivent être choisis de façon à rester cohérents pour l'ensemble du schéma.

Nota : *Dans le seul cas de modification de schéma effectué aux anciennes normes, soit le dessin est complètement refait en utilisant les normes actuellement en vigueur, soit la modification est reportée avec les anciens symboles (il ne faut jamais se permettre de travailler avec plusieurs symboles représentant le même type d'appareil).*

Les symboles cités dans les différentes normes sont des symboles de base ; ils peuvent être combinés ensemble pour représenter un appareil complexe.

5.2 Conducteurs et connexions

Un conducteur est représenté par un trait.

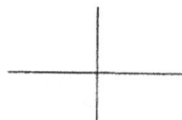

Dans le cas d'un croisement de conducteurs (ce qui est à éviter), leurs symboles ne doivent pas être modifiés.

Exemples

Symboles d'un conducteur   *Croisement de deux conducteurs*

Dans le cas d'une dérivation de conducteurs, si le schéma est très clair et compréhensible, il ne faut pas indiquer la connexion ; dans le cas contraire, elle doit être représentée par un point.

Exemples

Connexion évidente : ne pas mettre de point.

Connexion non évidente mettre un point. (sans point, il s'agit d'un croisement de conducteurs).

5.3 État et position de tous les appareils de coupure

a) Tous les appareils de coupure doivent avoir leur contact qui se déplace :

— soit de la gauche vers la droite

— soit du bas vers le haut.

Exemples

Tous ces appareils de coupure "travaillent" de la gauche vers la droite (leur position de repos étant à gauche).

28

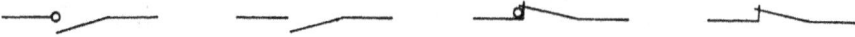

Ceux-ci travaillent du bas vers le haut (leur position de repos étant en bas).

b) La borne fixe de tous les appareils de coupure est dirigée vers le potentiel le plus élevé (phase en alternatif, polarité positive en continu). C'est pourquoi, celle-ci est toujours placée à gauche ou en haut du symbole.

Les appareils de coupure doivent interrompre le potentiel le plus élevé ; il faut donc relier le récepteur au potentiel le moins élevé.

Exemples

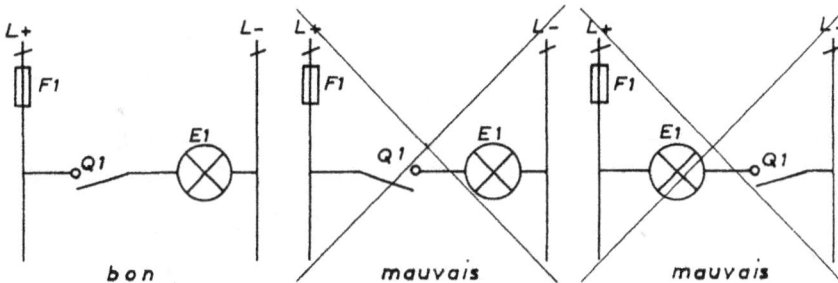

5.4 État de fonctionnement des schémas

Tout schéma doit être représenté sur la position arrêt avec sa source d'alimentation coupée.

Nota :
- *Les bobines des relais normalement excitées en fonctionnement sont désexcitées ; leurs contacts sont au repos.*
- *Une bobine d'un relais normalement excitée à l'arrêt est considérée désexcitée (source d'alimentation coupée) ; ses contacts sont au repos.*

Pour éviter toute ambiguïté, une indication spéciale est nécessaire si :

— Les appareils peuvent prendre deux états stables.
— Un circuit est représenté dans une position déterminée.

Exemples :

Schéma représenté porte fermée, chariot à gauche.
Schéma représenté à la pression atmosphérique, à une température de 20°C.

5.5 Repérage d'identification des éléments

Ce paragraphe est tiré de la norme NF C 03 152.

Un repère d'identification complet comporte quatre blocs d'informations qui sont représentés par des symboles distinctifs.

5.5.1 Premier bloc

représenté par le symbole suivant : =
il définit la subdivision essentielle (ou ensemble global) à laquelle appartient l'élément à repérer et est, en général, composé soit d'un chiffre, soit d'une lettre et d'un chiffre.

Exemple : = A 1 : ensemble armoire numéro 1

5.5.2 Deuxième bloc

représenté par le symbole suivant : +
il définit l'emplacement du symbole à repérer par rapport à son ensemble ou sous ensemble fonctionnel et est, en général, composé :

- d'un chiffre qui est le numéro de l'ensemble ou du sous ensemble si nécessaire,

- de lettres ou de chiffres qui définissent la ligne sur laquelle est positionné le symbole à repérer,

- de chiffres qui définissent la colonne sur laquelle est positionné le symbole à repérer.

Les deux dernières informations permettent de positionner le symbole à repérer par rapport à des coordonnées cartésiennes.

Exemple : + 1 D 3 : tiroir numéro 1, ligne D, colonne 3.

5.5.3 Troisième bloc

représenté par le symbole suivant : −
il définit le repère du symbole dans le schéma et est composé de trois parties :

a) La première partie définit la nature ou la famille de l'élément à repérer.

Elle est composée d'une lettre et s'appelle la sorte d'élément.

Lettre Repère	Sorte d'élément	Exemples
A	Ensemble, sous-ensembles fonctionnels	Amplificateur
B	Transducteurs d'une grandeur non électrique en une grandeur électrique ou vice-versa	Thermostat, détecteur de pression cellule photo-électrique, contact centrifuge.
C	Condensateurs	
D	Opérateurs binaires, dispositifs de temporisation, dispositifs de mise en mémoire	Opérateur combinatoire, bascule bistable, monostable.
E	Matériels divers	Eclairage, chauffage, éléments non spécifiés dans ce tableau.
F	Dispositifs de protection	Coupe circuit à fusible, relais de protection.
G	Générateurs (dispositifs d'alimentation)	Génératrice, alternateur, batterie.
H	Dispositifs de signalisation	Avertisseurs lumineux et sonores.
J		
K	Relais et contacteurs	
L	Inductances	Bobine d'induction.
M	Moteurs	
N		
P	Instruments de mesure, dispositifs d'essai	Appareil indicateur, appareil enregistreur, compteur, commutateur horaire.
Q	Appareils mécaniques de connexion pour circuits de puissance	Disjoncteur, sectionneur, interrupteur, commutateur.
R	Résistances	Résistance, shunt.
S	Appareils mécaniques de connexion pour circuits de conduite	Bouton poussoir, interrupteur fin de course.
T	Transformateurs	
U	Modulateurs, convertisseurs	
V	Tubes électroniques, semi-conducteurs	Tube à gaz, diode.
W	Voies de transmission, guides d'onde, antennes	Câble, jeu de barre.
X	Bornes, fiches, socles.	
Y	Appareils mécaniques actionnés électriquement	Frein, embrayage, gâche électrique.
Z	Charges correctives, transformateurs différentiels, filtres, correcteurs, limiteurs	

b) La deuxième partie définit le numéro de l'élément concerné ; elle est composée d'un nombre que l'utilisateur choisit.

c) La troisième partie définit la fonction de l'élément concerné et se compose d'une lettre.

Lettre Repère	Fonction Générale	Lettre Repère	Fonction Générale
A	Auxiliaire	Q	Démarrage, d'arrêt, de fin de course.
B	Direction de mouvement (avant, arrière, lever, baisser, droite, gauche)	R	Réarmement, effacement.
		S	Mise en mémoire, enregistrement.
C	Comptage numérique		
D	Différentiel	T	Temporisation.
E		U	
F	Protection	V	Vitesse (accélération, freinage).
G	Essai	W	Additionneur.
H	Signalisation	X	Multiplicateur.
J	Intégration	Y	Analogique.
K	Approche (exemple : mise à niveau)	Z	Numérique.
L			
M	Principal		
N	Mesure		
P	Proportionnel		

5.5.4 Quatrième bloc

représenté par le symbole suivant : **:**
il définit le repère de la borne de l'appareil et est composé :

— soit de chiffres
— soit de chiffres et de lettres.

Exemples :

:6   borne numéro 6
:U1   borne numéro U1 du moteur

5.5.5 Remarques générales

. L'ensemble des quatre blocs est employé, pour le repérage d'identification des éléments, dans les tableaux ou nomenclatures.

Exemple :

=A1   +1C5   −K2M   :4

Il faut lire : borne 4 du contacteur principal N° 2 situé au croisement de la ligne C et de la colonne 5 dans le sous-ensemble 1 qui est situé dans l'armoire 1.

• Le plus souvent, seul le troisième bloc est utilisé pour le repérage des éléments dans un schéma.

Exemples :

K 1 M   Contacteur principal N° 1

K 5 A   Relais auxiliaire N° 5

K 3 T   Relais temporisé N° 3

S 8 B   Contact de position N° 8

5.5.6 Exemple de repérage d'identification d'éléments

Premier exemple :

	Lettre repère	Désignation	Schéma							
			1	2	3	4	5	6	7	8
A	W1	Alimentation triphasée								
B	Q1	Fusible sectionneur								
C	S2	Bouton poussoir arrêt								
D	S1	Bouton poussoir marche								
E	K1M	Discontacteur principal								
F	F1	Relais magnéto-thermique								
G	K3Q	Contacteur triangle								
H	M	Moteur asynchrone								
I										
J	K2Q	Contacteur étoile								

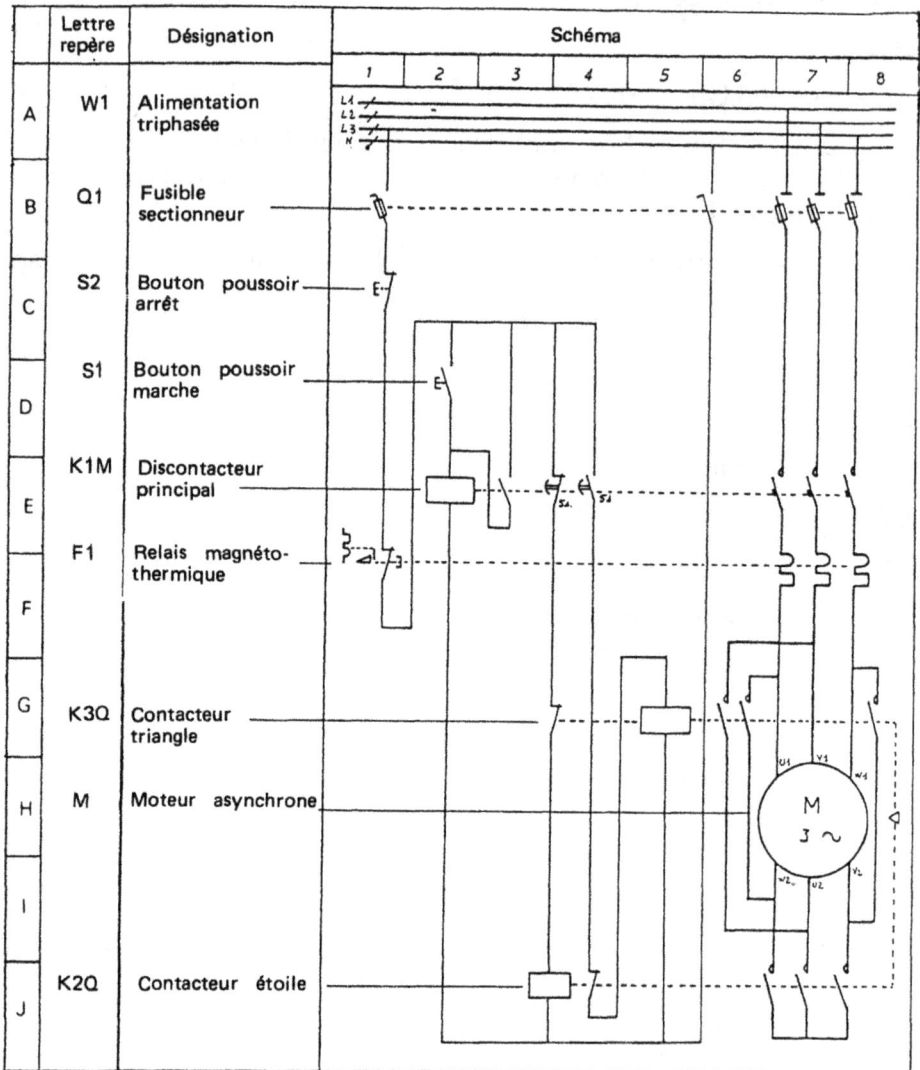

Tableau de composition

Contact relais magnéto-thermique	=A1 +2E1 −F1
Bouton poussoir arrêt	=T3 + C1 −S2
Bouton poussoir marche	=T3 + D2 −S1
Bobine discontacteur principal	=A1 +1E2 −K1M
Bobine contacteur étoile	=A1 +1J4 −K2Q
Bobine contacteur triangle	=A1 +1G5 −K3Q

34

Deuxième exemple :

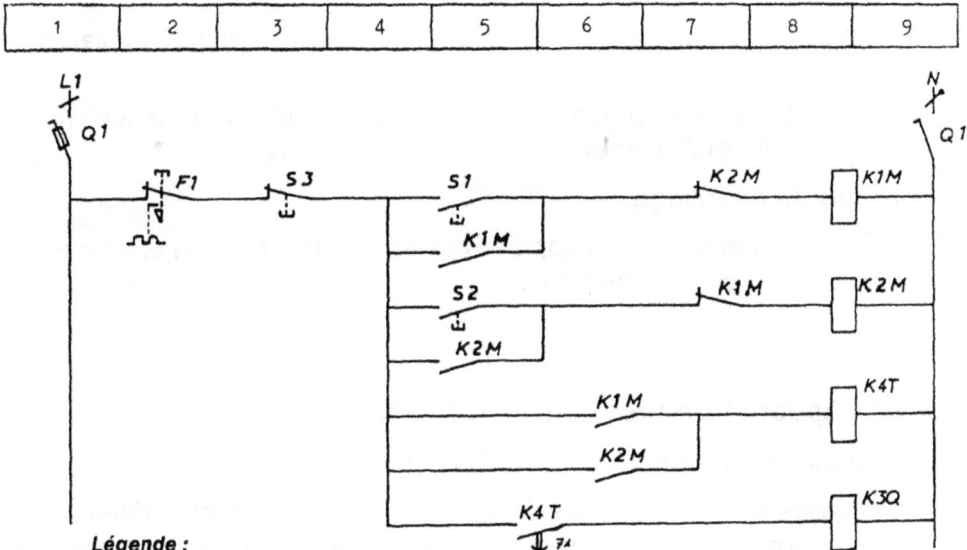

1	2	3	4	5	6	7	8	9

Légende :

Q1 : fusible sectionneur
F1 : relais magnéto-thermique
S1 : bouton poussoir marche avant
S2 : bouton poussoir marche arrière
S3 : bouton poussoir arrêt
K1M : discontacteur marche avant
K2M : discontacteur marche arrière
K3Q : contacteur deuxième temps
K4T : relais temporisé

Schémas annexes

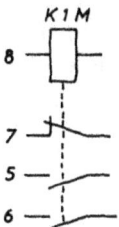

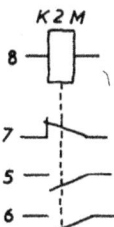

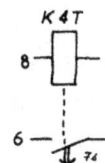

Remarque :

Dans les schémas compliqués, ceux-ci sont nécessaires pour repérer facilement le nombre d'éléments d'un appareil et leurs endroits respectifs.

5.6 Marquage des bornes d'appareil

Ce paragraphe est tiré des normes NF C 04 445 + add 1, NF C 45 252, NF C 63 030.

L'identification des bornes permet de fournir des informations sur la fonction réelle de l'élément.

Principe de marquage

Suivant la fonction de l'appareil considéré, il faut utiliser une notation numérique ou alphanumérique.

5.6.1 Appareil de protection d'un circuit principal

Le marquage des bornes est numérique.

Chaque borne d'entrée est affectée d'un chiffre impair différent et chaque borne de sortie correspondante est désignée par le chiffre pair immédiatement supérieur.

Exemples

5.6.2 Appareil de coupure d'un circuit principal

Le marquage des bornes est numérique.

Chaque borne d'entrée est affectée d'un chiffre impair différent et chaque borne de sortie correspondante est désignée par le chiffre pair immédiatement supérieur.

Exemples

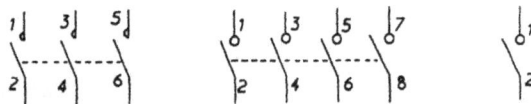

5.6.3 Appareil récepteur d'un circuit principal

a) Appareil à deux bornes

Le marquage des bornes est numérique.

Chaque borne d'entrée est affectée d'un chiffre impair différent et chaque borne de sortie correspondante est désignée par le chiffre pair immédiatement supérieur.

Exemples

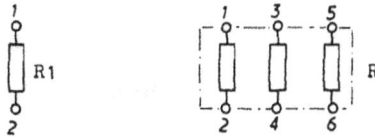

b) Appareil triphasé

Le marquage des bornes est alphanumérique et composé de :

— un chiffre : c'est le numéro d'ordre de l'élément qui peut être supprimé s'il n'y a aucune ambiguïté.

— une lettre : U pour le conducteur de phase L 1
              V pour le conducteur de phase L 2
            W pour le conducteur de phase L 3
            N pour le conducteur de neutre
          PE pour le conducteur de protection
            E pour le conducteur terre

— un chiffre : 1 pour l'entrée de l'élément
            2 pour la sortie de l'élément

Exemples

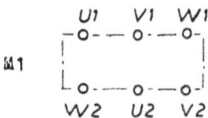

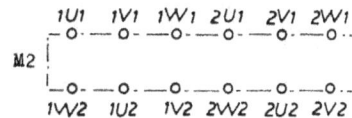

Moteur à trois enroulements :
le numéro d'ordre est supprimé

Moteur à six enroulements :
le numéro d'ordre est indispensable

5.6.4 Appareil de protection d'un circuit auxiliaire

Le marquage des bornes est numérique et composé :
- d'un numéro d'ordre qui peut être supprimé s'il n'y a pas d'ambiguïté.
- d'un chiffre impair pour la borne d'entrée et du chiffre pair immédiatement supérieur pour la borne de sortie.

Exemples :

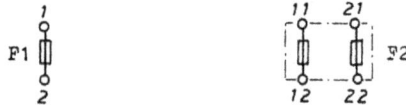

5.6.5 Appareil de commande d'un circuit auxiliaire

Le marquage des bornes est numérique et composé :
- d'un numéro d'ordre
- d'un chiffre qui dépend de la fonction de l'élément et de la borne considérée.

Exemples :

a) Contact à ouverture :

le chiffre 1 est affecté à la borne d'entrée,
le chiffre 2 à la borne de sortie.

b) Contact à fermeture :

le chiffre 3 est affecté à la borne d'entrée,
le chiffre 4 à la borne de sortie.

c) Contact bi-directionnel :

le chiffre 1 est affecté à la borne commune,
le chiffre 2 au contact repos,
le chiffre 4 au contact travail.

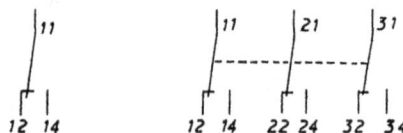

d) *Contact à fonction spéciale* (contact temporisé, de passage...)

— *Contact à ouverture* :

le chiffre 5 est affecté à la borne d'entrée,
le chiffre 6 à la borne de sortie.

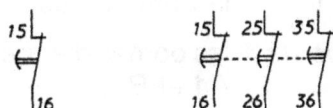

— *Contact à fermeture* :

le chiffre 7 est affecté à la borne d'entrée,
le chiffre 8 à la borne de sortie.

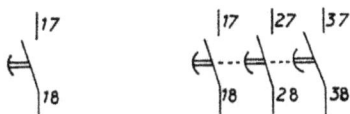

— *Contact bi-directionnel* :

le chiffre 5 est affecté à la borne commune,

le chiffre 6 au contact repos,

le chiffre 8 au contact travail.

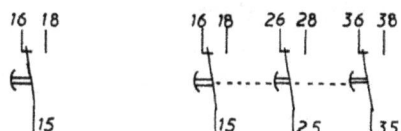

— *Contact d'un appareil de protection*

C'est un contact à fonction spéciale dont les chiffres ont été définis précédemment.

Par contre, le numéro d'ordre est imposé :

le chiffre 9 pour le premier contact,

le chiffre 0 pour le deuxième contact.

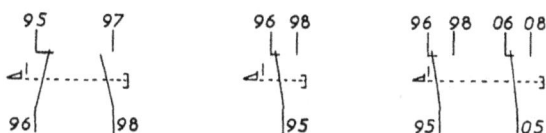

5.6.6 Appareils récepteurs d'un circuit auxiliaire

a) Bobines

Le marquage des bornes est alphanumérique.

Bobine à un seul enroulement : la borne d'entrée est repérée par A 1, la borne de sortie par A 2.

Bobine à deux enroulements : séparés les bornes d'entrées sont repérées par A 1 et B 1, les bornes de sortie respectivement par A 2 et B 2.

Bobine à deux enroulements : avec un point commun les bornes d'entrées sont repérées par A 1 et B 1, la borne commune par A 2 ou B 2.

Exemples

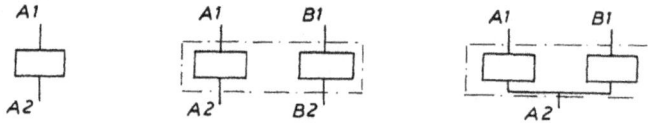

b) Récepteurs quelconques d'un circuit auxiliaire

Le marquage des bornes est numérique et composé :
— d'un numéro d'ordre qui n'est pas obligatoire
— d'un chiffre impair pour la borne d'entrée et du chiffre pair immédiatement supérieur pour la borne de sortie.

Exemples

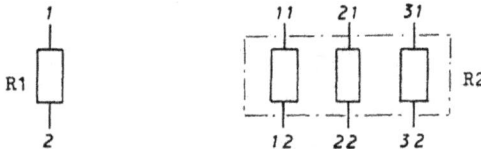

5.6.7 Exemple d'un marquage de bornes

Lettre repère	Désignation	Schéma
W 1	Alimentation triphasée	
Q1	Fusible sectionneur	
S2	Bouton poussoir arrêt	
S1	Bouton poussoir marche	
K1M	Discontacteur principal	
K2Q	Contacteur 2ème temps	
R1	Résistance triphasée	
K3Q	Contacteur 3ème temps	
R2	Résistance triphasée	
F1	Relais magnéto-thermique	
M	Moteur asynchrone triphasé	

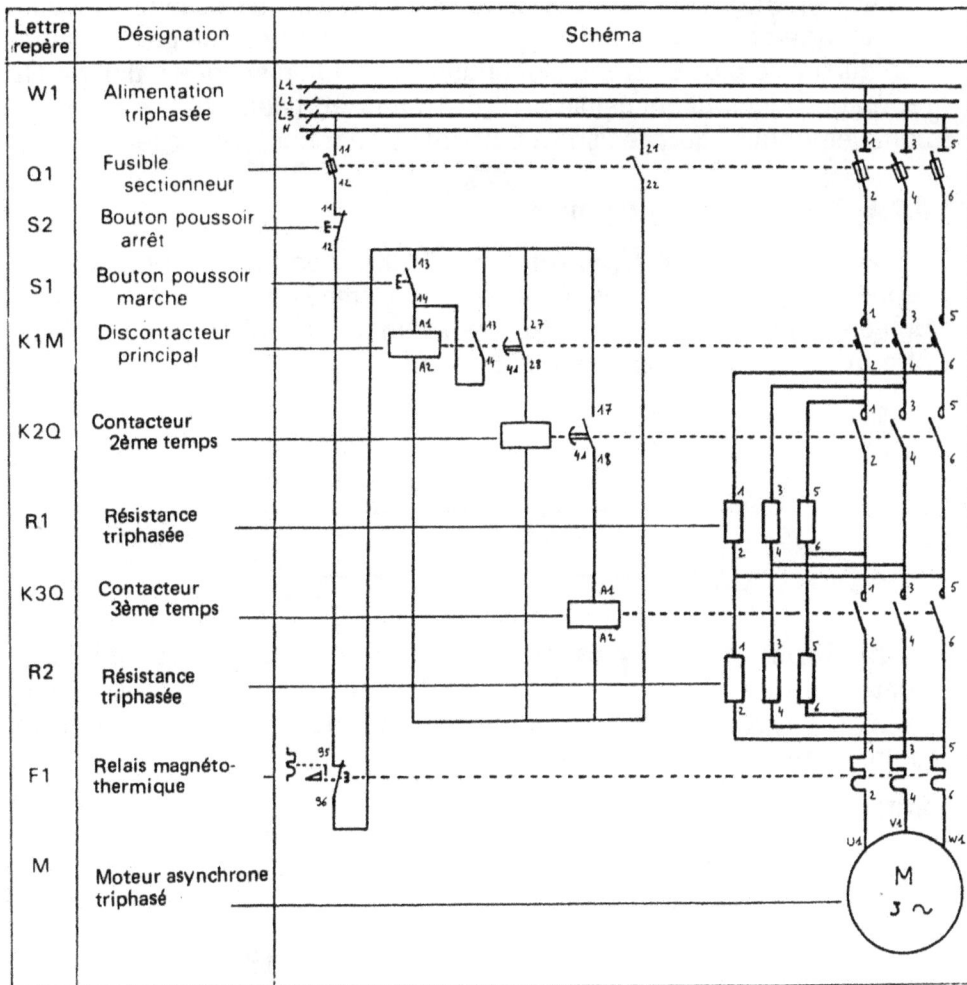

5.7 Repérage des conducteurs

Le repérage des conducteurs est souvent intéressant lors d'un dépannage ou d'une modification de circuits. Il se réalise par une notation qui est, le plus souvent, alphanumérique. On distingue d'une part le repérage principal qui est lié au conducteur et d'autre part le repérage complémentaire qui précise sa polarité ou sa fonction dans le montage.

5.7.1 Repérage principal

a) Repérage indépendant : chaque conducteur possède un repère en général numérique aux deux extrémités. Ce type de repérage doit être détaillé sur un tableau annexe ou sur un schéma pour pouvoir être utilisé dans de bonnes conditions.

Exemple

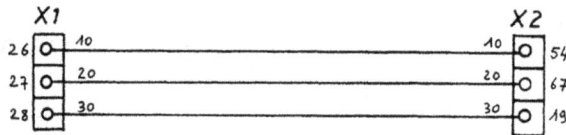

b) Repérage dépendant de la borne tenante : chaque conducteur possède à son extrémité le repère de la borne sur laquelle il est raccordé. Ce type de repérage ne permet pas de connaître l'endroit de l'autre extrémité du conducteur.

Exemple :

c) Repérage dépendant de la borne aboutissante : chaque conducteur possède à chaque extrémité le repère de la borne de la deuxième extrémité. Ce type de repérage n'est pas souhaité lorsque l'on doit débrancher les conducteurs du bornier.

Exemple :

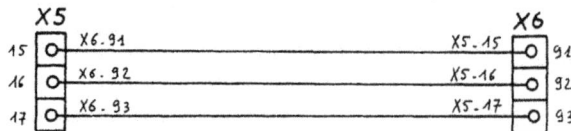

d) *Repérage dépendant des bornes tenante et aboutissante.*

Sur chaque extrémité du conducteur, sont inscrits les repères des bornes de ses deux extrémités ; chaque groupe de repère doit être séparé par un tiret.

Exemple :

e) *Repérage composé :* c'est l'utilisation du repérage indépendant et du repérage dépendant. Chaque groupe de repère doit être séparé par un tiret. Le repérage indépendant se place au milieu des repérages dépendants des deux bornes.

Exemple

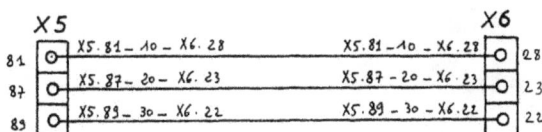

5.7.2 Repérage complémentaire

Ce repère est du type alphanumérique ou en couleur et doit être séparé des repères principaux par un signe de ponctuation. Il indique soit la fonction du conducteur (exemples : signalisation, déclenchement...) soit la polarité sur laquelle il est raccordé (exemples : phase, polarité continue). Dans ce dernier cas, il faut utiliser les repères suivants :

Phase 1 _____ repère L 1

Phase 2 _____ repère L 2

Phase 3 _____ repère L 3

Neutre _____ repère N

Conducteur de protection _____ repère PE

Conducteur de terre _____ repère E

Polarité positive _____ repère L +

Polarité négative _____ repère L —

Locaux d'habitation
Installations intérieures

INSTALLATIONS INTÉRIEURES

1 RÉGLEMENTATION

L'installation électrique intérieure d'un local à usage d'habitation doit être en conformité avec la norme NF C 15 100. Ce texte donne des renseignements qui sont indispensables pour réaliser des schémas corrects.

1.1 Origine de l'installation intérieure

Elle commence aux bornes "aval" de l'appareil général de commande et de protection (disjoncteur de branchement), et comprend l'ensemble des conducteurs et des appareils nécessaires à la distribution de l'énergie électrique.

1.2 Division de l'installation intérieure

Elle est décomposée en plusieurs circuits terminaux qui sont protégés contre les surcharges et les courts circuits. Cette séparation, qui s'effectue au tableau de répartition des circuits, permet d'une part, de ne mettre hors tension qu'une partie de l'installation en cas d'incident et d'autre part, de rendre plus commode le dépannage et la recherche de défaut.

1.3 Types de circuits terminaux

Chaque circuit est désigné en fonction des récepteurs qu'il alimente.

Une installation électrique intérieure comporte toujours plusieurs circuits dénommés :

— Foyer lumineux (et prises commandées par interrupteur).
— Prises de courant.
— Machine à laver le linge ou lave linge.
— Machine à laver la vaisselle ou lave vaisselle.
— Chauffe-eau.
— Appareil de cuisson.
— Ventilation mécanique contrôlée (V.M.C.).
— Chauffage.

1.4 Nombre de circuits terminaux

Le nombre de circuits d'une installation électrique intérieure dépend essentiellement du nombre de pièces principales du logement.

Tableau du nombre minimal de circuits terminaux en fonction de leurs types.

	Pièces principales					
Types de circuit	1	2	3	4	5	6
Foyer lumineux	1	1	2	2	2	2
Prises de courant	2	2	3	3	3	4
Lave linge / Chauffe-eau / Appareil de cuisson	1	1	1	1	1	1
Lave vaisselle	–	1	1	1	1	1
Chauffage	2	2	2	2	3	3

1.5 Protection des circuits terminaux

Son rôle essentiel est d'ouvrir le circuit en cas de surcharges ou plus particulièrement de courts circuits. Il existe deux types de protections qui se nomment fusible et disjoncteur divisionnaire.

Le choix de leur calibre (courant nominal maximal du fusible ou courant nominal du disjoncteur divisionnaire) dépend de la section des conducteurs à protéger.

Tableau donnant la valeur des protections à installer en fonction de la section des conducteurs.

— *Cas d'un fusible*

Section des conducteurs	mm²	1,5	2,5	4	6
Calibre du fusible	A	10	20	25	32

Remarque :

Les fusibles sont toujours installés sur les phases car le neutre ne doit jamais être interrompu en fonctionnement.

(Explication : sur le réseau triphasé, en cas de coupure de neutre, les tensions entre phases et neutre coupé deviendraient déséquilibrées et risqueraient d'atteindre des valeurs dangereuses pour le matériel).

— Cas d'un disjoncteur divisionnaire

Section des conducteurs	mm²	1,5	2,5	4	6
Courant nominal du disjoncteur	A	15	20	32	38

1.6 Conducteurs

1.6.1 Circuits monophasés

Chaque circuit monophasé possède trois conducteurs appelés :

— phase (L1)
— neutre (N)
— conducteur de protection (PE)

Remarque :

A cette règle générale, il existe deux exceptions :

— Dans les locaux .considérés secs tels que chambre, séjour, escalier, le circuit foyer lumineux ne peut comporter que deux conducteurs (phase et neutre) ; une cuisine, une salle d'eau est un local humide : il faut donc utiliser trois conducteurs.

— Dans les locaux considérés secs à sol isolant, le circuit "prises de courant" ne peut comporter que deux conducteurs (phase et neutre). Dans ce cas, les socles des prises de courant ne possèdent que deux pôles.

1.6.2 Circuits triphasés

Chaque circuit triphasé possède cinq conducteurs appelés :
— phase (L1, L2, L3)
— neutre (N)
— conducteur de protection (PE)

1.6.3 Remarques générales

— L'installation électrique intérieure possédant une alimentation générale monophasée est la plus couramment utilisée.
En cas d'alimentation générale triphasée, le type des appareils récepteurs (monophasés ou triphasés) détermine les circuits terminaux à trois ou cinq conducteurs.

— Tous les conducteurs d'un même circuit (phases, neutre, conducteur de protection) doivent être capables de supporter le courant maximal; c'est pourquoi leurs sections sont d'une part identiques et d'autre part constantes (aucun changement de section n'est autorisé).

Pour le circuit chauffage seulement, il est admis de changer la section des conducteurs à partir d'une boîte de dérivation en tenant compte de la puissance des récepteurs.

1.6.4 Tableau des sections de conducteurs en fonction des circuits terminaux et de l'alimentation monophasée ou triphasée.

Circuits alimentés en 230/400 V	Sections des conducteurs	
	Alimentation	
	monophasée	triphasée
Foyer lumineux Prise commandée par interrupteur Chauffage (puissance des récepteurs inférieure à 2200 W) Ventilation mécanique contrôlée	1,5 mm²	— — 1,5 mm² —
Prises de courant "confort" Lave linge (suivant sa puissance) Lave vaisselle Chauffe-eau Chauffage (puissance des récepteurs inférieure à 4400 W)	2,5 mm²	— — — 1,5 mm² 1,5 mm²
Lave linge (suivant sa puissance) Chauffage (puissance des récepteurs inférieure à 5500 W)	4 mm²	2,5 mm²
Appareil de cuisson Chauffage (puissance des récepteurs inférieure à 7000 W)	6 mm²	2,5 mm²

1.7 Coupure des circuits terminaux

Chaque circuit terminal doit pouvoir être séparé de la source d'alimentation par un système prévu à cet effet.

— sur un circuit monophasé :

si le dispositif de sectionnement est unipolaire, il doit comporter :
• un coupe circuit à fusible ou un disjoncteur unipolaire installé sur la phase ;

- un coupe circuit de neutre installé sur le neutre.

si le dispositif de sectionnement est bipolaire, il doit comporter :
- soit un disjoncteur bipolaire à un pôle protégé ;
- soit un coupe circuit bipolaire à un pôle protégé.

— sur un circuit triphasé :

le dispositif de sectionnement doit être tétrapolaire ; il s'agit de disjoncteur ou de coupe circuit à trois pôles protégés.

Remarques

- la barre neutre non sectionnable comportant autant de bornes que de circuits terminaux, doit, à l'heure actuelle, être abandonnée (le sectionnement du conducteur neutre se faisait par sa déconnexion).

- les conducteurs de protection doivent être raccordés sur une barre possédant autant de bornes que de circuits terminaux ; il n'est prévu aucun dispositif de sectionnement.

1.8 Charge des circuits

Le nombre d'appareils pouvant être alimentés par un même circuit est limité, soit par la puissance d'utilisation en tenant compte d'un coefficient de simultanéité (exemple : prises de courant, foyers lumineux), soit par la puissance totale des appareils raccordés sur ce circuit (exemple : chauffage). Le courant nominal obtenu devra être toujours inférieur au courant maximal admissible dans les conducteurs.

Les circuits qui ne peuvent alimenter qu'un seul appareil sont les suivants :
- lave linge
- lave vaisselle
- chauffe-eau
- appareil de cuisson.

Ceux qui ne peuvent comporter qu'un maximum de huit points d'utilisation sont les suivants :
- foyers lumineux
- prises de courant

Celui qui ne peut comporter qu'un maximum de cinq récepteurs est le circuit :
- chauffage.

Remarque :

Dans le cas où l'installation comporte plusieurs circuits d'un même type (exemples : circuits prises de courant, chauffage), il est souhaitable de les équilibrer de façon à obtenir à peu près la même puissance distribuée sur chacun d'eux.

1.9 Remarque : liaison équipotentielle

Une liaison électrique spéciale met au même potentiel toutes les masses ou éléments conducteurs.

Cette liaison s'appelle la liaison équipotentielle.

Exemples :

La liaison équipotentielle de la salle de bains relie entre eux :

— toutes les canalisations métalliques
  - eau chaude
  - eau froide
  - tuyau de vidange.

— les corps des appareils sanitaires métalliques (baignoires...).

— les huisseries ou autres éléments métalliques.

La section et la nature de ce conducteur sont de :
— 2,5 mm² cuivre s'il comporte une protection mécanique
— 4 mm² cuivre s'il ne comporte pas de protection mécanique.

La liaison équipotentielle principale relie entre eux :

— les tuyauteries métalliques
  - eau
  - gaz
  - chauffage central.

— les éléments métalliques accessibles à la construction.

La section et la nature de ce conducteur sont :
— au minimum de 6 mm² cuivre
— au maximum de 25 mm² cuivre.

Toutes les liaisons équipotentielles sont raccordées sur le conducteur de terre.

2 NORMALISATION

Ce chapitre est tiré des normes NF C 03202, NF C 03203, NF C 03204, NF C 03206, NF C 03207, NF C 03208, NF C 03211.

2.1 Alimentation

Lettre repère	Désignation	Symbole	Symbole utilisé dans un schéma			
			déve-loppé	archi-tectural	uni-filaire	multi-filaire
L	Conducteur phase		X		X	X
N	Conducteur neutre		X		X	X
P E	Conducteur de protection		X		X	X
			X		X	
E	Terre		X		X	X
–	Equipotentialité				X	
G	Elément de pile ou batterie d'accumulateur		X		X	X

Remarque :

Symbole d'un élément de pile ou batterie d'accumulateur :
— le trait long représente la polarité positive,
— le trait court représente la polarité négative.

2.2 Appareils de protection

Lettre repère	Désignation	Symbole	Symbole utilisé dans un schéma			
			déve-loppé	archi-tectural	uni-filaire	multi-filaire
F	Fusible		X		X	X
Q	Disjoncteur		X		X	X
–	Barrette de neutre		X			X

2.3 Appareils de transformation de l'énergie électrique

Lettre repère	Désignation	Symbole	Symbole utilisé dans un schéma			
			développé	architectural	unifilaire	multifilaire
T	Transformateur monophasé à 2 enroulements		X	X	X	
			X			X
T	Autotransformateur monophasé			X	X	
			X			X

2.4 Appareils de commande

Lettre repère	N°	Désignation	Symbole	Symbole utilisé dans un schéma			
				développé	architectural	unifilaire	multifilaire
Q	1	Interrupteur unipolaire			X	X	
				X			X
Q	2	Interrupteur bipolaire			X	X	
				X			X
Q	3	Interrupteur tripolaire			X	X	
				X			X
Q	4	Commutateur deux directions avec arrêt			X	X	
				X			X
Q	5	Commutateur double allumage			X	X	
				X			X
Q	6	Commutateur va et vient			X	X	
				X			X

Lettre repère	N°	Désignation	Symbole	Symbole utilisé dans un schéma			
				développé	architec-tural	unifilaire	multifilaire
Q	7	Commutateur inverseur ou permutateur				X	X
				X			X
Q	11	Commutateur triple allumage				X	X
				X			X
Q	12	Commutateur à trois directions séparées avec arrêt				X	X
				X			X
Q	13	Commutateur chambre d'hôtel				X	X
				X			X
Q		Interrupteur avec voyant				X	X
Q		Interrupteur actionné par une clé		X			X
S		Bouton poussoir avec voyant				X	X
S		Bouton poussoir		X			X
						X	X
K		Contact temporisé à l'ouverture (minuterie)		X			X
K		Contact à accrochage et à retour automatique (télérupteur)		X			X
P		Contact commandé par horloge		X			X
V		Starter		X			X

Remarque :

Tous les appareils de commande doivent :
— couper la phase et non le neutre,
— avoir leur pôle fixe relié à la phase (dans la mesure du possible)
— travailler du bas vers le haut ou de gauche vers la droite.

2.5 Récepteurs

Lettre repère	Désignation	Symbole	Symbole utilisé dans un schéma			
			développé	architec-tural	unifilaire	multifilaire
E	Lampe d'éclairage	⊗	X	X	X	X
E	Tube fluorescent avec préchauffage		X			X
E	Tube fluorescent sans préchauffage		X			X
L	Ballast		X			X
C	Condensateur		X			X
K	Commande électromagnétique		X			X
Y	Gâche électrique			X	X	
			X			X
K	Télérupteur			X	X	
K	Minuterie			X	X	
P	Interrupteur horaire			X	X	

Remarque :

En règle générale, chaque récepteur possède :
— une borne reliée à l'appareil de commande,
— une borne reliée directement au neutre.

2.6 Appareils de signalisation

Lettre repère	Désignation	Symbole	Symbole utilisé dans un schéma			
			développé	architec-tural	unifilaire	multifilaire
H	Lampe de signalisation	⊗	X	X	X	X
H	Sonnerie		X	X	X	X

Remarque :

En règle générale, chaque appareil de signalisation possède :
— une borne reliée à l'appareil de commande,
— une borne reliée directement au neutre.

2.7 Appareils de mesure

Lettre repère	Désignation	Symbole	Symbole utilisé dans un schéma			
			développé	architec- tural	unifilaire	multifilaire
P	Compteur d'énergie active	Wh			X	

2.8 Appareils de connexion

Lettre repère	Désignation	Symbole	Symbole utilisé dans un schéma			
			développé	architec- tural	unifilaire	multifilaire
E	Point d'attente pour un appareil d'éclairage	X		X		
X	Prise de courant 2 pôles + terre	2 ⋎		X	X	
		⋎⋎	X			X
X	Prise de courant 2 pôles	2 ⋎		X	X	
		⋎⋎	X			X
X	Prise de courant avec transformateur de séparation	—ᑕ		X	X	
X	Boîte de connexions	⊙		X	X	
X	Boîte de dérivation	⌐_⌐				X
X	Tableau distributeur (a) repère de nomenclature	⚡ a		X	X	

3 SCHÉMAS

3.1 Schéma général de distribution

Toute installation électrique doit obligatoirement faire l'objet d'un schéma qui indique :
— le type de conducteurs
— le nombre de conducteurs par circuit
— la section des conducteurs
— le type du dispositif de protection des circuits
— la valeur nominale ou de réglage de cette protection.

Exemple d'un schéma général de distribution d'un logement comprenant cinq pièces principales alimenté par un réseau monophasé.

Légende :
F 1 : fusible de protection "accompagnement disjoncteur"
P 1 : compteur actif monophasé
Q 1 : disjoncteur monophasé différentiel
Q 2 : interrupteur général de chauffage.

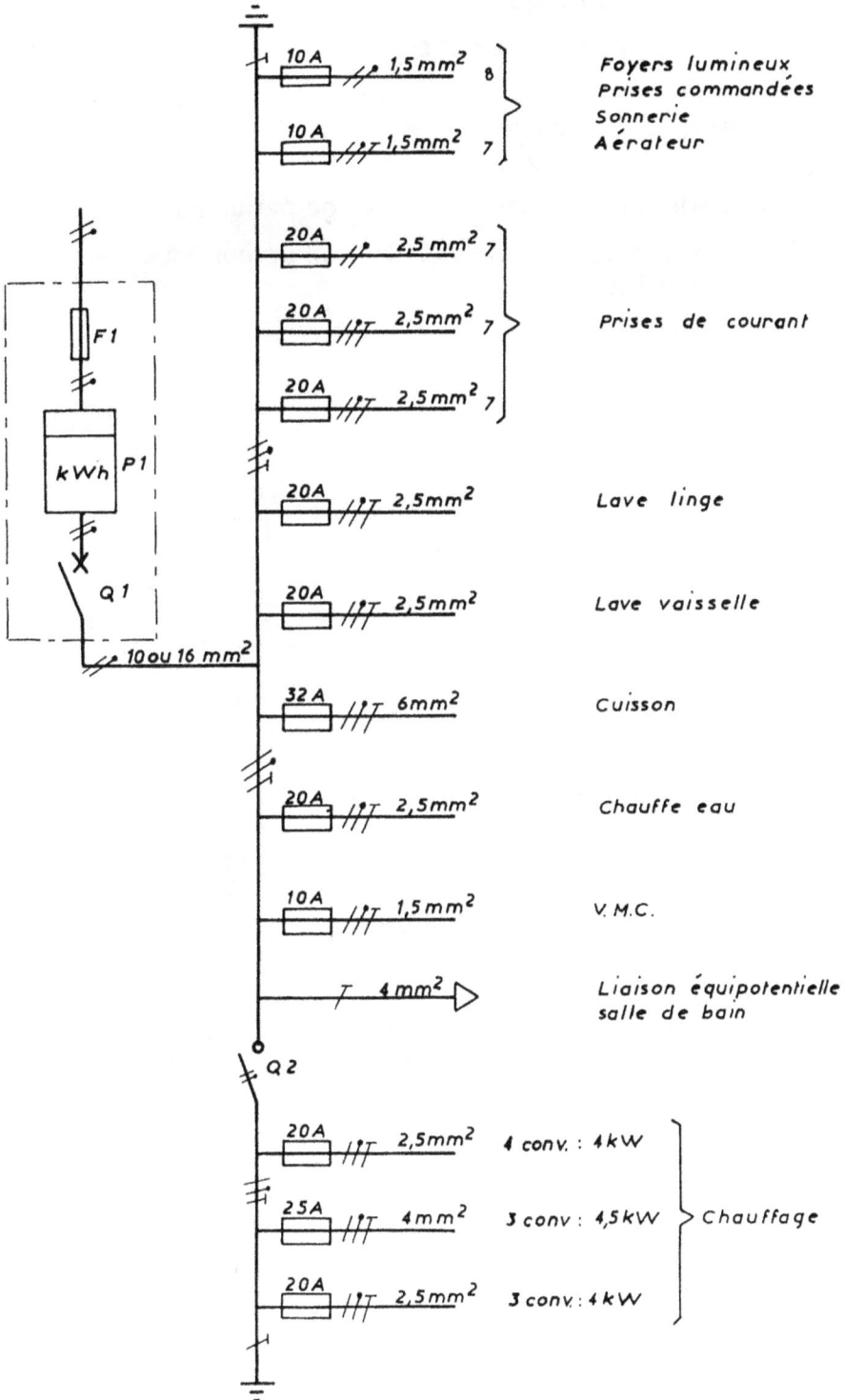

		Foyers lumineux
10 A	1,5 mm² 8	Prises commandées
10 A	1,5 mm² 7	Sonnerie
		Aérateur

20 A	2,5 mm² 7	
20 A	2,5 mm² 7	Prises de courant
20 A	2,5 mm² 7	

20 A	2,5 mm²	Lave linge

20 A	2,5 mm²	Lave vaisselle

32 A	6 mm²	Cuisson

20 A	2,5 mm²	Chauffe eau

10 A	1,5 mm²	V. M.C.

	4 mm²	Liaison équipotentielle salle de bain

Q 2

20 A	2,5 mm²	4 conv. : 4 kW	
25 A	4 mm²	3 conv : 4,5 kW	Chauffage
20 A	2,5 mm²	3 conv : 4 kW	

F1

kWh P1

Q 1

10 ou 16 mm²

61

3.2 Schémas d'éclairage

3.2.1 Montage simple allumage

Ce montage permet de commander (mise en ou hors service) une ou plusieurs lampes d'éclairage d'un seul endroit.

Exemple :

Commande de deux lampes d'éclairage par un interrupteur.

Ces deux lampes sont éteintes si l'interrupteur est ouvert et allumées lorsqu'il est fermé.

Schéma développé du montage

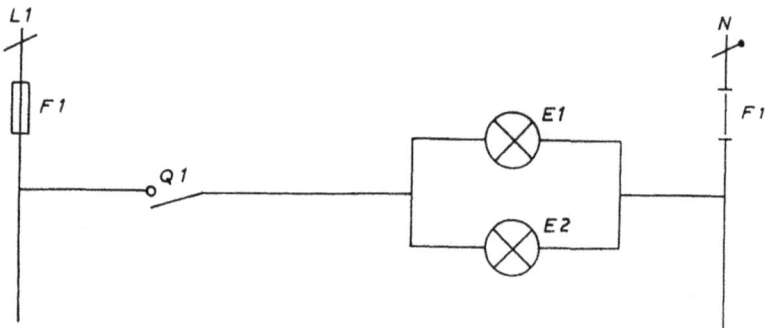

Légende :
F 1 : coupe circuit bipolaire du circuit éclairage
Q 1 : interrupteur unipolaire
E 1 : lampe d'éclairage
E 2 : lampe d'éclairage

Remarque :

Dans le schéma architectural, multifilaire et unifilaire, la protection du circuit par fusible n'est pas représentée car elle est située sur le tableau de répartition des circuits (voir le schéma général de distribution).

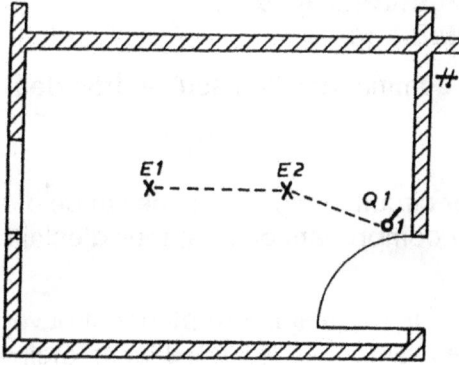

Schéma architectural

Schéma multifilaire

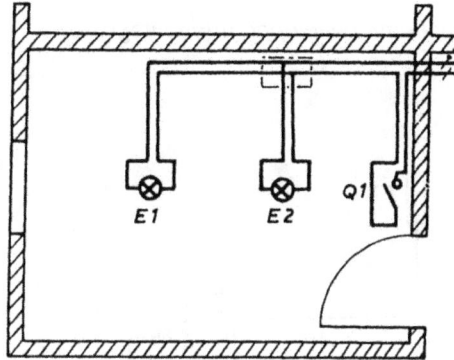

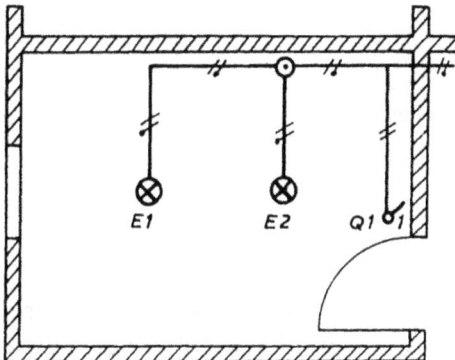

Schéma unifilaire

3.2.2 Montage avec commutateur N° 5 : Montage double allumage

Ce montage permet de commander d'un seul endroit deux circuits d'éclairage différents.

Exemple :

Commande d'un premier circuit comprenant une lampe d'éclairage (E 1) et d'un deuxième circuit comprenant deux lampes d'éclairage (E 2, E 3).

La lampe E 1 est éteinte si le premier interrupteur est ouvert et allumée lorsqu'il est fermé. Les lampes E 2 et E 3 sont éteintes si le deuxième interrupteur est ouvert et allumées dans le cas contraire.

Remarque :

Les deux circuits sont indépendants l'un de l'autre ce qui permet d'obtenir le fonctionnement des deux circuits ensemble ou séparément.

Schéma développé du montage

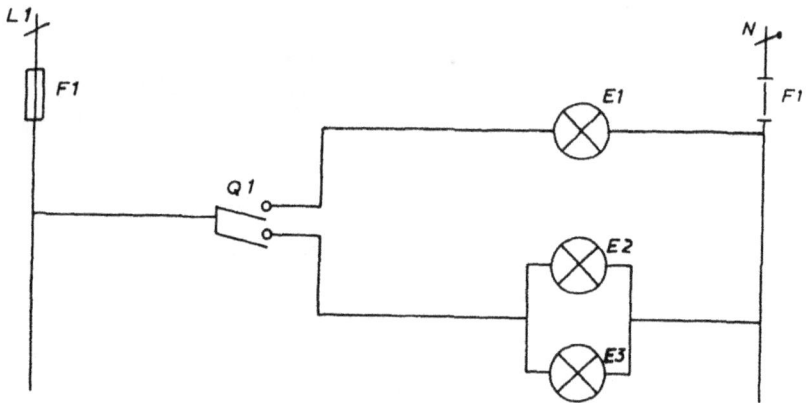

Légende :
F 1 : coupe circuit bipolaire du circuit d'éclairage
Q 1 : commutateur N° 5
E 1 : lampe d'éclairage
E 2 : lampe d'éclairage
E 3 : lampe d'éclairage

Remarque :

Dans le schéma architectural, multifilaire et unifilaire, la protection du circuit par fusible n'est pas représentée car elle est située sur le tableau de répartition des circuits (voir le schéma général de distribution).

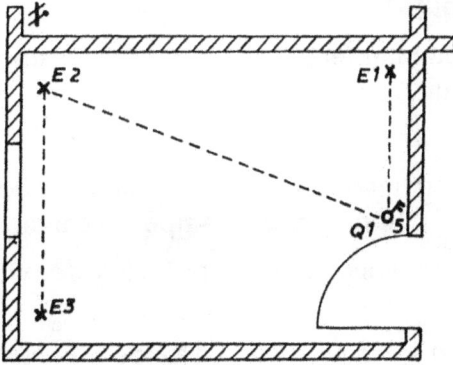

Schéma architectural

Schéma multifilaire

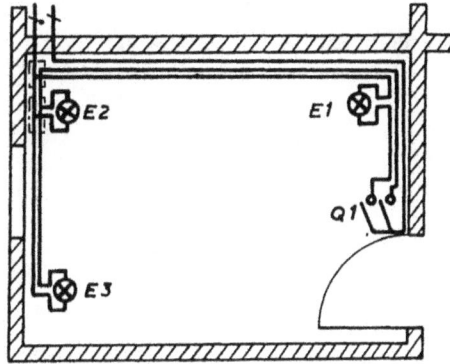

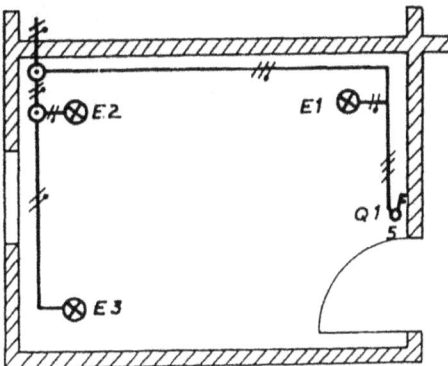

Schéma unifilaire

65

3.2.3 Montage avec commutateur N° 4

Ce montage permet de commander d'un seul endroit soit un premier circuit, soit un deuxième circuit.

Exemple :

Commande d'un premier circuit comprenant une lampe d'éclairage (E 1) et d'un deuxième circuit comprenant une lampe d'éclairage (E 2).

Lorsque le commutateur est sur la position arrêt, les deux lampes sont éteintes.

Lorsque le commutateur est sur la position 1, la lampe E 1 est allumée.

Lorsque le commutateur est sur la position 2, la lampe E 2 est allumée.

Remarque :

Les deux lampes d'éclairage E 1 et E 2 ne peuvent pas être alimentées en même temps.

Schéma développé du montage

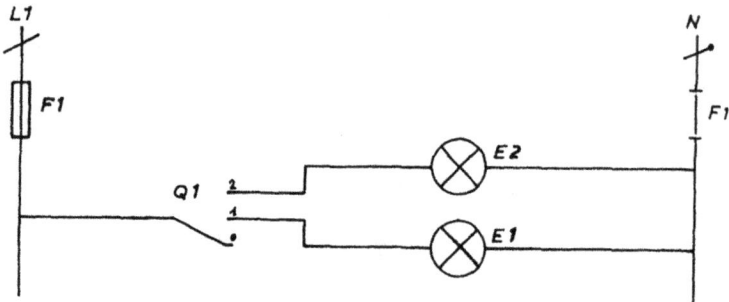

Légende :
F 1 : coupe circuit bipolaire du circuit d'éclairage
Q 1 : commutateur N° 4
E 1 : lampe d'éclairage
E 2 : lampe d'éclairage

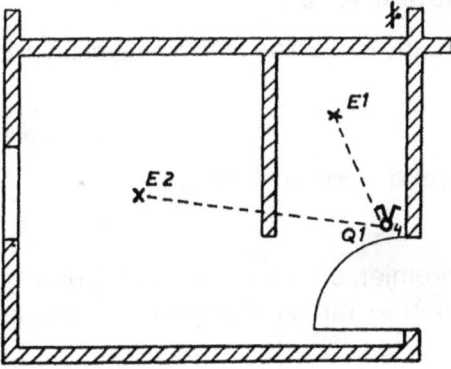

Schéma architectural

Schéma multifilaire

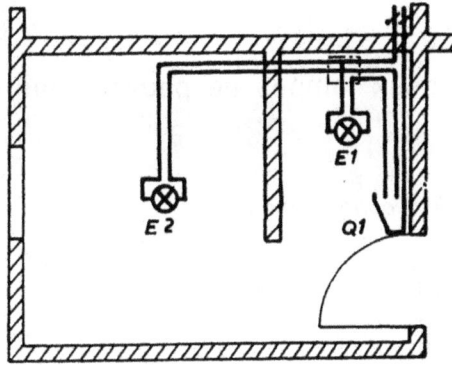

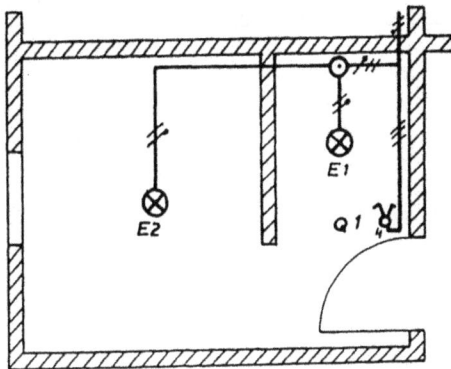

Schéma unifilaire

3.2.4 Montage avec commutateur N° 6

Ce montage permet de commander d'un seul endroit soit un premier circuit soit un deuxième circuit.

Remarque :

Dans ce montage, il n'y a pas de position arrêt.

Exemple :

Mise en service soit d'un premier circuit comprenant une lampe d'éclairage (E 1) soit d'un deuxième circuit comprenant une lampe veilleuse (E 2).

Lorsque le commutateur est sur la position 1, la lampe d'éclairage est allumée.

Lorsque le commutateur est sur la position 2, la lampe veilleuse est allumée.

Remarque :

Les deux lampes ne peuvent pas être alimentées en même temps.

Schéma développé du montage

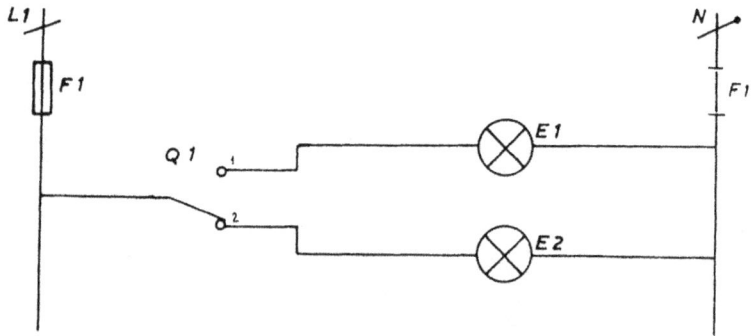

Légende :
F 1 : coupe circuit bipolaire du circuit d'éclairage
Q 1 : commutateur N° 6
E 1 : lampe d'éclairage
E 2 : lampe veilleuse

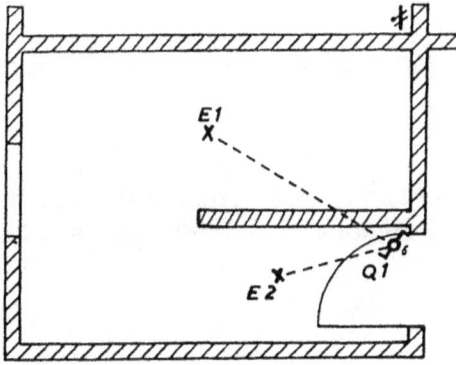

Schéma architectural

Schéma multifilaire

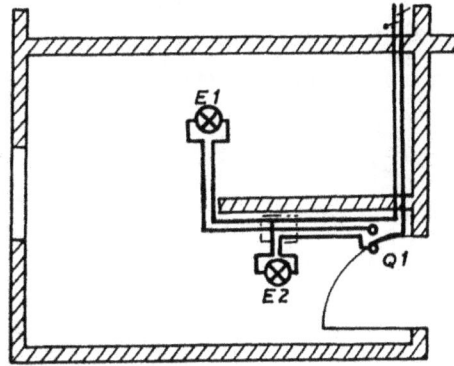

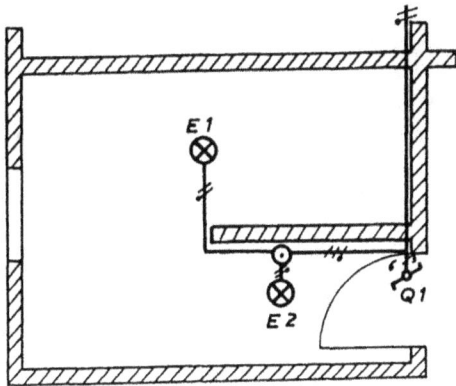

Schéma unifilaire

3.2.5 Montage avec deux commutateurs N° 6 : Montage "va-et-vient"

Ce montage permet de commander un circuit d'éclairage de deux endroits différents.

Exemple :

Commande d'un circuit d'éclairage (comprenant deux lampes) de deux endroits différents (cette commande s'effectue par des commutateurs N° 6).

Dès que l'on manœuvre un des commutateurs, le circuit est fermé et les lampes E 1 et E 2 sont allumées.

Si l'on manœuvre une deuxième fois un des commutateurs, le circuit s'ouvre et les deux lampes s'éteignent.

Remarque :

Les deux conducteurs, reliant les commutateurs entre eux, s'appellent les navettes.

Schéma développé du montage

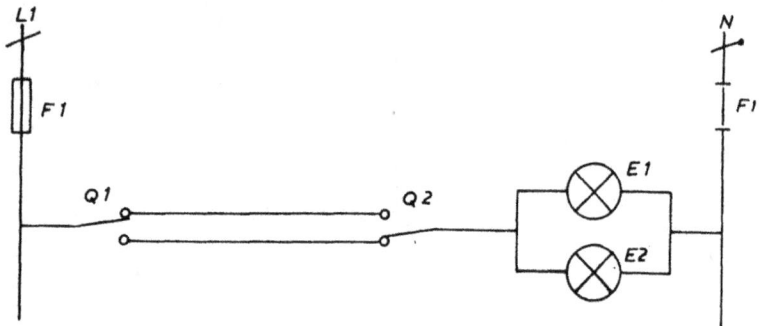

Légende :
F 1 : coupe circuit bipolaire du circuit d'éclairage
Q 1 : commutateur N° 6
Q 2 : commutateur N° 6
E 1 : lampe d'éclairage
E 2 : lampe d'éclairage

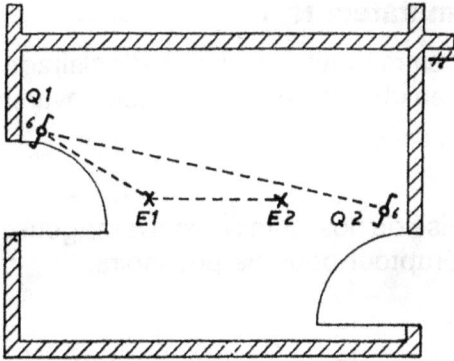

Schéma architectural

Schéma multifilaire

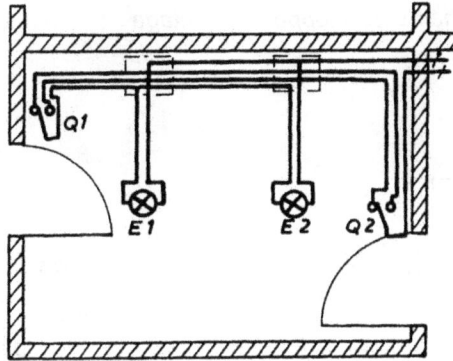

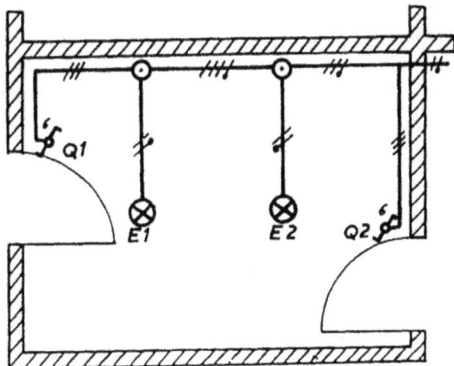

Schéma unifilaire

71

3.2.6 Montage avec le commutateur N° 7

Ce montage permet de commander un circuit d'éclairage d'un nombre quelconque d'endroits en utilisant le commutateur inverseur ou permutateur.

Remarque :

Ce montage n'est guère utilisé de nos jours ; il est avantageusement remplacé par un ensemble télérupteur-boutons poussoirs.

Exemple :

Commande d'un circuit d'éclairage de quatre endroits différents avec deux commutateurs N° 6 et deux commutateurs N° 7.

A chaque endroit, la mise en ou hors service des lampes d'éclairage est possible en manœuvrant un des commutateurs.

Schéma développé du montage

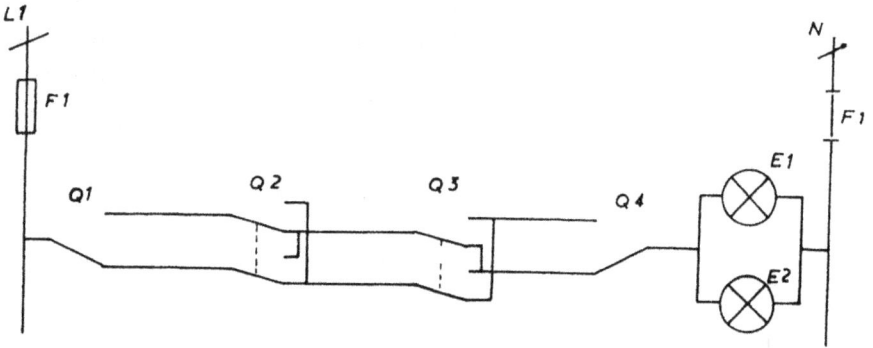

Légende :
F 1 : coupe circuit bipolaire du circuit d'éclairage
Q 1 et Q 4 : commutateur N° 6
Q 2 et Q 3 : commutateur N° 7
E 1 et E 2 : lampe d'éclairage

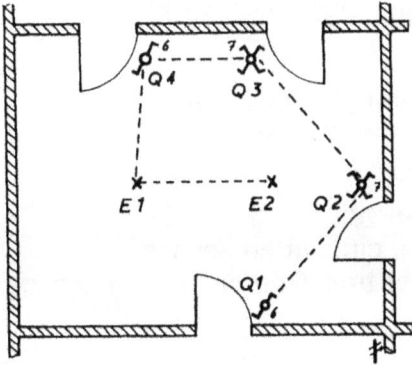

Schéma architectural

Schéma multifilaire

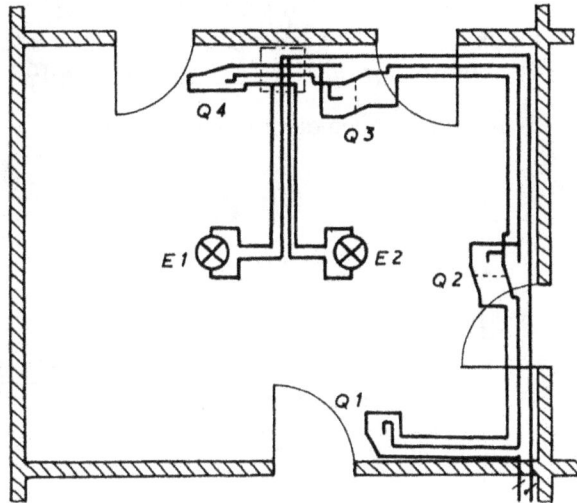

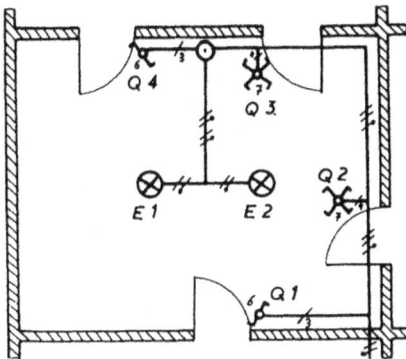

Schéma unifilaire

3.2.7 Montage avec le commutateur N° 11 : Montage triple allumage

Ce montage permet de commander d'un seul endroit trois circuits d'éclairage dans un ordre bien déterminé qui est :

— Position 0 : arrêt
— Position 1 : premier circuit en service
— Position 2 : premier et deuxième circuits en service
— Position 3 : premier, deuxième et troisième circuits en service.

Remarque :

Ce montage n'est guère utilisé de nos jours.

Exemple :

Commande de trois lampes d'éclairage par un commutateur N° 11
Premier circuit : lampe d'éclairage E 1
Deuxième circuit : lampe d'éclairage E 2
Troisième circuit : lampe d'éclairage E 3

Schéma développé du montage

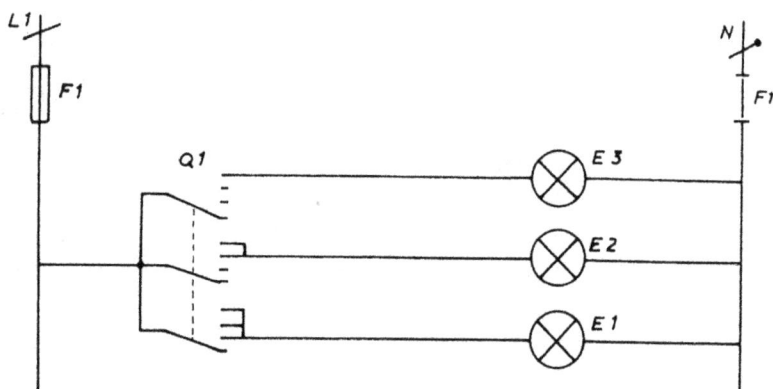

Légende :
F 1 : coupe circuit bipolaire du circuit d'éclairage
Q 1 : commutateur N° 11
E 1, E 2, E 3 : lampe d'éclairage

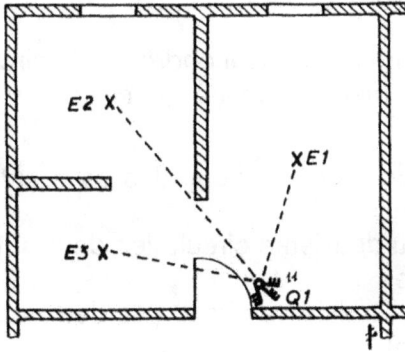

Schéma architectural

Schéma multifilaire

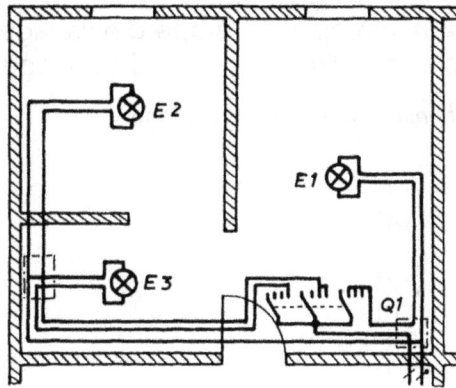

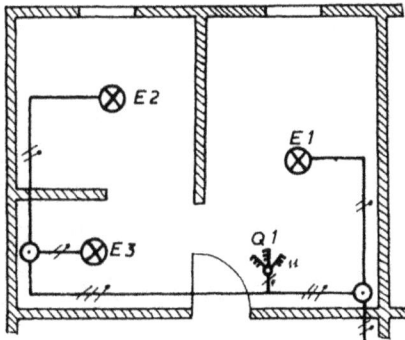

Schéma unifilaire

75

3.2.8 Montage avec le commutateur N° 12 :

Ce montage permet de commander d'un seul endroit trois circuits d'éclairage différents dans un ordre bien déterminé qui est :

— Position 0 : arrêt
— Position 1 : mise en service du premier circuit (les deux autres
    étant hors service)
— Position 2 : mise en service du deuxième circuit (les deux autres
    étant hors service)
— Position 3 : mise en service du troisième circuit (les deux autres
    étant hors service)

Exemple :

Commande de trois circuits d'éclairage par un commutateur N° 12
Premier circuit : lampe d'éclairage E 1
Deuxième circuit : lampe d'éclairage E 2
Troisième circuit : lampe d'éclairage E 3

Schéma développé du montage

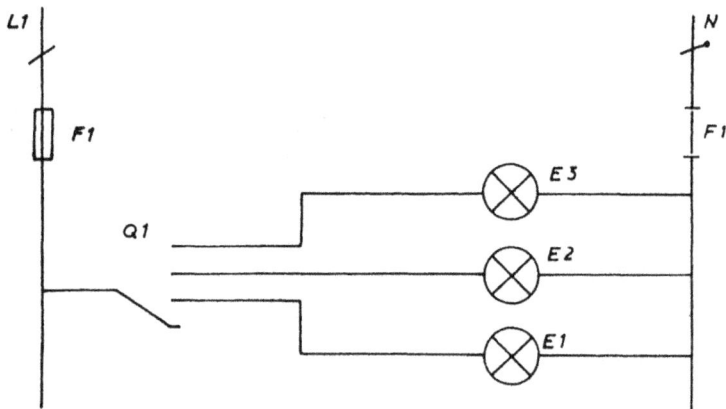

Légende :
F 1 : coupe circuit bipolaire du circuit d'éclairage
Q 1 : commutateur N° 12
E 1, E 2, E 3 : lampe d'éclairage

76

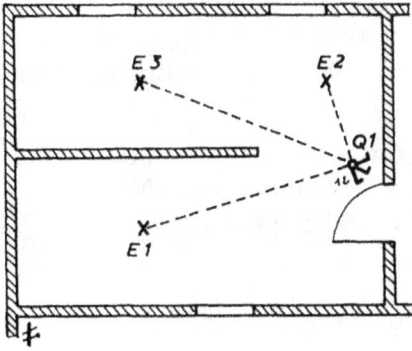

Schéma architectural

Schéma multifilaire

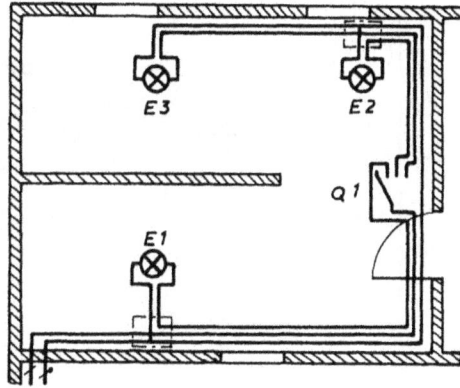

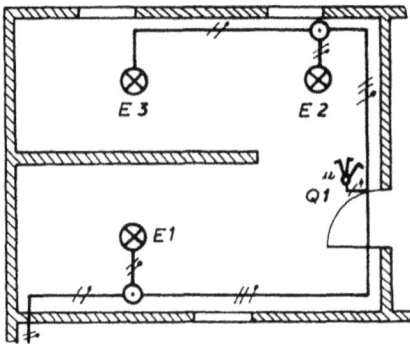

Schéma unifilaire

77

3.2.9 Montage avec commutateur N° 13

Il permet de commander deux circuits d'éclairage de deux endroits différents. Ce montage, dit chambre d'hôtel, utilise un commutateur N° 6 avec un commutateur N° 13.

Le choix du circuit à mettre en service ne peut se faire que d'un seul endroit grâce au commutateur N° 13 ; le commutateur N° 6 n'est utilisé que pour la mise en ou hors service de l'installation.

Exemple :

Commande de deux lampes d'éclairage de deux endroits différents.

Schéma développé du montage

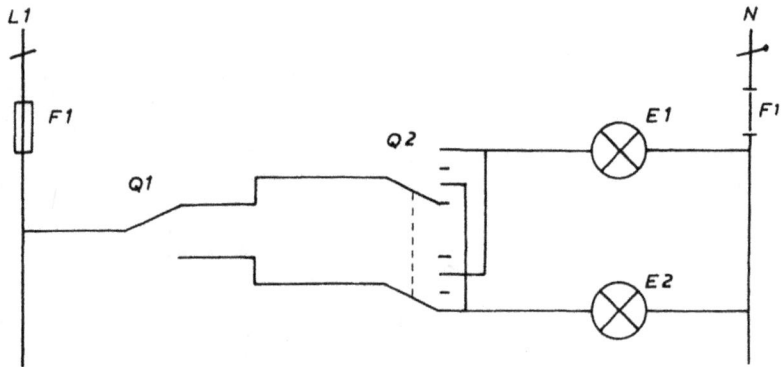

Légende :
F 1 : coupe circuit bipolaire du circuit éclairage
Q 1 : commutateur N° 6
Q 2 : commutateur N° 13
E 1, E 2 : lampe d'éclairage

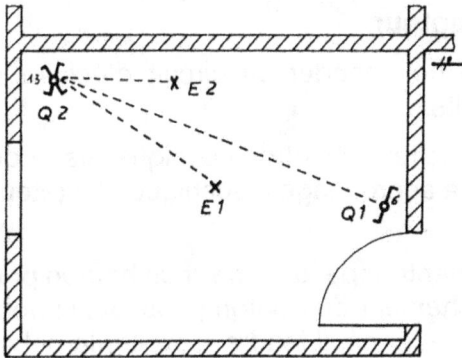

Schéma architectural

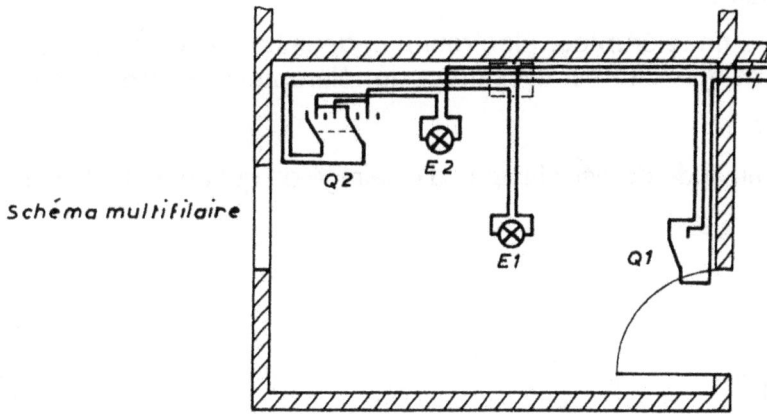

Schéma multifilaire

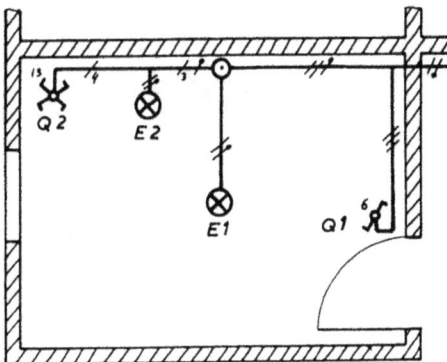

Schéma unifilaire

79

3.2.A Montage avec télérupteur

Ce montage permet de commander un circuit d'éclairage d'un nombre quelconque d'endroits.

Electriquement, un télérupteur électromécanique est constitué d'une bobine et d'un contact à accrochage mécanique et à retour automatique.

Lorsque la bobine est alimentée (par action sur un bouton poussoir) le contact se ferme. Au relâchement du bouton poussoir, la bobine se désexcite mais le contact reste fermé. Il faudra réexciter la bobine une deuxième fois pour que ce contact s'ouvre.

La bobine est commandée par les boutons poussoirs et les lampes d'éclairage par le contact du télérupteur.

Remarque :

Dans un télérupteur électronique, deux bornes correspondent à la bobine et deux autres au contact du télérupteur électromécanique.

Exemple :

Commande de deux lampes d'éclairage de quatre endroits différents.

Schéma développé

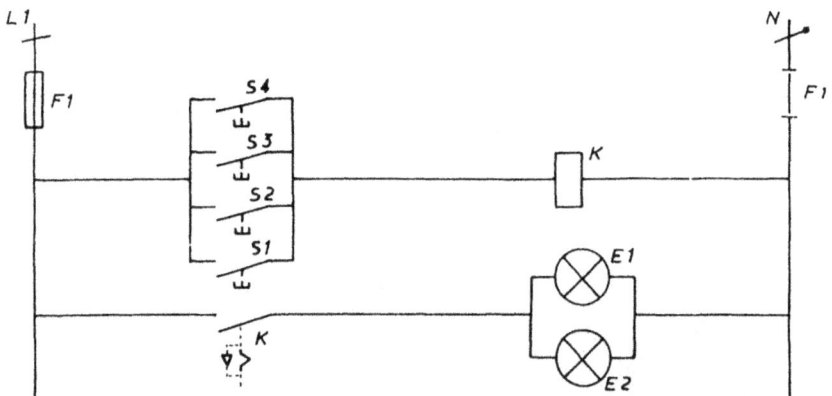

Légende :
F 1 : coupe circuit bipolaire du circuit éclairage
S 1, S 2, S 3, S 4 : bouton poussoir marche
K : télérupteur
E 1, E 2 : lampe d'éclairage

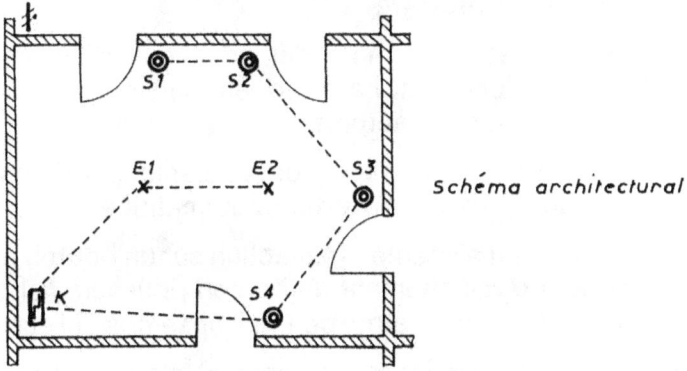

Schéma architectural

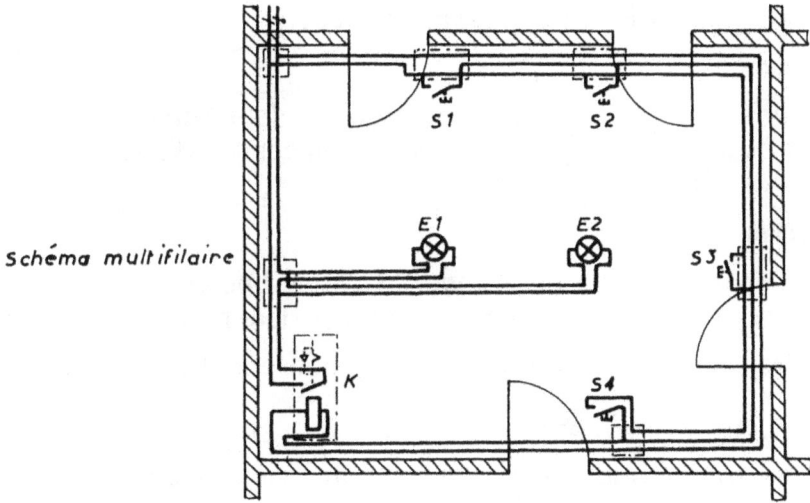

Schéma multifilaire

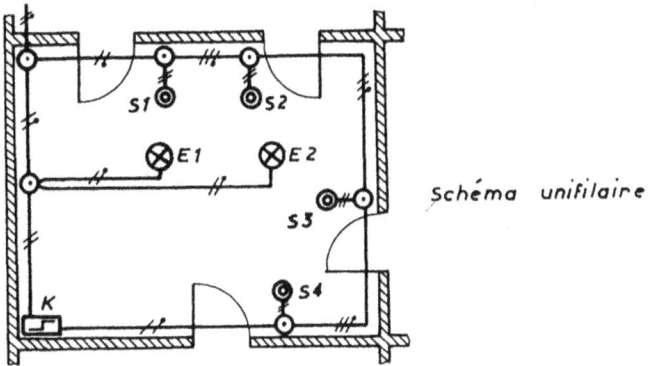

Schéma unifilaire

3.2.B Montage avec minuterie

Ce montage permet de commander un circuit d'éclairage d'un nombre quelconque d'endroits. La mise en service du circuit est manuelle, la mise hors service automatique.

Electriquement, une minuterie électromécanique est constituée d'une bobine et d'un contact à ouverture automatique.

Lorsque la bobine est alimentée (par action sur un bouton poussoir) le contact se ferme. Au relâchement du bouton poussoir, la bobine se désexcite mais le contact reste fermé pendant un temps qui est réglable.

Au bout de cette temporisation, le contact s'ouvre et les lampes s'éteignent.

La bobine est commandée par les boutons poussoirs et les lampes d'éclairage par le contact de la minuterie.

Remarque :

Une minuterie électronique comporte deux bornes qui correspondent à la bobine et deux autres bornes au contact d'une minuterie électromécanique.

Exemples :

Commande de deux lampes par trois boutons poussoirs et une minuterie (la mise en service des lampes dure pendant deux minutes).

Deux montages sont possibles et peuvent être utilisés.

PREMIER MONTAGE : MONTAGE AVEC EFFET

Lorsque la bobine est réexcitée (par action sur un bouton poussoir) pendant un cycle de fonctionnement, la temporisation repart pour deux minutes à partir de cet instant.

Schéma développé du montage avec effet

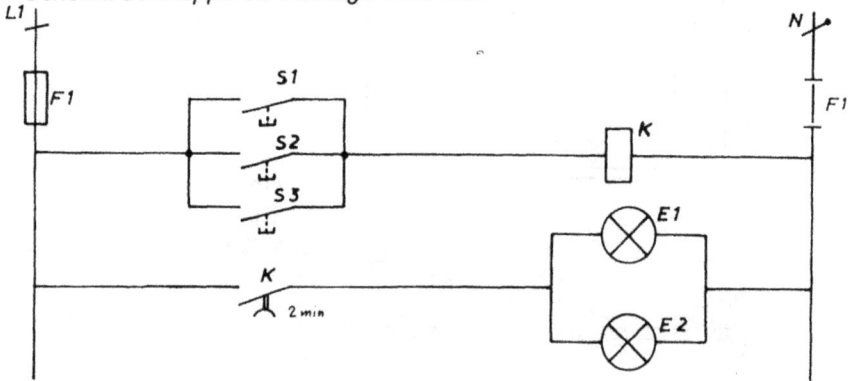

Légende :
F1 : coupe circuit bipolaire du circuit éclairage
S1, S2, S3 : bouton poussoir marche
K : minuterie 2 minutes
E1, E2 : lampe d'éclairage

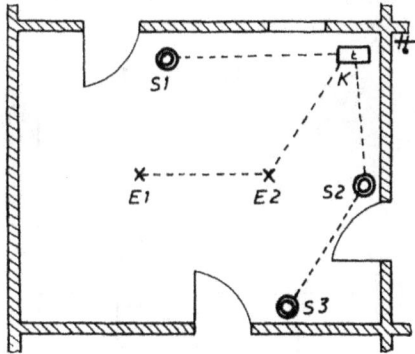

Schéma architectural

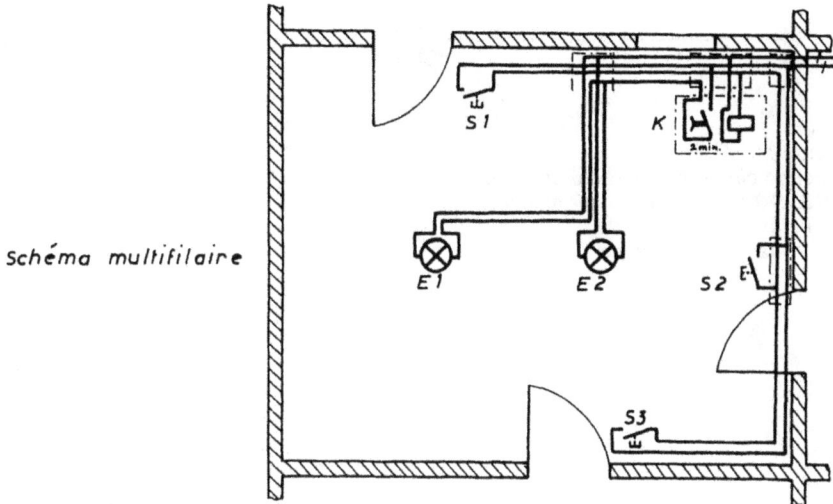

Schéma multifilaire

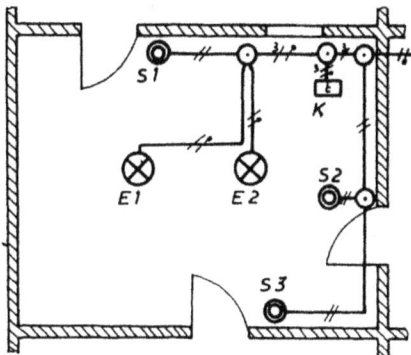

Schéma unifilaire

DEUXIÈME MONTAGE : MONTAGE SANS EFFET

Lorsqu'un bouton poussoir est de nouveau actionné pendant un cycle de fonctionnement, il n'y a aucune modification de temporisation ; le cycle n'est pas perturbé par cette action.

Schéma développé du montage sans effet

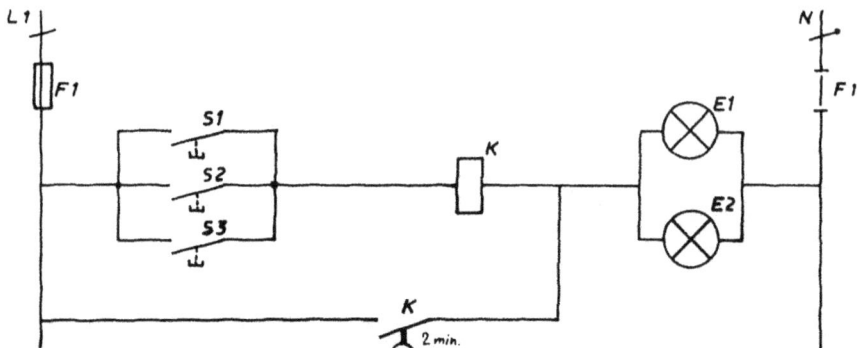

Légende :
F 1 : coupe circuit bipolaire du circuit éclairage
S 1, S 2, S 3 : bouton poussoir marche
K : minuterie 2 minutes
E 1, E 2 : lampe d'éclairage

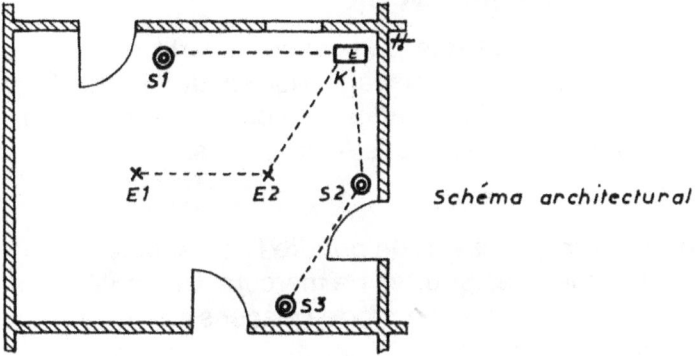

Schéma architectural

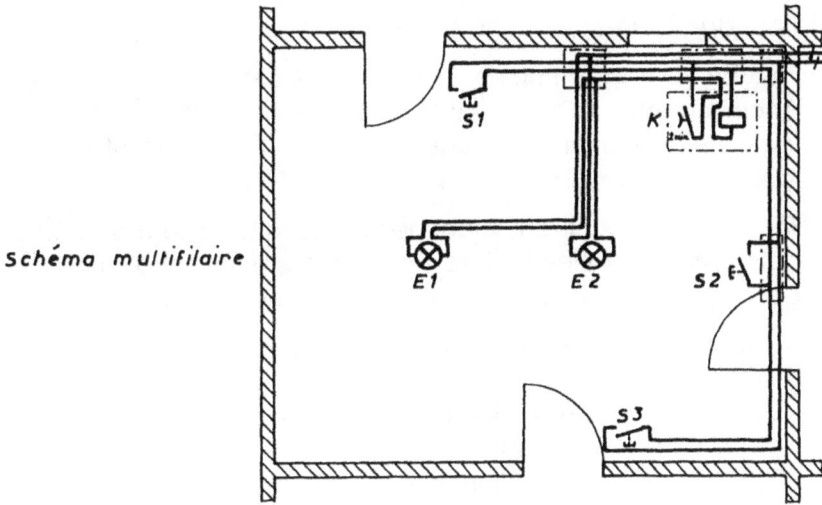

Schéma multifilaire

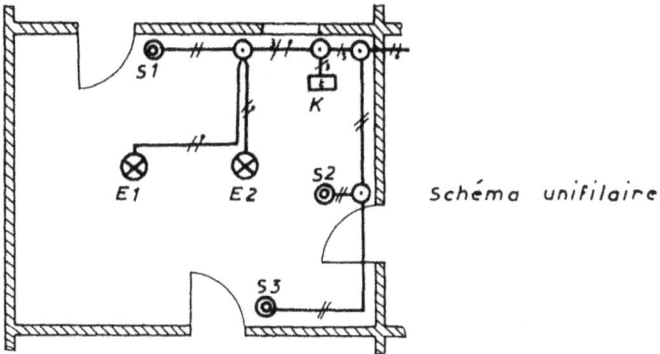

Schéma unifilaire

3.2.C Montage avec tube fluorescent

Pour éviter l'éblouissement des personnes, répartir correctement les éclairements, ou réaliser un éclairage qui se rapproche le plus possible de la lumière du jour, il est parfois préférable de remplacer les lampes à incandescence par des tubes fluorescents.

Principe du tube fluorescent :

C'est un tube de verre recouvert de poudre fluorescente, rempli de gaz rare et contenant quelques gouttes de mercure. Une différence de potentiel est appliquée entre deux électrodes placées aux extrémités du tube ce qui provoque une ionisation du gaz et un déplacement d'électrons d'une électrode à l'autre. Ces électrons, frappant les atomes de mercure, vont permettre de créer des rayons ultra violet qui, au contact de la poudre fluorescente, se transforment en rayons visibles.

Un tube fluorescent ne se raccorde pas comme une lampe à incandescence. En effet dès que l'arc électrique est établi, la résistance du tube diminue, ce qui entraîne une augmentation importante du courant et la destruction des électrodes.

Pour y remédier, il faut brancher en série avec le tube fluorescent une inductance, appelée ballast, dont un des rôles est de limiter le courant qui passe dans le circuit après l'amorçage du tube.

Les tubes fluorescents peuvent être classés en trois grandes catégories qui sont :
— Tube fluorescent à allumage par starter.
— Tube fluorescent à allumage rapide.
— Tube fluorescent à allumage instantané.

Ces tubes sont différents du point de vue technologique (par construction) et schématique (branchement sur une source d'alimentation).

BRANCHEMENT D'UN TUBE FLUORESCENT A ALLUMAGE PAR STARTER

Schéma développé du montage

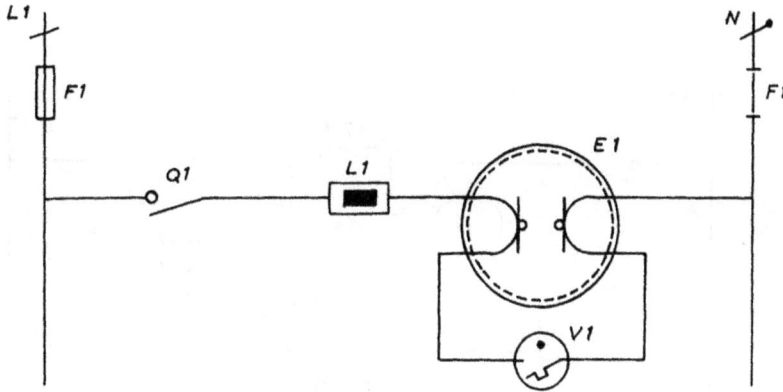

Légende :
F1 : *coupe circuit bipolaire du circuit éclairage*
Q1 : *interrupteur*
L1 : *ballast*
E1 : *tube fluorescent*
V1 : *starter*

Le starter est constitué d'un tube de verre rempli de gaz neutre dans lequel est installée une bilame. Lorsque l'interrupteur Q1 est fermé, la tension d'alimentation (n'étant pas suffisante pour amorcer le tube fluorescent) crée un arc électrique dans le starter. La bilame, sous l'effet du dégagement de chaleur, se déforme et ferme le circuit. Un courant traverse donc les électrodes du tube fluorescent et les échauffent. La bilame, du fait de l'extinction de l'arc électrique dans le starter, se refroidit et revient dans sa position d'origine.

A cet instant (ouverture du circuit) le ballast provoque une surtension aux bornes du tube fluorescent qui s'allume.

C'est un amorçage à chaud, c'est-à-dire que les électrodes sont préchauffées (pendant la fermeture du starter) avant l'amorçage définitif du tube fluorescent.

BRANCHEMENT D'UN TUBE FLUORESCENT A ALLUMAGE RAPIDE

Schéma développé du montage

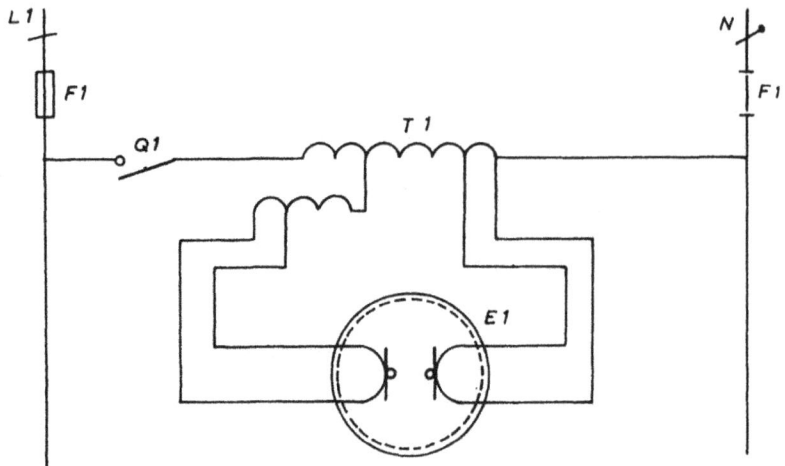

Légende :
F1 : coupe circuit bipolaire du circuit éclairage
Q1 : interrupteur
T1 : autotransformateur
E1 : tube fluorescent

Remarques :

- Le tube fluorescent possède une bande d'amorçage externe.
- Le ballast est remplacé par un autotransformateur possédant plusieurs enroulements.

Lorsque l'interrupteur Q1 est fermé, chaque électrode du tube fluorescent est parcourue par un courant (dû à la tension délivrée par chaque enroulement de préchauffage de l'autotransformateur) et s'échauffe.

Après un court instant, la bande d'amorçage externe, reportant la tension d'amorçage d'une extrémité au voisinage de la deuxième extrémité du tube fluorescent, provoque un arc électrique. Celui-ci, par effet capacitif de la bande d'amorçage, se propage d'une électrode à l'autre.

Le tube fluorescent est allumé.

C'est encore un amorçage à chaud ; une partie de l'autotransformateur sert à préchauffer les électrodes. L'allumage est plus rapide que dans le cas d'un allumage par starter.

BRANCHEMENT D'UN TUBE FLUORESCENT A ALLUMAGE INSTANTANÉ

Schéma développé du montage

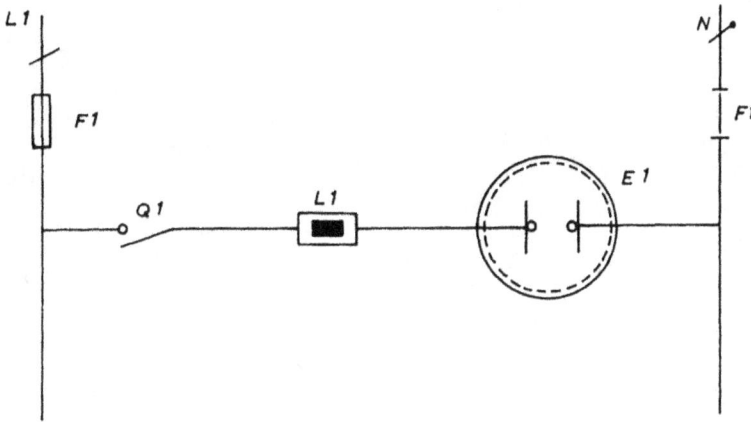

Légende :
F1 : coupe circuit bipolaire du circuit éclairage
Q1 : interrupteur
L1 : ballast
E1 : tube fluorescent

Remarque :

Le tube fluorescent possède une bande d'amorçage interne.

Lorsque l'interrupteur Q1 est fermé, la tension d'amorçage se reporte entre l'extrémité de la bande d'amorçage interne et la deuxième électrode ce qui provoque un arc électrique. Par ionisation rapide du milieu, celui-ci se propage d'une électrode à l'autre : le tube fluorescent est allumé.

C'est un amorçage à froid, donc instantané ; les électrodes ne sont pas préchauffées avant l'amorçage.

REMARQUES GÉNÉRALES SUR LES MONTAGES DE TUBES FLUORESCENTS

L'utilisation d'un tube fluorescent possède un inconvénient majeur du point de vue électrique. Le courant qui traverse le montage est en retard d'un angle important sur la tension à ses bornes ; c'est le déphasage ($\varphi \approx 60$ degrés). Son facteur de puissance est donc très mauvais (cos $\varphi \approx 0,5$) ce qui entraîne une puissance fournie par la source bien supérieure à la puissance absorbée et utilisable par le montage. Pour y remédier il faut modifier les schémas de branchement vus précédemment.

BRANCHEMENT D'UN TUBE FLUORESCENT A ALLUMAGE PAR STARTER : MONTAGE COMPENSÉ

Schéma développé du montage

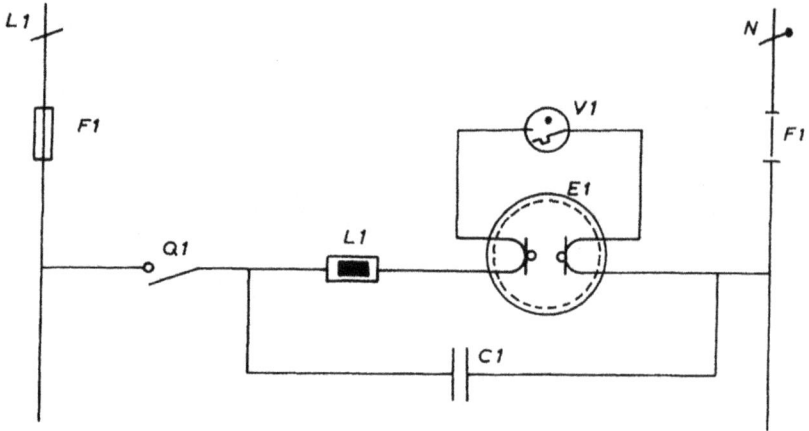

Légende :
F1 : *coupe circuit bipolaire du circuit éclairage*
Q1 : *interrupteur*
L1 : *ballast*
E1 : *tube fluorescent*
V1 : *starter*
C1 : *condensateur*

On rajoute un condensateur en parallèle sur le circuit ballast et tube fluorescent. Son action permet de réduire le déphasage entre courant et tension d'un angle proche de zéro. Le facteur de puissance du montage devient donc excellent (cos φ voisin de 1).

Remarque :

Pour obtenir un montage compensé lors d'un branchement d'un tube fluorescent à allumage rapide ou instantané, il faut utiliser le même condensateur et le même raccordement.

BRANCHEMENT D'UN TUBE FLUORESCENT A ALLUMAGE PAR STARTER : MONTAGE SURCOMPENSÉ
Schéma développé du montage

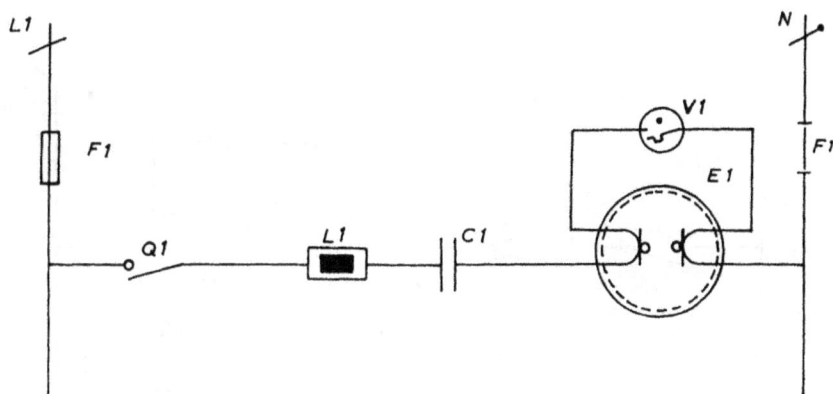

Légende :
F1 : *coupe circuit bipolaire du circuit éclairage*
Q1 : *interrupteur*
L1 : *ballast*
C1 : *condensateur*
E1 : *tube fluorescent*
V1 : *starter*

On rajoute un condensateur en série avec le ballast et le tube fluorescent. Son action permet au courant qui traverse le montage d'être en avance sur la tension d'alimentation d'un angle important (déphasage $\varphi \approx 60$ degrés) ; son facteur de puissance est donc très mauvais (cos $\varphi \approx 0,5$). C'est un montage qui est peu utilisé.

Remarques :
- Pour obtenir un montage surcompensé lors d'un branchement d'un tube fluorescent à allumage rapide ou instantané, il faut utiliser le même condensateur et le même raccordement.

- La tension de service du condensateur branché en série doit être importante et d'un ordre de grandeur voisin de 450 V.

BRANCHEMENT DE DEUX TUBES FLUORESCENTS A ALLUMAGE PAR STARTER : MONTAGE "DUO"

Schéma développé du montage

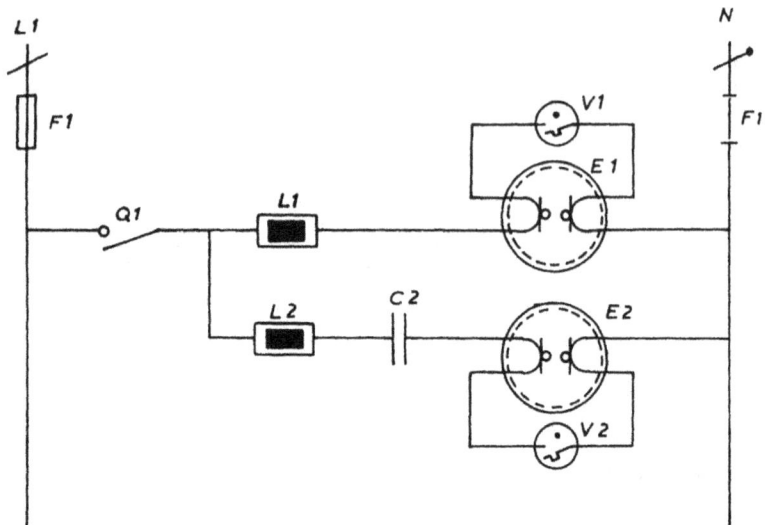

Légende :
F1 : coupe circuit bipolaire du circuit éclairage
Q1 : interrupteur
L1, L2 : ballast
E1, E2 : tube fluorescent
V1, V2 : starter
C2 : condensateur

Un tube fluorescent montage non compensé est branché en parallèle sur un tube fluorescent montage surcompensé. Le courant qui passe dans le premier tube est en retard sur la tension d'alimentation d'un angle φ ; celui qui traverse le deuxième tube est en avance sur cette même tension d'un angle voisin de φ. La somme de ces deux courants, qui est égale au courant débité par la source, est approximativement en phase avec la tension d'alimentation (**déphasage** φ_t proche de zéro). Le montage possède donc un très bon facteur de puissance (cos φ_t voisin de 1).

Un tube fluorescent, alimenté sur le réseau 50 Hz, s'allume et s'éteint 100 fois par seconde ; puisque les courants qui traversent les deux tubes sont déphasés l'un par rapport à l'autre, leurs allumages et leurs extinctions ne se font pas en même temps. On évite ainsi l'inconvénient majeur d'un tube fluorescent qui est appelé effet stroboscopique (corps réellement en mouvement et qui paraît immobile lorsqu'il est éclairé).

Remarques :

Les inductances sont installées en règle générale sur le même noyau magnétique, l'ensemble s'appelant toujours ballast.

Même raccordement pour des tubes fluorescents à allumage rapide et instantané.

BRANCHEMENT PARTICULIER DE DEUX TUBES FLUORESCENTS DE 20 W SUR UN BALLAST MONO 40 W.

Schéma développé du montage

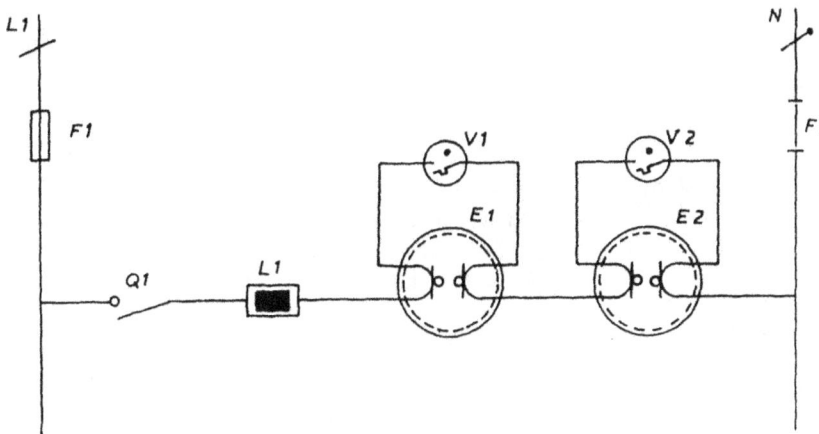

Légende :
F1 : *coupe circuit bipolaire du circuit éclairage*
Q1 : *interrupteur*
L1 : *ballast*
E1, E2 : *tube fluorescent*
V1, V2 : *starter*

Les deux tubes fluorescents de 20 W sont en série avec le ballast 40 W.

C'est un montage non compensé. Le courant est en retard sur la tension d'alimentation d'un angle φ proche de 60 degrés. Le facteur de puissance de ce montage est donc très mauvais (de l'ordre de cos $\varphi \approx 0,5$). Pour remédier à cet inconvénient il est possible de compenser le montage (condensateur en parallèle), de le surcompenser (condensateur en série) ou d'utiliser quatre tubes fluorescents de 20 W pour le montage "D U O".

Remarque :

Pour ce montage, il est possible de remplacer les tubes fluorescents à allumage par starter par ceux à allumage rapide ou instantané.

Nous venons d'étudier les schémas de branchements de tubes fluorescents les plus utilisés. Il existe d'autres montages particuliers qui sont liés à la diversité du matériel employé. Il faut, à ce moment-là, prendre contact avec le constructeur.

3.3 Schémas avec prises de courant

Les prises de courant sont des appareils de raccordement qui servent de liaison entre une canalisation fixe et un récepteur mobile. Du point de vue électrique, elles sont caractérisées par :

— une tension nominale
exemples : 250 V , 380 V

— un courant maximal à ne pas dépasser
exemples : 6, 10, 16, 20, 32 A

— un nombre de broches et leur affectation
P : pour pôle actif (phase ou neutre)
T : pour conducteur de protection (terre)
exemples : 2 P, 2 P + T, 3 P + T, 4 P + T

Exemple d'un circuit de prises de courant dans une cuisine

Schéma développé du montage

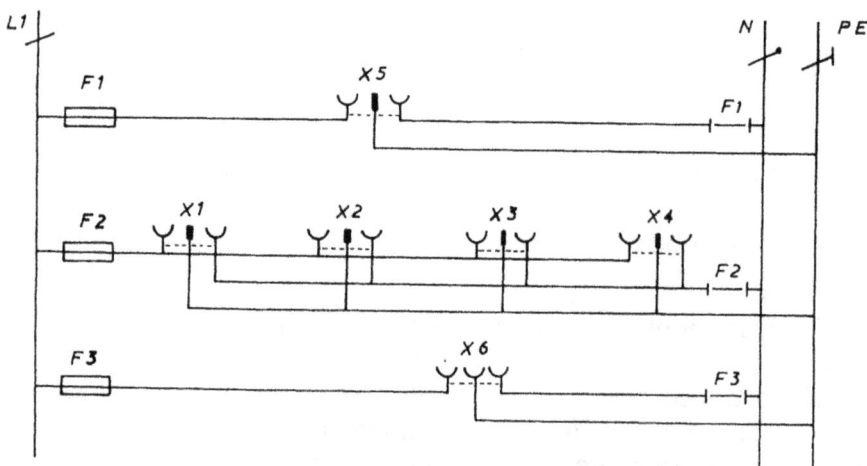

Légende :
F 1 : coupe circuit bipolaire du circuit lave vaisselle
F 2 : coupe circuit bipolaire du circuit prises de courant
F 3 : coupe circuit bipolaire du circuit appareil de cuisson
X 1, X 2, X 3, X 4 : prises de courant 380 V   16 A   2 P + T
X 5   : prise de courant 380 V   16 A   2 P + T
X 6   : prise de courant 500 V   32 A   2 P + T

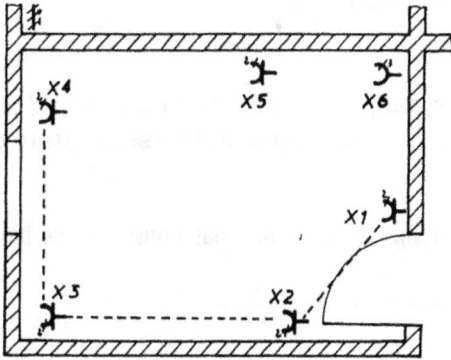

Schéma architectural

Schéma multifilaire

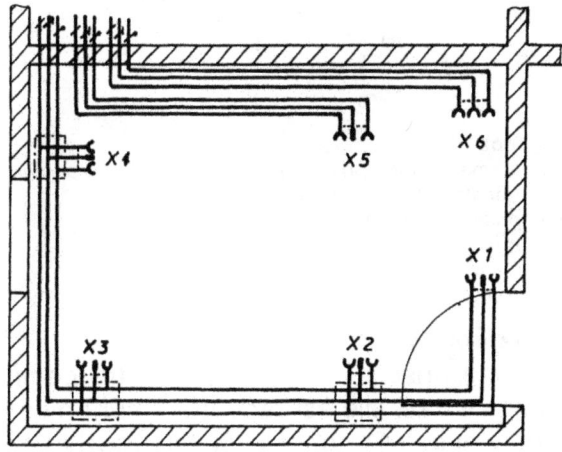

Schéma unifilaire

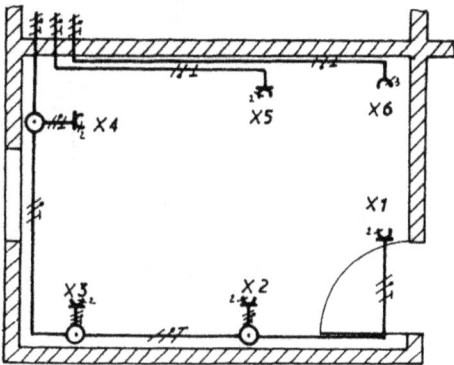

Schémas particuliers de prises de courant

Premier cas :

Les prises de courant installées dans le volume de protection d'une salle de bains sont obligatoirement alimentées par un transformateur de séparation.

Exemple de schéma développé d'un circuit "prise rasoir" dans une salle de bains.

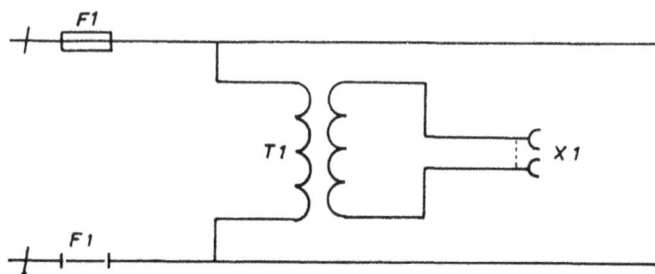

Légende :
F1 : coupe circuit bipolaire du circuit prises de courant
T1 : transformateur de séparation
X1 : prise de courant

Deuxième cas :

Une prise de courant peut être commandée par un interrupteur. Dans ce cas, elle est raccordée sur un circuit "foyer lumineux" et n'alimente que des appareils d'éclairage. La section des conducteurs est de 1,5 mm².

Exemple de schéma développé d'un circuit prise de courant commandée par interrupteur.

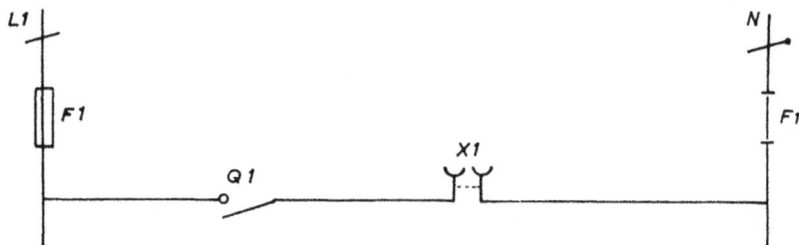

Légende :
F1 : coupe circuit bipolaire du circuit éclairage
Q1 : interrupteur
X1 : prise de courant commandée

96

3.4 Schémas de signalisation électrique

La signalisation électrique (lumineuse ou sonore) est très peu utilisée dans un local à usage d'habitation. Elle permet essentiellement d'attirer l'attention des personnes.

3.4.1 Signalisation lumineuse

Elle indique, en général, soit l'état d'une lampe d'éclairage lorsque le local est complètement fermé ou éloigné, soit la position de l'interrupteur lorsque le local est sombre.

PREMIER EXEMPLE : TÉMOIN D'ÉCLAIRAGE D'UNE CAVE

La lampe d'éclairage et le voyant sont commandés par le même interrupteur ; ils s'allument et s'éteignent en même temps.

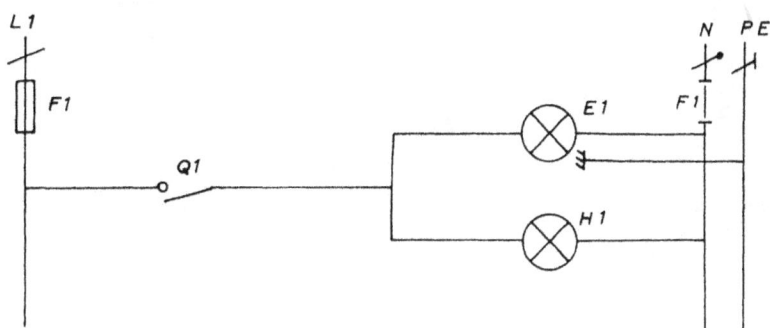

Légende :
F1 : coupe circuit bipolaire du circuit éclairage
Q1 : interrupteur
E1 : lampe d'éclairage
H1 : lampe témoin ou voyant

Remarque :
Dans les locaux humides, le circuit éclairage comporte un conducteur de protection.

DEUXIÈME EXEMPLE : VEILLEUSE SUR UN INTERRUPTEUR DANS UN LOCAL SOMBRE

Si la lampe d'éclairage est éteinte, la veilleuse est allumée ce qui permet de signaler la position de l'interrupteur.

Lorsque l'on allume la lampe d'éclairage, la veilleuse s'éteint.

Premier cas

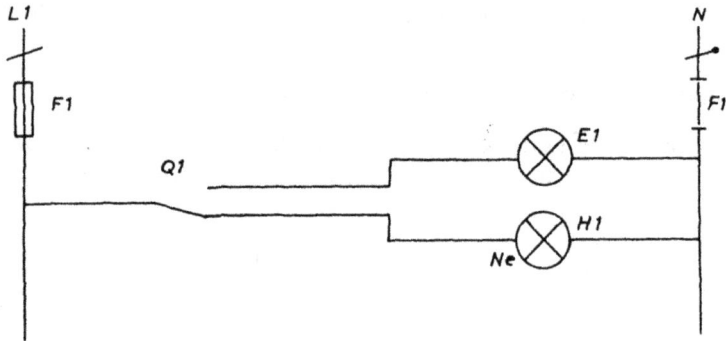

Légende :
F 1 : *coupe circuit bipolaire du circuit éclairage*
Q 1 : *commutateur N° 6*
E 1 : *lampe d'éclairage*
H 1 : *voyant ou témoin lumineux*

Deuxième cas

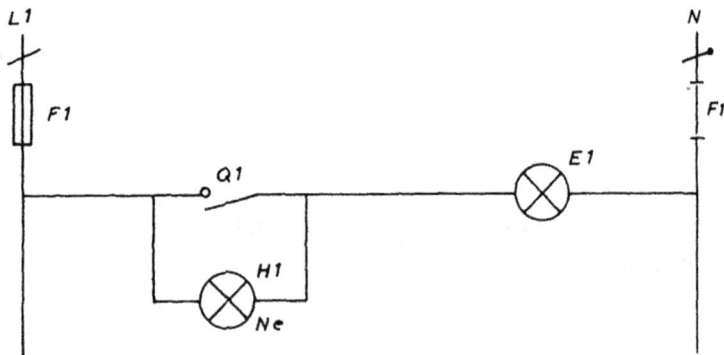

Légende :
F 1 : *coupe circuit bipolaire du circuit éclairage*
Q 1 : *interrupteur*
E 1 : *lampe d'éclairage*
H 1 : *témoin lumineux*

3.4.2 Signalisation sonore

Elle indique, en général, la présence d'une personne qui désire annoncer son arrivée.

Exemple : SONNERIE DE PORTE COMMANDÉE PAR BOUTON POUSSOIR

Une action sur le bouton poussoir S 1 provoque la mise en route de la sonnerie H 1 qui s'arrête au relâchement de celui-ci.

Alimentation en courant continu

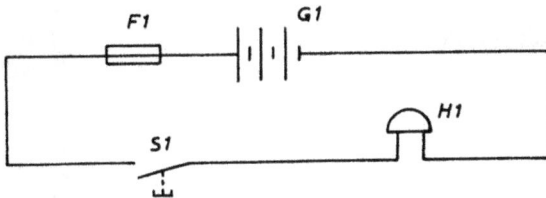

Légende :
G 1 : pile
F 1 : fusible de protection
S 1 : bouton poussoir marche
H 1 : sonnerie

Remarque :
La protection par fusible n'est pas obligatoire si l'alimentation est une pile (aucun danger).

Alimentation en courant alternatif

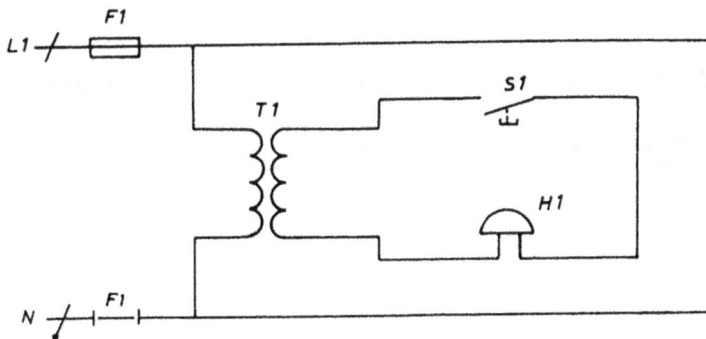

Légende :
F 1 : coupe circuit bipolaire du circuit éclairage
T 1 : transformateur 220 V / 8 V
S 1 : bouton poussoir marche
H 1 : sonnerie

3.5 Schémas de commande à distance

Ce dispositif, bien que peu utilisé dans un local à usage d'habitation, est généralement employé pour commander à distance l'ouverture d'une porte.

Exemple : SCHÉMA DE COMMANDE D'UNE PORTE PAR UNE GÂCHE ÉLECTRIQUE

Une action sur le bouton poussoir S 1 ou sur le contact actionné par une clé S 2 provoque l'alimentation de la gâche électrique et le déverrouillage de la porte.

Schéma développé du montage

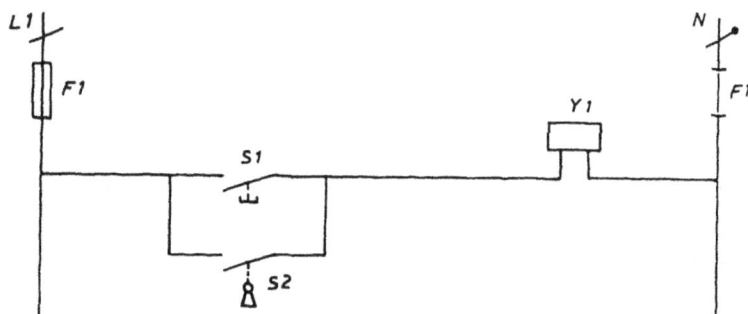

Légende :
F 1 : *coupe circuit bipolaire*
S 1 : *bouton poussoir intérieur marche*
S 2 : *contact extérieur actionné par une clé*
Y 1 : *gâche électrique*

3.6 Schémas de commande à distance et de signalisation

Exemple : COMMANDE D'UNE PORTE D'IMMEUBLE PAR UNE GÂCHE ÉLECTRIQUE

Ce système permet, entre autre, de contrôler le passage des personnes, la nuit.

Pendant la journée :
Une action sur un des trois boutons poussoirs provoque l'excitation de la gâche et l'ouverture de la porte.

Pendant la nuit :
Une action sur le bouton poussoir S 1 ou S 3 provoque l'ouverture de la porte d'entrée.

Une action sur le bouton poussoir S 2 provoque le fonctionnement d'une sonnerie installée chez le gardien.

Celui-ci par action sur le bouton poussoir S 3 déverrouille la porte d'entrée.

Schéma développé du montage

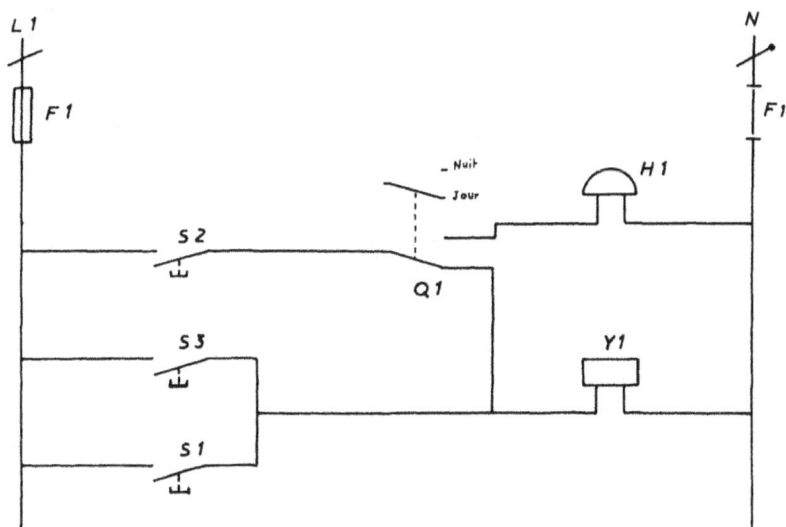

Légende :
F 1 : *coupe circuit bipolaire*
S 1 : *bouton poussoir situé à l'intérieur du bâtiment et à proximité de la porte*
S 2 : *bouton poussoir situé à l'extérieur du bâtiment et à proximité de la porte*
S 3 : *bouton poussoir situé chez le gardien*
Q 1 : *commutateur jour-nuit situé chez le gardien*
H 1 : *sonnerie située chez le gardien*
Y 1 : *gâche électrique*

4 REMARQUES GÉNÉRALES SUR CE CHAPITRE

Nous venons d'étudier les principaux montages qui peuvent être rencontrés dans les locaux à usage d'habitation. Bien que certains d'entre eux ont complètement disparus des installations neuves, nous les avons intégrés dans ce chapitre ; en effet, il faut quand même les connaître ne serait ce que pour effectuer le dépannage des installations existantes.

Eléments chauffants

ÉLÉMENTS CHAUFFANTS

1 GÉNÉRALITÉS

Le chauffage électrique est très bien adapté à la production de la chaleur. L'élévation de température est due au passage du courant dans une résistance appelée "élément chauffant". Cette transformation d'énergie électrique en énergie calorifique est régie par la loi de Joule :

$$W = R I^2 t$$

avec :

W : énergie dissipée dans l'élément chauffant ;
  unité : le joule

R : valeur de la résistance de l'élément chauffant ;
  unité : l'ohm

I : valeur du courant qui traverse l'élément chauffant ;
  unité : l'ampère

t : temps pendant lequel l'élément chauffant est sous tension ;
  unité : la seconde.

Couplage des éléments chauffants

Suivant le constructeur et l'utilisation prévue, un appareil peut comporter une ou plusieurs allures de chauffe. Pour les obtenir, il faut utiliser plusieurs éléments chauffants qui sont mis en service ensemble ou séparément.

Remarques générales

Les schémas proposés traiteront principalement des modes de branchement des éléments chauffants en fonction des allures de chauffe souhaitées.

2 NORMALISATION

Ce chapitre est tiré des normes NF C 03202, NF C 03203, NF C 03204, NF C 03207, NF C 03211.

2.1 Alimentation

Lettre repère	Désignation	Symbole	Utilisé dans un schéma		
			déve-loppé	uni-filaire	multi-filaire
L	Conducteur phase	—/—	X	X	X
N	Conducteur neutre	—/—	X	X	X
P E	Conducteur de protection	—/—	X	X	X

2.2 Appareils de protection

Lettre repère	Désignation	Symbole	Utilisé dans un schéma		
			déve-loppé	uni-filaire	multi-filaire
F	Fusible	—▭—	X	X	X
—	Barrette de neutre	—⊦—⊦—	X		X

Remarque :
Tous les fusibles doivent être installés sur les phases.

2.3 Appareils de commande

Lettre repère	N°	Désignation	Symbole	Utilisé dans un schéma		
				déve-loppé	uni-filaire	multi-filaire
Q	1	Interrupteur unipolaire	↗		X	
			—o⟋—	X		X
Q	2	Interrupteur bipolaire	↗		X	
			—o⟋—	X		X
Q	3	Interrupteur tripolaire	↗		X	
			—o⟋—	X		X

Lettre repère	N°	Désignation	Symbole	Utilisé dans un schéma		
				développé	unifilaire	multifilaire
Q	4	Commutateur deux directions avec arrêt			X	
				X		X
Q	5	*Commutateur deux circuits séparés*			X	
				X		X
Q	6	Commutateur deux directions sans arrêt			X	
				X		X
Q	8	Commutateur pour deux circuits séparés et marche en série			X	
				X		X
Q	9	Commutateur pour deux circuits en série, en parallèle, ou un seul circuit			X	
				X		X
Q	10	Commutateur pour deux circuits en série, en parallèle ou deux circuits séparés			X	
				X		X
Q	11	Commutateur triple allumage			X	
				X		X
Q	12	Commutateur à trois directions séparées avec arrêt			X	
				X		X

Lettre repère	Désignation	Symbole	Utilisé dans un schéma		
			développé	unifilaire	multifilaire
Q	Commutateur n positions (ex. : n = 10)		X		X
Q	Commutateur n positions et m galettes ex. : n = 3 m = 4		X		X
B	Thermostat (contact à ouverture). (Indiquer la valeur de la température pour laquelle le contact change d'état)	$\theta >$ °c	X	X	X
B	Thermostat (contact à fermeture). (Indiquer la valeur de la température pour laquelle le contact change d'état.	$\theta >$ °c	X	X	X

Remarque :

Les appareils de commande doivent :
— couper la phase et non le neutre
— avoir leur pôle fixe relié à la phase (dans la mesure du possible)
— travailler de la gauche vers la droite ou du bas vers le haut.

2.4 Récepteurs

Lettre repère	Désignation	Symbole	Utilisé dans un schéma		
			développé	unifilaire	multifilaire
R	Elément chauffant		X	X	X

Remarque :

En règle générale, chaque récepteur possède :
— une borne reliée à l'appareil de commande
— une borne reliée directement au neutre.

2.5 Appareils de connexion

Lettre repère	Désignation	Symbole	Utilisé dans un schéma		
			déve-loppé	uni-filaire	multi-filaire
X	Bornes de connexion	o		X	X
X	Barrette de raccordement (ex. : 4 bornes)	▢▢▢▢		X	X

3 SCHÉMAS

3.1 Appareil monophasé – 1 seul élément chauffant – 1 allure de chauffe

C'est le cas le plus simple où l'élément chauffant est commandé par un interrupteur.

Schéma développé du montage

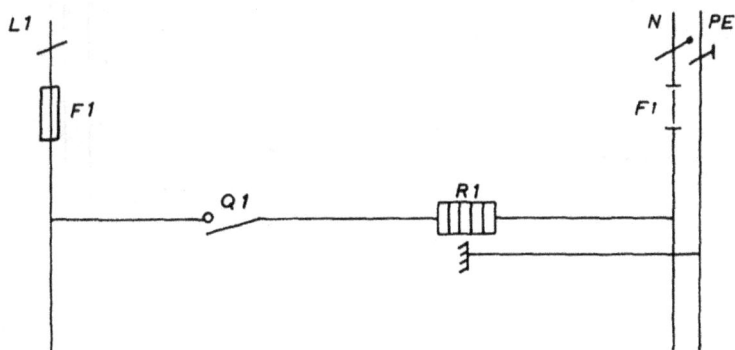

Légende :
F 1 : coupe circuit bipolaire du circuit chauffage
Q 1 : interrupteur
R 1 : élément chauffant

Schéma multifilaire de l'appareil

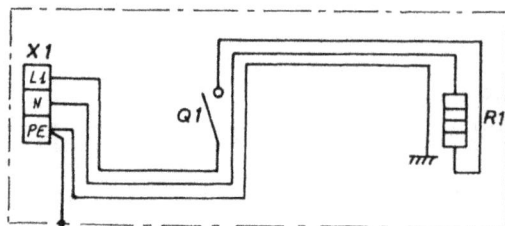

Remarque :

Si l'élément chauffant possède une masse, celle-ci doit être reliée au conducteur de protection.

3.2 Appareil monophasé – 2 éléments chauffants – 2 allures de chauffe

Pour assurer cette fonction, il faut utiliser deux interrupteurs réunis dans le même boîtier et deux éléments chauffants de valeurs égales.

Schéma développé du montage

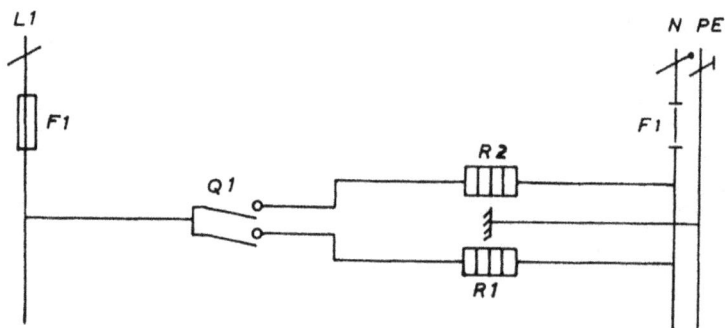

Légende :
F1 : coupe circuit bipolaire du circuit chauffage
Q1 : interrupteur double
R1, R2 : élément chauffant

Nota : R1 = R2
R1 ou R2 en service = allure moyenne
R1 et R2 en service = allure forte.

Schéma multifilaire de l'appareil

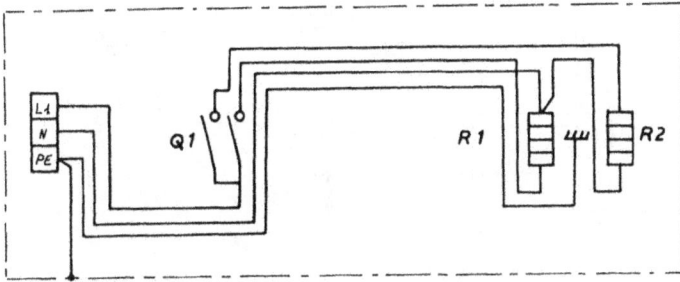

Remarque :

Si les éléments chauffants possèdent une masse, celle-ci doit être reliée au conducteur de protection.

3.3 Appareil monophasé – 2 éléments chauffants – 3 allures de chauffe

3.3.1 Éléments chauffants de valeurs inégales (R1 inférieur à R2)

Les trois allures de chauffe s'obtiennent en alimentant :
— le premier élément chauffant R1 (Allure forte)
— le deuxième élément chauffant R2 (Allure moyenne)
— les deux éléments chauffants branchés en série (Allure faible).

On utilise le commutateur numéro 8 pour commander ces récepteurs.

Schéma développé du montage

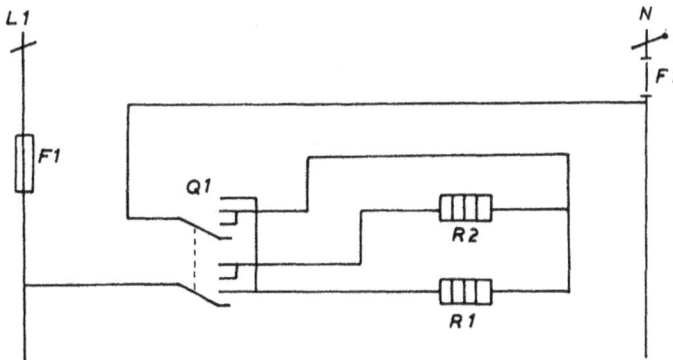

Légende :
F1 : coupe circuit bipolaire du circuit chauffage
Q1 : commutateur N° 8
R1, R2 : élément chauffant

Schéma multifilaire de l'appareil

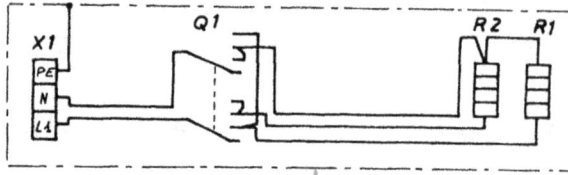

Remarque :

Si les éléments chauffants possèdent une masse, celle-ci doit être reliée au conducteur de protection.

Autre branchement possible :

Les trois allures de chauffe peuvent être obtenues en alimentant :
— le premier élément chauffant R 2 (Allure faible)
— le deuxième élément chauffant R 1 (Allure moyenne)
— les deux éléments chauffants branchés en parallèle (Allure forte).

Schéma développé du montage

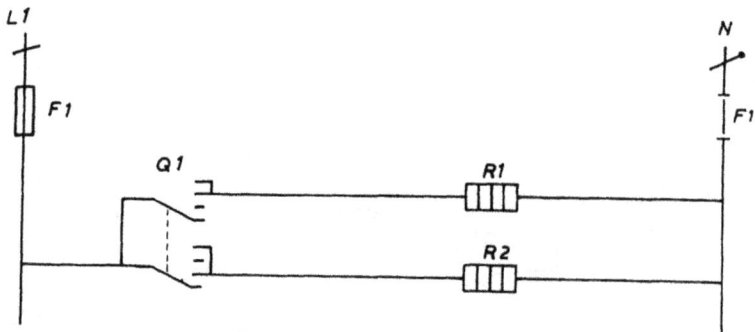

Légende :
F 1 : *coupe circuit bipolaire du circuit chauffage*
Q 1 : *commutateur*
R 1, R 2 : *élément chauffant*

114

Schéma multifilaire de l'appareil

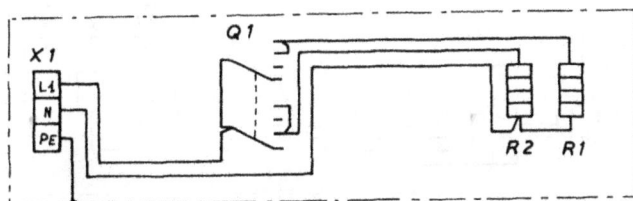

Remarque :

Si les éléments chauffants possèdent une masse, celle-ci doit être reliée au conducteur de protection.

3.3.2 Éléments chauffants de valeurs égales

Les trois allures de chauffe s'obtiennent en alimentant :
— les deux éléments chauffants en série (Allure faible)
— un élément chauffant R 2 (Allure moyenne)
— les deux éléments chauffants en parallèle (Allure forte).

On utilise le commutateur numéro 9 pour commander ces récepteurs.

Schéma développé du montage

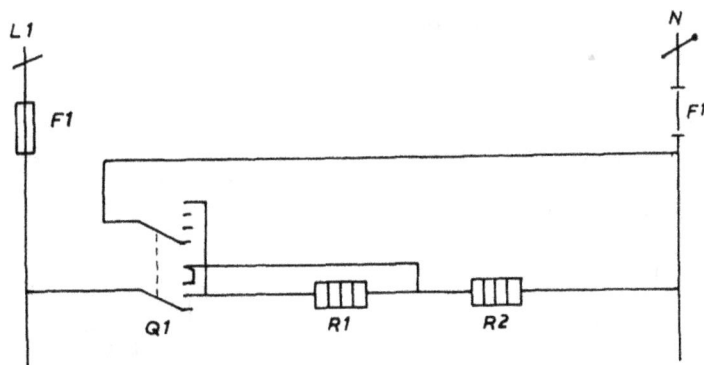

Légende :
F 1 : coupe circuit bipolaire du circuit chauffage
Q 1 : commutateur N° 9
R 1, R 2 : élément chauffant

Schéma multifilaire de l'appareil

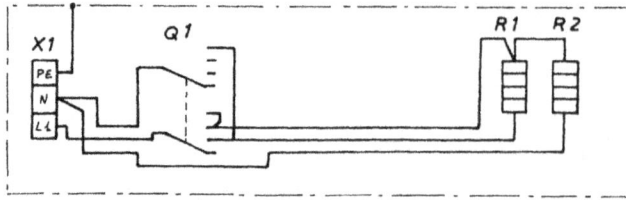

Remarque :

Si les éléments chauffants possèdent une masse, celle-ci doit être reliée au conducteur de protection.

3.4 Appareil monophasé – 2 éléments chauffants – 4 allures de chauffe

Les éléments chauffants ont des valeurs différentes (R 2 inférieure à R 1).

Les quatre allures de chauffe s'obtiennent en alimentant :
– les deux éléments chauffants branchés en série (Allure très faible)
– un élément chauffant R 1 (Allure faible)
– un élément chauffant R 2 (Allure moyenne)
– les deux éléments chauffants branchés en parallèle (Allure forte).

On utilise le commutateur numéro 10 pour commander ces récepteurs.

Schéma développé du montage

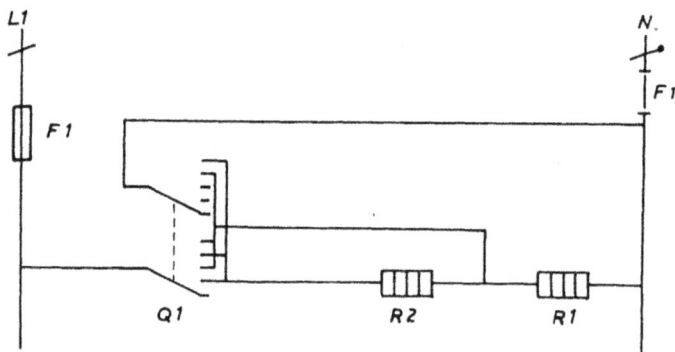

Légende :
F 1 : coupe circuit bipolaire du circuit chauffage
Q 1 : commutateur N° 10
R 1, R 2 : élément chauffant

Schéma multifilaire de l'appareil

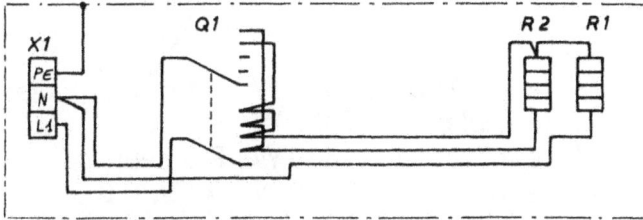

Remarque :

Si les éléments chauffants possèdent une masse, celle-ci doit être reliée au conducteur de protection.

3.5 Calcul de la puissance dissipée dans les résistances en fonction de leurs couplages

Pour obtenir des allures de chauffe progressives en fonction de la position du commutateur, il faut calculer la puissance dissipée par les résistances et les classer dans un ordre bien déterminé.

3.5.1 Premier exemple :

Utilisation de deux résistances inégales.

Soit deux résistances R1 = 52,9 Ω, 230 V
et R2 = 35,26 Ω, 230 V

— Alimentées sous leur tension nominale, la puissance dissipée par chaque résistance est égale à :

$$P1 = \frac{U^2}{R1} = \frac{230^2}{52,9} = 1000\,W$$

$$P2 = \frac{U^2}{R2} = \frac{230^2}{35,26} = 1500\,W$$

— Branchées en série, et alimentées sous 230 V, la puissance dissipée par ces deux résistances est égale à :

$$P = \frac{U^2}{R1 + R2} = \frac{230^2}{52,9 + 35,26} = 600\,W$$

— Branchées en parallèle et alimentées sous 230 V, la puissance dissipée par ces deux résistances est égale à :

$$P = \frac{U^2}{\dfrac{R1\,R2}{R1 + R2}} = \frac{U^2\,(R1 + R2)}{R1\,R2} = \frac{230^2 \times 88,16}{52,9 \times 35,26} = 2500\,W$$

On en déduit le raccordement des résistances sur le commutateur suivant.

Position 0 : Arrêt
Position 1 : Allure très faible   600 W   R1 et R2 en série
Position 2 : Allure faible   1000 W   R1 seul
Position 3 : Allure moyenne   1500 W   R2 seul
Position 4 : Allure forte   2500 W   R1 et R2 en parallèle

3.5.2 Deuxième exemple

Utilisation de trois résistances inégales.

Soit trois résistances
− R1 = 105,8 Ω 230 V
− R2 = 52,9 Ω 230 V
− R3 = 35,26 Ω 230 V

Cherchons toutes les combinaisons de couplage possible entre ces trois résistances et calculons les puissances respectives lorsque la tension d'alimentation est de 230 V.

Couplage	Résistance équivalente	Puissance dissipée
R1 seul	105,8 Ω	500 W
R2 seul	52,9 Ω	1 000 W
R3 seul	35,26 Ω	1 500 W
R1 et R2 en série	158,7 Ω	333 W
R2 et R3 en série	88,16 Ω	600 W
R3 et R1 en série	141,06 Ω	375 W
R1, R2, R3 en série	193,96 Ω	273 W
R1 et R2 en parallèle	35,26 Ω	1 500 W
R2 et R3 en parallèle	21,16 Ω	2 500 W
R3 et R1 en parallèle	26,45 Ω	2 000 W
R1, R2 et R3 en parallèle	17,63 Ω	3 000 W
R1 en série avec R2 et R3 en parallèle	126,96 Ω	417 W
R2 en série avec R3 et R1 en parallèle	79,35 Ω	667 W
R3 en série avec R1 et R2 en parallèle	70,52 Ω	750 W

D'après les résultats obtenus, nous pouvons choisir, par exemple, 6 allures de chauffe progressives qui sont :
500 W – 1000 W – 1500 W – 2000 W – 2500 W – 3000 W.

Le commutateur possède donc sept positions puisqu'il existe toujours une position arrêt.

RACCORDEMENT DES RÉSISTANCES SUR LE COMMUTATEUR

Position 0 : Arrêt
Position 1 : Allure très faible   500 W   R 1 seul
Position 2 : Allure faible   1000 W   R 2 seul
Position 3 : Allure très moyenne 1500 W   R 3 seul
Position 4 : Allure moyenne   2000 W   R 1 et R 3 en parallèle
Position 5 : Allure forte   2500 W   R 2 et R 3 en parallèle
Position 6 : Allure très forte   3000 W   R 1, R 2 et R 3 en parallèle

Schéma développé du montage

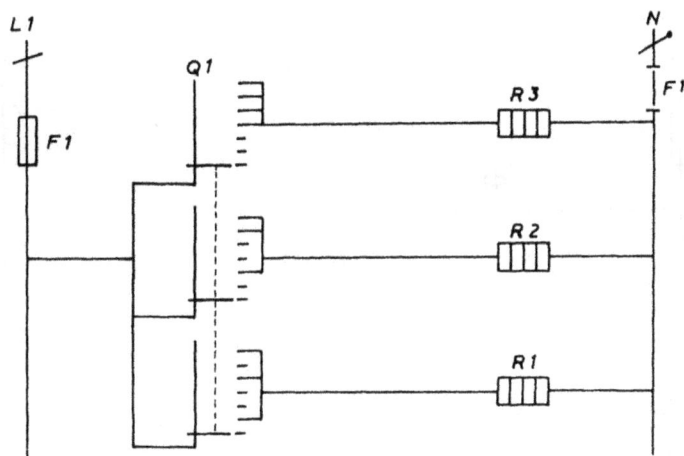

Légende :
F 1 : coupe circuit bipolaire du circuit chauffage
Q 1 : commutateur 7 positions
R 1, R 2, R 3 : éléments chauffants

3.6 Contrôle automatique de la température (thermostat)

Le contrôle automatique de la température se fait par un thermostat. C'est un appareil qui :

— coupe l'alimentation des éléments chauffants lorsque la température a atteint une valeur limite supérieure préréglée par l'utilisateur

— rétablit le circuit lorsque celle-ci a atteint une valeur limite inférieure préréglée par l'utilisateur.

Il permet donc d'obtenir une température constante dans un endroit donné.

Branchement du thermostat :
Il se branche toujours en série avec le ou les éléments chauffants.

3.6.1 Premier exemple :

Appareil monophasé à un élément chauffant avec thermostat réglé sur 40 degrés Celsius.

Lorsque la température est en dessous de 40 °C, le contact du thermostat est fermé ; il s'ouvrira dès que la température ambiante dépassera 40 degrés Celcius.

Schéma développé du montage

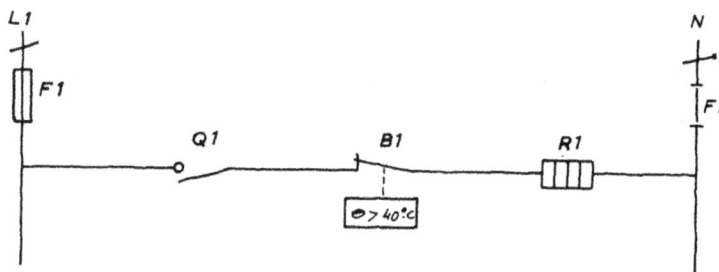

Légende :
F1 : *coupe circuit bipolaire du circuit chauffage*
Q1 : *interrupteur*
B1 : *thermostat*
R1 : *élément chauffant*

Nota : *Le contact du thermostat change d'état pour une température supérieure à 40 ° C*

3.6.2 Deuxième exemple :

Appareil monophasé à un élément chauffant avec thermostat réglé sur 90 degrés Celsius.

Lorsque la température est en dessous de 90 °C, le contact du thermostat est ouvert. Si la température dépasse 90 °C, le contact du thermostat se ferme.

Schéma développé du montage

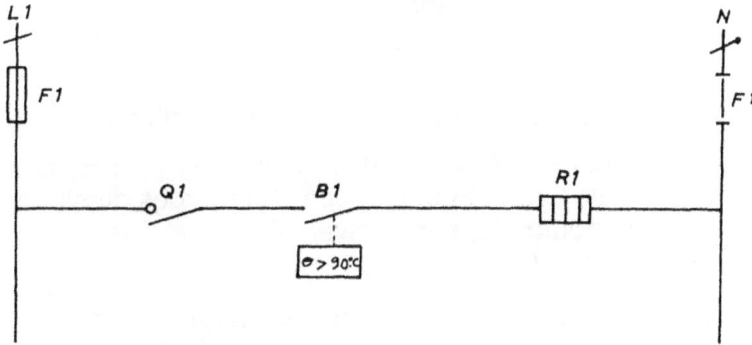

Légende :
F 1 : coupe circuit bipolaire du circuit chauffage
Q 1 : interrupteur
B 1 : thermostat
R 1 : élément chauffant

Nota : *Le contact du thermostat change d'état pour une température supérieure à 90 ° C.*

Remarques générales :

— Lorsque le contact du thermostat change d'état pour une valeur de température supérieure à la valeur indiquée, inscrire :

$$\boxed{\theta > °C}$$

— Lorsque le contact du thermostat change d'état pour une valeur de température égale ou supérieure à la valeur indiquée, inscrire :

$$\boxed{\theta \geqslant °C}$$

3.7 Appareil triphasé – 3 éléments chauffants – 1 allure de chauffe

Tous ces appareils branchés sur un réseau triphasé comportent trois résistances identiques. Leur couplage dépend de la valeur des tensions d'alimentations.

En France, deux types de réseaux triphasés existent encore :

— le réseau appelé B1 qui possède des tensions entre phase et neutre de 110 V et des tensions entre phases de 220 V. Ce réseau tend à disparaître.

— le réseau appelé B 2 qui possède des tensions entre phase et neutre de 220 V (230 V à Paris) et des tensions entre phases de 380 V (400 V à Paris).

Couplage des résistances sur réseau triphasé

Soit trois résistances identiques de valeur R = 30,54 Ω et de tension nominale 230 V. Pour que ces résistances dissipent chacune leur puissance nominale, elles doivent être alimentées sous leur tension nominale 230 V.

— Sur un réseau triphasé B 1, chaque résistance est alimentée entre deux phases. L'ensemble forme un triangle dont les trois sommets sont raccordés aux trois potentiels triphasés.

Ce couplage s'appelle couplage triangle.

Schéma développé du montage

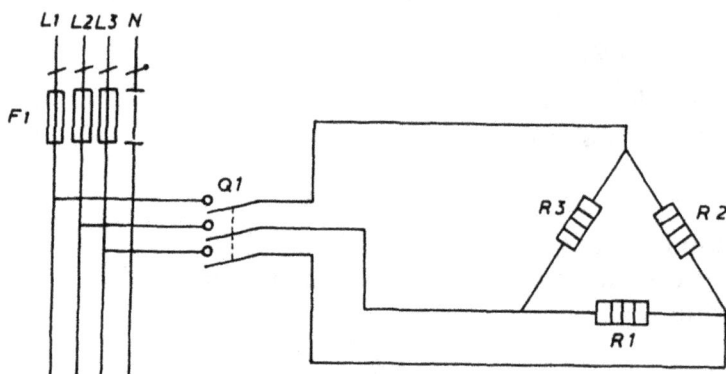

Légende :
F 1 : *coupe circuit tétrapolaire*
Q 1 : *interrupteur triphasé*
R 1, R 2, R 3 : *éléments chauffants*

— Sur un réseau triphasé B2, chaque résistance est alimentée entre une phase et le neutre : ces trois résistances possèdent un point commun relié au neutre.

Ce couplage s'appelle couplage étoile.

Schéma développé du montage

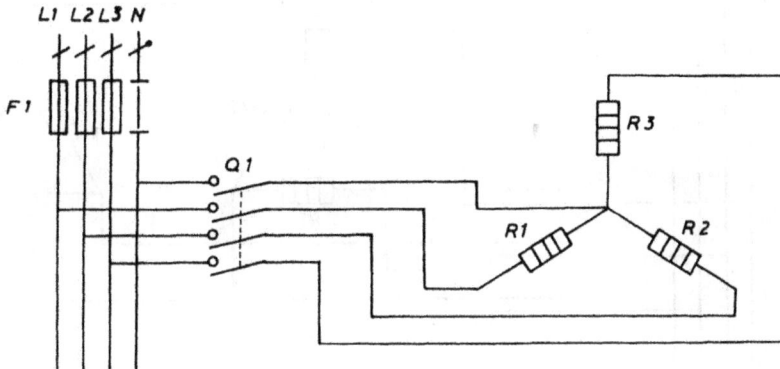

Légende :
F 1 : coupe circuit tétrapolaire
Q 1 : interrupteur
R 1, R 2, R 3 : éléments chauffants

3.8 Appareil triphasé – 6 éléments chauffants – 2 allures de chauffe

Cet appareil comprend deux jeux de trois résistances chacun.

Leur couplage dépend de la valeur des tensions d'alimentation et de la puissance dissipée souhaitée.

Exemple :

Soit un appareil comportant trois résistances 1000 W, 230 V et trois résistances 500 W, 230 V.

— Branchées sur un réseau triphasé B 1, ces résistances doivent être alimentées par les tensions entre phases ; on utilise donc le couplage triangle. Pour obtenir les deux allures de chauffe, on alimente soit le premier jeu de résistances (R 1, R 2, R 3), soit le deuxième jeu de résistances (R 4, R 5, R 6).

Schéma développé du montage

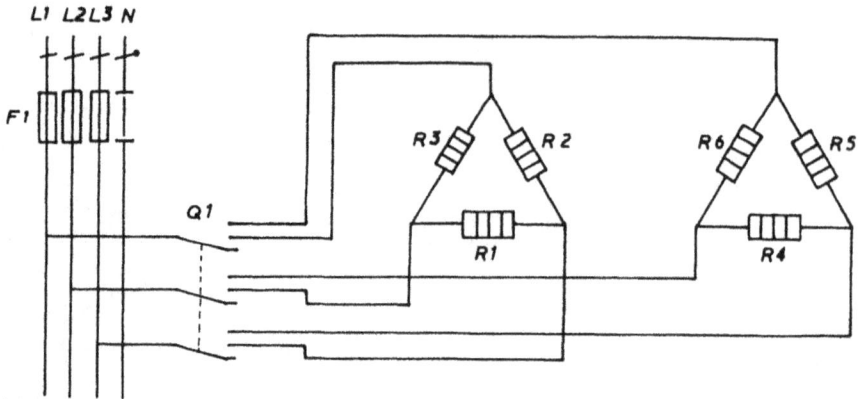

Légende :
F 1 : *coupe circuit tétrapolaire*
Q 1 : *commutateur*
R 1, R 2, R 3 : *1ᵉʳ jeu d'éléments chauffants*
R 4, R 5, R 6 : *2ᵉ jeu d'éléments chauffants*

— Branchées sur un réseau triphasé B 2, les résistances doivent être alimentées par les tensions entre phase et neutre ; on utilise donc le couplage étoile. Pour obtenir les deux allures de chauffe, on alimente soit le premier jeu de résistances (R 1, R 2, R 3), soit le deuxième jeu de résistances (R 4, R 5, R 6).

Schéma développé du montage

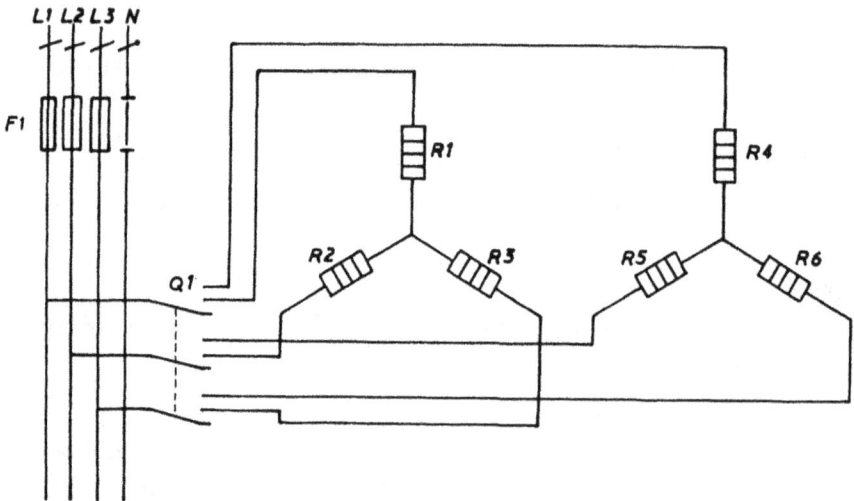

Légende :
F 1 : *coupe circuit tétrapolaire*
Q 1 : *commutateur*
R 1, R 2, R 3 : *1ᵉʳ jeu de résistances*
R 4, R 5, R 6 : *2ᵉ jeu de résistances*

Remarque :

Le récepteur étant équilibré (R1 = R2 = R3 et R4 = R5 = R6), il n'est pas nécessaire de relier les points communs des jeux de résistances au neutre.

3.9 Remarques générales sur les appareils de chauffage

— *Commutateur de chauffage :*

Un commutateur possède autant de positions que d'allures de chauffe plus une qui est l'arrêt.

La technologie actuelle permet à l'utilisateur de créer lui-même le commutateur dont il a besoin pour les cas particuliers.

— *Couplage des résistances :*

Les différentes allures de chauffe sont obtenues en raccordant les résistances chauffantes seules ou en les combinant entre elles par un :
— Raccordement en série
— Raccordement en parallèle.

Automatisme

AUTOMATISME

1 GÉNÉRALITÉS ET NORMALISATION

1.1 Définition

L'ensemble des éléments, qui rend possible l'exécution d'un travail sans une intervention humaine intermédiaire, est appelé automatisme. Celui-ci permet donc de se suppléer à l'homme dans :

— les actions de commande (exemple : mise en ou hors service de l'éclairage public, d'une pompe suivant l'état du réservoir...).

— les actions de conduite d'opération (exemple : séquence d'une machine outil, pilotage d'un robot de fabrication...).

— les actions de contrôle (exemple : contrôle de l'exécution des ordres donnés, contrôle des grandeurs électriques ou physiques...).

— les actions de réglage (exemple : maintien de la tension constante en sortie d'alternateur, régulation de la température...).

Suivant la complexité des systèmes, il existe trois grandes catégories d'automatisme.

a) Première catégorie :

Système possédant les fonctions de commande et de conduite d'opérations qui peuvent être cycliques ou non ; il est basé sur une succession chronologique d'événements dépendant du temps.

Exemple :

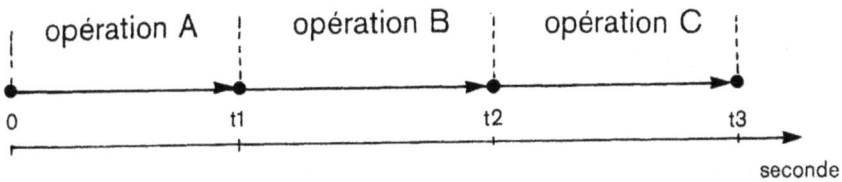

Succession chronologique des opérations : A puis B puis C.

L'opération C commence au bout d'un temps t2, sans contrôle de l'exécution des opérations A et B.

Inconvénient : il n'y a aucun contrôle d'exécution des ordres donnés puisque la succession des opérations est basée sur le temps.

b) Deuxième catégorie :

Système possédant les fonctions de commande, de conduite d'opérations qui peuvent être cycliques ou non et de contrôle d'exécution des ordres donnés.

Exemple :

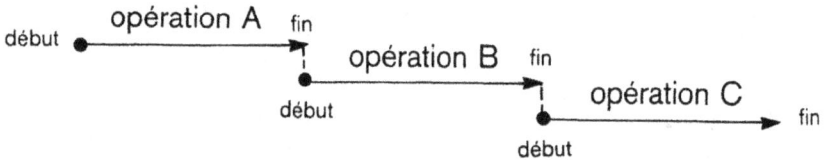

Succession chronologique des opérations : A puis B puis C.

Le contrôle de la fin de l'opération A provoque le démarrage de l'opération B. Le facteur temps n'intervient plus dans le cycle de fonctionnement.

c) Troisième catégorie :

Système possédant la fonction de réglage d'une grandeur électrique ou physique et qui, en fonction d'une valeur de référence, commande, conduit et contrôle les différentes opérations à effectuer.

Exemple :

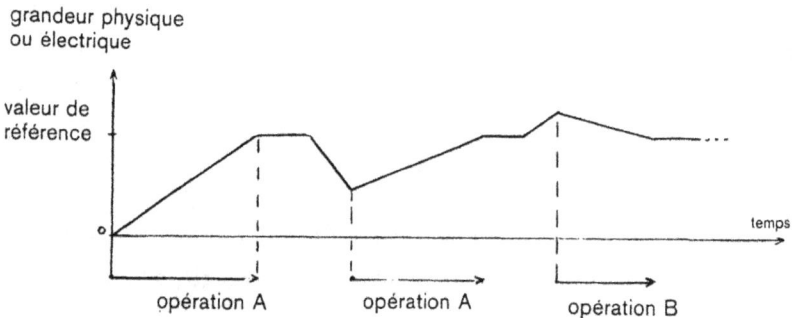

opération A : augmentation de la grandeur électrique ou physique.
opération B : diminution de la grandeur électrique ou physique.

Remarque :

Les ordres sont donnés en fonction de la variation de la grandeur à contrôler.

136

1.2 Constitution des installations

Les installations d'automatisme sont séparées en deux parties bien distinctes appelées :

— circuit de commande
— circuit de puissance.

Ces deux circuits ne possèdent aucune liaison électrique entre eux.

1.2.1 Circuit de commande

Il comprend les appareils nécessaires à la commande et au contrôle de l'automatisme et sert à transmettre les ordres donnés manuellement ou automatiquement.

Il est composé :

— d'une source d'alimentation (secteur, batterie...).

— d'un appareil d'isolement éventuellement (contacts auxiliaires de sectionneur...).

— d'une protection du circuit (fusible, disjoncteur...).

— d'appareils de commande ou de contrôle (bouton poussoir, détecteur de grandeur physique...).

— d'organes de commande (bobine de relais, de contacteur...).

1.2.2 Circuit de puissance

Il comprend les appareils nécessaires au fonctionnement des récepteurs de puissance et sert à exécuter les ordres reçus du circuit de commande.

Il est composé :

— d'une source d'alimentation (secteur, batterie...).

— d'un appareil d'isolement éventuellement (sectionneur...).

— d'une protection du circuit (fusible, relais de protection...).

— d'appareils de commande (contacts de puissance de contacteur...).

— des récepteurs de puissance (moteur...).

1.2.3 Remarque :

Deux éléments différents d'un même appareil peuvent être répartis dans les deux circuits ; c'est le cas, par exemple, d'un contacteur ; sa bobine et ses contacts auxiliaires sont placés dans le circuit de commande et ses contacts de puissance sont situés dans le circuit de puissance.

1.3 Source d'alimentation

Les circuits de puissance et de commande possèdent chacun leur propre alimentation ; celles-ci sont complètement séparées et indépendantes.

1.3.1 Circuit de commande

Le choix de la tension d'alimentation dépend en grande partie des caractéristiques des organes de commande (relais).

Source alternative

Suivant la valeur de la tension souhaitée,
— soit on utilise la tension du secteur composée d'une phase et du neutre (tension monophasée).

— soit on abaisse la tension secteur avec un transformateur BT/TBT de façon à obtenir une tension d'utilisation dite de sécurité.

Inconvénient : en cas de panne EDF, le circuit de commande n'est plus alimenté et la séquence d'automatisme s'arrête.

Schéma développé d'une alimentation alternative

Utilisation de la tension secteur — Utilisation d'une tension TBT

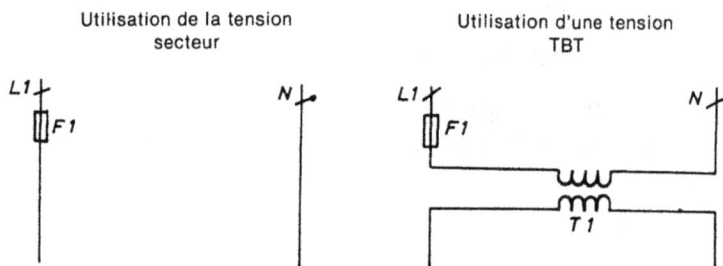

Remarque :

Dans un schéma développé, la phase se place toujours à gauche ou en haut de la feuille et le neutre à droite ou en bas.

Source continue

Elle est constituée :

— d'une batterie d'accumulateur.
— d'un transformateur BT/TBT dont le rôle est d'une part de maintenir la charge de la batterie et d'autre part de la recharger après une panne de la tension secteur.

— d'un redresseur qui transforme la tension alternative au secondaire du transformateur en une tension unidirectionnelle.

Avantage : en cas de panne EDF, le circuit de commande est alimenté par la batterie d'accumulateur.

Schéma fonctionnel d'une alimentation continue

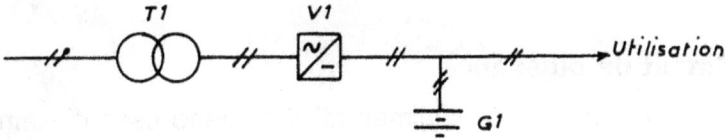

Légende :
T1 : transformateur BT/TBT
V1 : convertisseur alternatif/continu
G1 : batterie d'accumulateur.

Schéma développé d'une source de tension continue

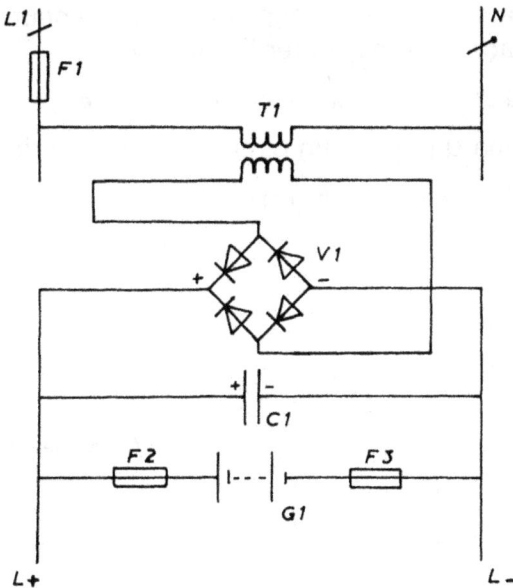

Légende :
F1   : fusible de protection du circuit alternatif
F2, F3 : fusible de protection de la batterie d'accumulateur
G1   : batterie d'accumulateur
T1   : transformateur BT/TBT ou BT/BT suivant la valeur de la tension batterie
V1   : pont de diodes (redresseur)
C1   : condensateur de filtrage.

La tension du secteur, abaissée à la valeur adéquate pour la tension batterie, est redressée à travers le pont de diode. Pour améliorer ce redressement, on rajoute un condensateur de filtrage (C1).

Remarque :

Dans un schéma développé la polarité (+) sera toujours située à gauche ou en haut de la feuille et la polarité (−) à droite ou en bas.

1.3.2 Circuit de puissance

Le choix de la tension d'alimentation dépend essentiellement des caractéristiques du ou des récepteurs de puissance.

Source alternative

Elle est monophasée (utilisation d'une phase et du neutre) ou triphasée (utilisation de trois phases avec ou sans neutre).

Remarque :

En cas de panne EDF, un groupe électrogène peut être prévu et mis en marche de façon à réalimenter l'installation.

Schéma développé d'une source alternative monophasée

Même schéma que pour un circuit de commande.

Schéma développé d'une source alternative triphasée

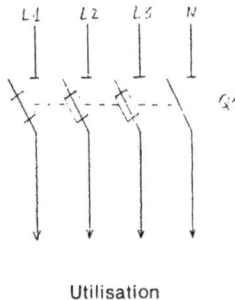

Q1 : fusible sectionneur

Utilisation

Remarque :

Dans le cas d'une alimentation triphasée :
— le neutre et les phases se placent toujours à gauche ou en haut du schéma de puissance.
— le neutre se situe toujours à droite ou au-dessous des phases.

Source continue

Elle est constituée :

— d'une batterie d'accumulateur (tension identique à l'alimentation des récepteurs).

— d'un transformateur BT/BT ou BT/TBT dont la tension secondaire est un peu supérieure à la tension de la batterie d'accumulateur de façon à :
  • maintenir la charge de la batterie en marche normale
  • recharger la batterie après une panne EDF.

— d'un redresseur qui transforme la tension alternative secondaire du transformateur en une tension unidirectionnelle.

Remarque :

C'est le même schéma que pour un circuit de commande.

1.3.3 Normalisation

Ce paragraphe est tiré des normes NFC03202, NFC03204, NFC03205, NFC03206, NFC03207.

Lettre repère	Désignation		Symbole
L1 L2 L3	Potentiel phase		/
N	Potentiel neutre		/•
PE	Conducteur de protection		/|
L +	Potentiel positif		/
L −	Potentiel négatif		/
	Signal alternatif		∿
	Signal continu		—
F	Fusible		▭
T	Transformateur	Schéma unifilaire	⊷⊕⊕⊶
		Schéma développé et multifilaire	⊸⎍⎍⎍⎍ ⁀⁀⁀⁀
V	Diode de redressement		▷|
V	Convertisseur alternatif/continu (schéma fonctionnel)		⊟
C	Condensateur		−||−
G	Pile ou batterie (Le trait long correspond à la polarité positive et le trait court à la polarité négative)		−|¦---¦|−

1.4 Appareil d'isolement

On entend par appareil d'isolement, tout appareil capable de séparer l'installation concernée de toute source de tension.

1.4.1 Sectionneur

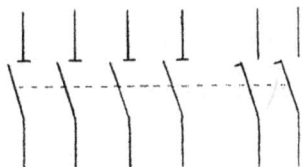

C'est un appareil qui ne possède aucun pouvoir de coupure, c'est-à-dire qu'il ne peut interrompre aucun courant ; sa manœuvre ne se réalise que lorsque l'installation est à l'arrêt. Il est composé :

- de plusieurs contacts qui sont installés dans le circuit de puissance ; leur nombre dépend de la source d'alimentation (continue, monophasée ou triphasée).

- de deux contacts à ouverture anticipée qui sont installés dans le circuit de commande. Ces deux contacts s'ouvrent avant ceux du circuit de puissance afin d'interrompre en premier l'alimentation des organes de commande. Cela permet aux contacts de puissance du sectionneur d'ouvrir le circuit hors charge.

1.4.2 Fusible sectionneur

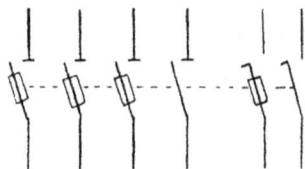

C'est un sectionneur qui comporte des fusibles sur ses contacts.

1.4.3 Interrupteur Sectionneur

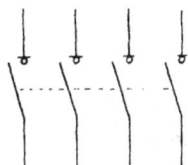

C'est un appareil qui possède un pouvoir de coupure ; il permet :

— de mettre en service l'installation considérée (rôle de l'interrupteur).

— de mettre à l'arrêt l'installation considérée (rôle de l'interrupteur).

— de séparer l'installation considérée de toute source de tension (rôle d'un sectionneur).

1.4.4 Normalisation

Ce paragraphe est tiré de la norme NF C03207.

Lettre repère	Désignation	Symbole
	Fonction sectionneur	—
	Fonction interrupteur sectionneur	♂
Q	Sectionneur	
Q	Fusible sectionneur	
Q	Interrupteur sectionneur	
	Contact à ouverture anticipée fermeture tardive	
	Contact à fermeture anticipée ouverture tardive	

1.5 Protection des circuits

Chaque réseau doit être protégé :

— contre les courts-circuits
— contre les surcharges.

En effet ces défauts entraînent toujours une augmentation anormale du courant qui, non limitée, peut devenir dangereuse pour les installations.

1.5.1 Fusible

C'est un appareil composé d'un fil conducteur qui, grâce à sa fusion, ouvre le circuit lorsque l'intensité du courant dépasse la valeur maximale supportée par ce fil. Ce matériel est à remplacer après chaque fonctionnement.

Il est toujours placé :

— sur la polarité positive dans le cas d'une alimentation continue ; (en général un deuxième fusible est installé sur la polarité négative de façon à pouvoir isoler la batterie d'accumulateur de l'installation en cas de besoin).

— sur chaque phase dans le cas d'une alimentation alternative. Le neutre ne doit jamais être protégé ; en effet sur un réseau triphasé déséquilibré, la coupure du neutre entraînerait :

  • l'élévation du potentiel du neutre coupé par rapport à la terre

  • le déséquilibre des tensions entre chaque phase et le neutre coupé (la phase la moins chargée serait sur-alimentée, la phase la plus chargée sous-alimentée). Cela serait très dangereux pour le matériel.

Lorsque l'on utilise un transformateur BT/TBT, il ne faut prévoir qu'une protection sur son primaire mais, en aucun cas sur son primaire et sur son secondaire (il est inutile de multiplier les protections d'un même circuit). Si un défaut apparaît sur l'installation alimentée par ce transformateur, il se répercute sur son primaire et la protection fonctionne.

La protection par fusible est installée :

— dans tous les circuits de commande.

— dans tous les circuits de puissance
  • lorsqu'ils ne possèdent pas de moteurs
  • lorsqu'ils possèdent un moteur protégé par un relais de protection.

En effet, un fusible n'est pas une protection sûre contre les surcharges de courte ou de longue durée et ne convient donc pas pour un moteur.

En triphasé, si un fusible fond par vieillissement, le moteur n'est plus alimenté que par deux phases, ce qui est très dangereux pour celui-ci.

Remarques :

Il existe plusieurs types de fusibles qui sont :

— les fusibles g, g1, gf qui supportent jusqu'à 1,1 fois le courant nominal indiqué par le constructeur.

— les fusibles A D (accompagnement disjoncteur) qui supportent jusqu'à 2,7 fois le courant nominal indiqué par le constructeur.

— les fusibles A M (accompagnement moteur) qui supportent jusqu'à 7 fois le courant nominal indiqué par le constructeur.

On utilise toujours des fusibles à haut pouvoir de coupure (HPC).

1.5.2 Le disjoncteur

C'est un appareil à commande manuelle ou automatique dont un des rôles est de protéger l'installation contre les surcharges et les courts-circuits.

Il est composé :

— de plusieurs contacts à grand pouvoir de coupure.
— d'un déclencheur thermique (bilame).
— d'un déclencheur électromagnétique (bobine à noyau plongeur ou à armature).

Son fonctionnement est simple ; l'ouverture automatique de ses contacts à grand pouvoir de coupure se réalise :
— par action du déclencheur thermique en cas de surcharge.
— par action du déclencheur électromagnétique en cas de court-circuit.

C'est une protection valable pour tous les circuits de commande et de puissance mais l'inconvénient majeur réside dans son prix de revient qui est élevé.

1.5.3 Discontacteur

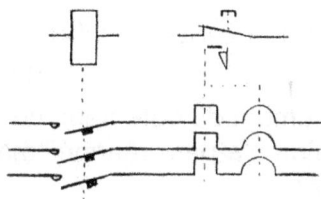

C'est un ensemble d'appareil regroupant :
— un contacteur
— un relais de protection thermique ou électromagnétique ou
magnétothermique.

Un contacteur est composé d'une bobine dont le rôle est de commander l'ouverture ou la fermeture de plusieurs contacts de commande et de plusieurs contacts de puissance.

Un relais thermique est un déclencheur comprenant une bilame par potentiel protégé et un contact auxiliaire à ouverture.

Un relais électromagnétique est un déclencheur composé d'une bobine à noyau plongeur ou à armature par potentiel protégé et d'un contact auxiliaire à ouverture.

Un relais magnétothermique regroupe un déclencheur thermique, un déclencheur électromagnétique et un contact auxiliaire à ouverture.

Remarque :

Certains relais possèdent un deuxième contact auxiliaire à fermeture qui sert à la signalisation de leur état.

Raccordement et fonctionnement du discontacteur

Il faut raccorder en série :

— dans le circuit de commande, la bobine du contacteur et le contact auxiliaire à ouverture du relais de protection utilisé.

— dans le circuit de puissance, les contacts de puissance du contacteur et le déclencheur du relais de protection utilisé.

La détection d'une surcharge et (ou) d'un court-circuit (suivant le relais utilisé) est réalisée par le déclencheur du relais de protection ; celui-ci ouvre son contact auxiliaire (à ouverture) ce qui provoque la désexcitation de la bobine du contacteur et l'ouverture de ses contacts de puissance. Le circuit de puissance est donc protégé.

Remarques :

Le contact auxiliaire à ouverture (et éventuellement celui à fermeture) du relais de protection est à accrochage mécanique.

En cas de fonctionnement du détecteur, ce contact s'ouvre et reste dans cet état tant que l'on n'a pas "réarmé" manuellement le relais de protection.

La protection par discontacteur n'est utilisée que dans les circuits de puissance de moteur ; elle remplace avantageusement (du point de vue prix de revient) un disjoncteur.

1.5.4 Normalisation

Ce paragraphe est tiré des normes NF C 03202, NF C 03203, NF C 03207.

Lettre repère	Désignation	Symbole
	Fonction disjoncteur	X
	Fonction contacteur	
	Fonction déclenchement automatique	■
	Fonction thermique	
	Fonction magnétique	
	Fonction magnétothermique	
	Fonction accrochage libéré	
	Fonction accrochage en prise	
F	Fusible	
Q	Disjoncteur	
K M	Contacteur	
K M	Discontacteur	
F	Relais thermique	
F	Relais magnétique	
F	Relais magnétothermique	
F	Contact à fermeture d'un relais thermique (contact à accrochage)	
F	Contact à ouverture d'un relais thermique (contact à accrochage)	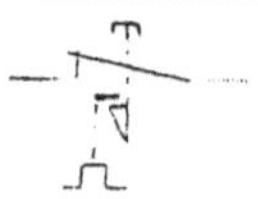

1.6 Appareils de commande

Ce sont tous les appareils qui :

– d'une part permettent la mise en fonctionnement d'un automatisme
– d'autre part contrôlent et pilotent les différentes actions à réaliser.

On distingue :
– les appareils de commande manuelle
– les appareils de commande automatique.

1.6.1 Appareil de commande manuelle

Tout automatisme doit, à n'importe quel moment, pouvoir être mis en route, arrêté, modifié par une action manuelle. Pour cela on utilise des appareils de commande destinés à être actionnés par l'homme.

1.6.1.1 *Interrupteur*

C'est un appareil qui permet la mise en fonctionnement ou l'arrêt d'une chaîne automatique. Il est à position maintenue c'est-à-dire qu'il possède deux états stables (une position ouverte et une position fermée). Du point de vue technologique, il est composé d'un ou de plusieurs pôles qui, d'une part fonctionnent toujours en même temps et d'autre part possèdent un grand pouvoir de coupure.

1.6.1.2 *Commutateur*

C'est un appareil qui permet de sélectionner un mode de fonctionnement parmi ceux proposés. La quantité de choix possible détermine son nombre d'état stable (exemple : s'il y a quatre choix possibles, le commutateur possède quatre positions stables). En règle générale, sa constitution n'autorise que la coupure d'une polarité.

1.6.1.3 *Bouton poussoir*

C'est un appareil qui ne possède qu'une position stable.

Une action manuelle le fait changer d'état et, dès que celle-ci cesse, il revient dans sa position d'origine.

Du point de vue technologique, le bouton poussoir est fabriqué avec un ou plusieurs contacts électriquement indépendants les uns des autres.

Il est dit :
— à ouverture lorsque son contact est fermé au repos (utilisé pour un arrêt d'automatisme).

— à fermeture lorsque son contact est ouvert au repos (utilisé pour une mise en route de séquence).

1.6.1.4 Commutateur "T.P.L." Tourner – Pousser – Lumineux

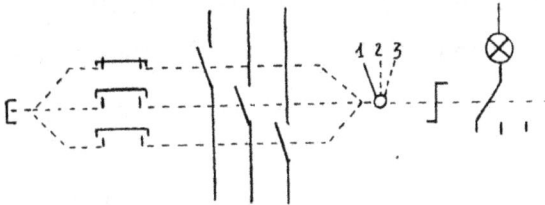

Cet appareil se place dans les tableaux synoptiques ce qui permet de commander et de visualiser à distance l'état des appareils ayant au moins deux positions stables (appareil de coupure, électrovanne...).

Il regroupe dans le même boîtier :
— un commutateur
— un bouton poussoir
— une lampe de signalisation.

Il possède :

— des contacts "tourner" qui changent d'état par une action de rotation de la tête du commutateur ; ils sont à position maintenue (ouverts ou fermés) et possèdent la même fonction qu'un commutateur "n" positions.

— des contacts "pousser" qui changent d'état par une action poussée sur la tête du commutateur ; ceux-ci ne possèdent qu'un état stable (ils reviennent au repos après l'action) et ont la même fonction qu'un bouton poussoir à fermeture.

— une lampe de signalisation qui indique la discordance de position entre la position du commutateur et l'état de l'appareil commandé (voir chapitre signalisation).

Remarques :

- l'action "tourner" prépare l'ordre qui est exécuté par l'action "pousser".

- dès qu'il y a une action "tourner", la lampe de signalisation s'éclaire (le commutateur est dans une position qui ne correspond pas avec la position réelle de l'appareil commandé). Après l'action "pousser", la lampe de signalisation s'éteint (le commutateur est dans la position qui correspond à celle de l'appareil commandé).

Il existe des commutateurs "Tourner Pousser Lumineux" à 2, 3, 4 positions stables (exemple : TPL à 3 positions, arrêt, marche avant, marche arrière).

1.6.1.5 *Commutateur "T.P." Tourner Pousser*

C'est le même commutateur qu'un T.P.L. sans lampe de signalisation.

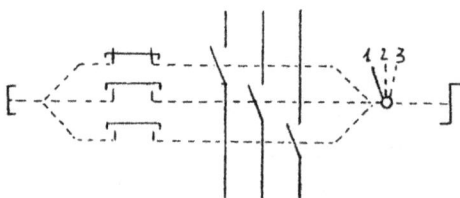

1.6.1.6 *Normalisation*

Ce paragraphe est tiré des normes NF C03202, NF C03207.

Lettre repère	Désignation	Symbole
	Fonction interrupteur	o
Q	Interrupteur unipolaire	
Q	Interrupteur tripolaire	
Q	Commutateur deux positions	
	Contact à fermeture	
	Contact à ouverture	

Au contact choisi est joint un des symboles suivants :

	Désignation	Symbole
	Commande par tirette	]---
	Commande rotative	∫---
	Commande par poussoir	E----
	Commande coup de poing	◖---
	Commande par volant	⊗----
	Commande par pédale	⌟----
	Commande par levier	⌐----
	Commande par clef	Å----
	Commande par manivelle	⌐----
	Commande par galet	o-----

Exemple

S	Bouton poussoir à fermeture	
S	Bouton arrêt coup de poing	
S.H	Tourner - Pousser Lumineux à deux positions	

1.6.2 Appareils de commande automatique

Ces appareils sont actionnés automatiquement soit par des éléments mobiles soit par des grandeurs électriques, physiques ou capteurs divers.

1.6.2.1 *Interrupteurs de position*

Ils sont constitués de contacts qui se placent sur le parcours des éléments mobiles de façon à être actionnés lors d'un déplacement. On distingue :

- les interrupteurs de position en fin de course : leur contact change d'état lorsque l'élément mobile les sollicite.

- les interrupteurs de position à simple effet : leur contact change d'état pour un seul sens de passage de l'élément mobile (exemple : changement d'état pour un trajet de la gauche vers la droite).

- les interrupteurs de position à double effet : leur contact change d'état pour les deux sens de passage de l'élément mobile (exemple : changement d'état pour un déplacement de la gauche vers la droite ou de la droite vers la gauche).

Remarque :

En règle générale, les interrupteurs de positions ne possèdent qu'un seul contact (à ouverture ou à fermeture).

Pour que le schéma soit compréhensible, il faut indiquer l'état du contact par rapport à l'élément mobile en utilisant les lettres suivantes :

- pour le contact : f = fermé ; o = ouvert

- pour un organe de coupure : f = fermé ; o = ouvert

- pour un élément mobile : Présence ; Absence

Exemples : o/o ; o/f ; f/f ; f/o ; o/Prés. ; f/Prés.

Diagramme de fonctionnement des interrupteurs de position d'une vanne.

Il existe quatre contacts qui sont :

o/o : contact ouvert lorsque la vanne est ouverte ;

o/f : contact ouvert lorsque la vanne est fermée ;

f /f : contact fermé lorsque la vanne est fermée ;

f/o : contact fermé lorsque la vanne est ouverte.

Vanne $\quad<$ fermée
ouverte

o/o   Contact $<$ fermé
ouvert

o/f   Contact $<$ fermé
ouvert

f/f   Contact $<$ fermé
ouvert

f/o   Contact $<$ fermé
ouvert

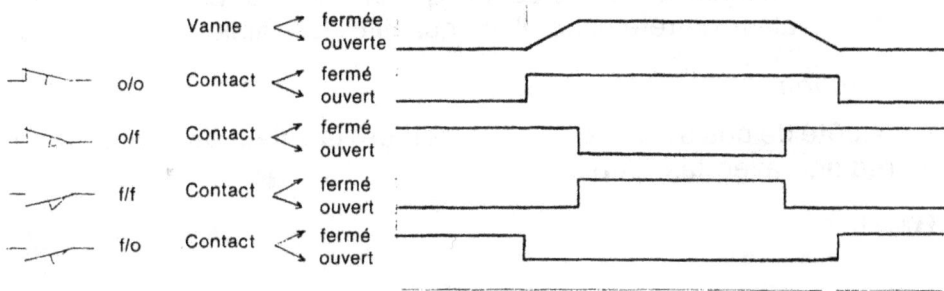

1.6.2.2 *Détecteurs de grandeurs électriques*

Ce sont tous les systèmes capables de mesurer ou de contrôler des grandeurs électriques telles que tension, courant, puissances, fréquence, réactance, impédance...

Pour les plus simples (tension, courant), on utilise des relais sensibles aux grandeurs à surveiller ; ils sont composés :

— d'une bobine qui s'excite ou se désexcite suivant sa valeur de référence et la valeur contrôlée ; elle sert d'appareil de détection.

— d'un contact à fermeture ou à ouverture, qui change d'état lorsque la bobine est alimentée ; c'est un appareil de commande pour l'automatisme.

Pour les plus compliqués, le relais de mesure est remplacé par un montage électronique qui possède les mêmes fonctions de détection et de commande que précédemment.

Pour que le schéma soit compréhensible, il faut impérativement indiquer le fonctionnement du détecteur en utilisant les symboles suivants :

Symboles

$>$ fonctionnement du détecteur lorsque la grandeur contrôlée est supérieure à la valeur de référence (réglage).

$<$ fonctionnement du détecteur lorsque la grandeur contrôlée est inférieure à la valeur de référence (réglage).

$\gtrless$ fonctionnement du détecteur lorsque la grandeur contrôlée est inférieure ou supérieure à la valeur de référence (réglage).

$= 0$ fonctionnement du détecteur lorsque la grandeur contrôlée atteint zéro.

≈ o fonctionnement du détecteur lorsque la grandeur contrôlée diffère de la valeur de référence d'une quantité très faible.

Remarque :

A côté de ces symboles, il faut indiquer la valeur de référence ou de réglage avec les unités.

Exemple

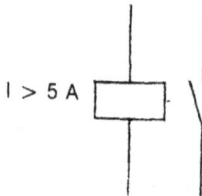

I > 5 A   changement d'état du contact pour une valeur de courant supérieure à 5 A.

Remarque :

En règle générale, ces détecteurs ne possèdent qu'un seul contact à ouverture ou à fermeture.

1.6.2.3 *Capteurs de grandeurs physiques*

Ce sont tous les systèmes capables de mesurer ou de contrôler des grandeurs physiques telles que la température, la pression, la vitesse de rotation, la vitesse linéaire, etc...

Ils sont représentés par :

- un contact à ouverture ou à fermeture qui change d'état pour une valeur contrôlée dépendante de la valeur de référence.

- un symbole qui représente la grandeur physique concernée.

- un symbole qui indique le mode de fonctionnement du contact (mêmes symboles que pour les détecteurs des grandeurs électriques : $>$, $<$, $\lessgtr$, $= 0$, $\approx$ o.).

- la valeur de référence, de réglage, avec les unités.

Symboles de grandeurs physiques :

θ : représentant la température

P : représentant la pression

n : représentant la vitesse de rotation

v : représentant la vitesse linéaire

Ces symboles peuvent être placés dans un rectangle

Exemples :

$\boxed{P>3\,bar}$ changement d'état du contact pour une pression supérieure à 3 bar (le schéma est représenté lorsque la pression est inférieure à 3 bar).

$\boxed{\theta>20°C}$ changement d'état du contact pour une température supérieure à 20 °C (le schéma est représenté à une température de 40 °C).

$\boxed{n>25\,tr/s}$ changement d'état du contact pour une vitesse de rotation supérieure à 25 tours par seconde.

Remarques :
Ces capteurs ne possèdent qu'un contact à ouverture ou à fermeture.

Il est nécessaire d'indiquer la valeur des grandeurs physiques pour laquelle le schéma est représenté.

1.6.2.4 *Capteurs de grandeurs diverses*

Ce sont tous les systèmes capables de mesurer ou de contrôler des grandeurs telles que, niveau d'un fluide, débit d'un fluide, d'un gaz, nombre d'événements, etc...

Ils sont représentés par :

— un contact à ouverture ou à fermeture qui change d'état lorsque la valeur contrôlée correspond à une valeur de référence donnée.

— un symbole qui représente la grandeur concernée.

— un symbole qui indique le mode de fonctionnement du contact (mêmes symboles que pour les détecteurs de grandeurs électriques ou physiques tels que : $>$, $<$, $\lessgtr$, $= 0$, ≈ 0).

— la valeur de référence, de réglage (avec les unités) ou la position du capteur par rapport à l'élément contrôlé.

Symboles des grandeurs concernées :

$\mathfrak{f}$	Variation brusque de vitesse
	Commande par le niveau de fluide
	Commande par le débit d'un fluide
	Commande par le débit gazeux
	Compteur d'un nombre d'événement
J	Commande par une horloge
M	Commande par moteur

Exemples :

N > N.h — Changement d'état pour un niveau de fluide supérieur au niveau haut

> 1 m³/s — Changement d'état pour un débit d'eau supérieur à 1 m³/s

x = 10 — Changement d'état pour un nombre d'évènement égal à 10

18 h.
24 h. — Fermeture du contact à 18 heures et ouverture de celui-ci à 24 heures

Remarque :

Ces capteurs ne possèdent, en général, qu'un seul contact à ouverture ou à fermeture.

1.6.2.5 *Normalisation*

Ce paragraphe est tiré des normes NFC03202, NFC03207.

Lettre repère	Désignation	Symbole
	Contact à fermeture	
	Contact à ouverture	

associé à un symbole suivant

	Désignation	Symbole
	Fonction position maintenue	o
	Fonction contact de position	
	Commande par niveau de fluide	
	Commande par débit de fluide	
	Commande par débit gazeux	
	Commande par horloge	
	Commande par moteur	M
	Commande par came	
	Commande par variation brusque de vitesse	
	Commande par la pression	P
	Commande par la température	θ
	Commande par une vitesse de rotation	n
	Commande par une vitesse linéaire	v

Exemples :

Lettre repère	Désignation	Symboles
	Contact à position maintenue à ouverture	
	Contact à position maintenue à fermeture	
S.B	Interrupteur de position à fermeture fermé lorsque le mobile est présent	
S.B	Interrupteur de position à ouverture ouvert lorsque le mobile est présent	
B	Contact commandé par came	
B	Détecteur de température (ouvert lorsque la température dépasse cinq degrés Celsius)	θ > 5°C
KN	Détecteur de courant (contact fermé lorsque le courant dépasse cinq ampères)	I > 5A

1.6.3 Remarques générales sur les différents appareils de commande

Ce matériel est le plus souvent installé dans le schéma du circuit de commande de l'automatisme. Cependant un schéma du circuit de puissance peut très bien contenir un interrupteur s'il possède un pouvoir de coupure suffisant ou une bobine de relais de mesure pour contrôler une grandeur électrique propre à ce circuit.

Les appareils de commande, ont dans la mesure du possible, leur borne fixe reliée soit à la polarité positive en courant continu soit à la phase en courant alternatif.

1.7 Organes de commande

Tous les récepteurs qui sont placés dans le circuit de commande s'appellent organes de commande ; on distingue :

1.7.1 Le relais auxiliaire

Son rôle est d'une part, de retransmettre l'information reçue des appareils de commande et d'autre part de la multiplier dans les différents schémas électriques.

C'est un appareil composé électriquement :

— d'une bobine installée sur un noyau magnétique (électro-aimant) qui, lorsqu'elle est parcourue par un courant, attire une palette mobile. Son alimentation doit correspondre à la tension nominale indiquée par le constructeur.

— de plusieurs contacts dont un pôle est relié à la palette mobile ; ceux-ci changent d'état lorsque la bobine est excitée (déplacement de la palette mobile) et sont appelés :

Contacts à ouverture ou contacts repos lorsqu'ils sont normalement fermés et qu'ils s'ouvrent à l'excitation de la bobine.

Contacts à fermeture ou contacts travail lorsqu'ils sont normalement ouverts et qu'ils se ferment à l'excitation de la bobine.

Contacts inverseurs lorsque le contact travail et le contact repos possèdent un point commun.

Les différents contacts (repos et travail), ne possédant aucune liaison électrique entre eux, peuvent être placés dans des circuits de commande alimentés par des tensions différentes ; d'autre part, ayant un pouvoir de coupure limité, ils ne sont jamais installés dans un circuit de puissance.

Remarques :

— En règle générale, un relais auxiliaire ne possède pas plus de quatre contacts inverseurs.

— Le temps de réponse des contacts (bien que de l'ordre de quelques millisecondes) doit être pris en compte car il est souvent à l'origine des aléas.

— Un contact repos s'ouvre avant la fermeture d'un contact travail.

— Les quatre contacts travail ou les quatre contacts repos d'un même relais ne changent pas d'état en même temps (différence de l'ordre de quelques micro-secondes).

— La bobine d'un relais auxiliaire doit être alimentée sous sa tension nominale ; si la tension à ses bornes est trop faible, elle risque de ne pas pouvoir soit attirer soit retenir son armature mobile ce qui provoque une panne d'automatisme.

— Il ne faut pas hésiter à utiliser des relais auxiliaires dans un montage car, aujourd'hui, leur prix de revient est très faible.

Diagramme de fonctionnement

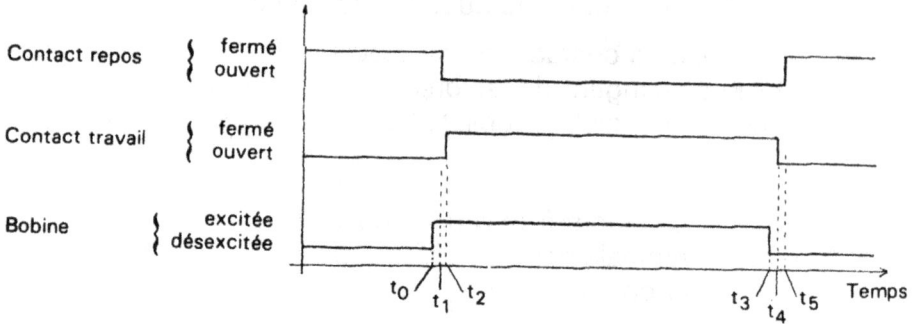

Contact repos { fermé / ouvert

Contact travail { fermé / ouvert

Bobine { excitée / désexcitée

t_0 : instant où la bobine est alimentée

t_1 : instant où le contact repos s'ouvre

t_2 : instant où le contact travail se ferme

t_3 : instant où la bobine n'est plus alimentée

t_4 : instant où le contact travail s'ouvre

t_5 : instant où le contact repos se ferme

1.7.2 Le relais à chevauchement de contacts

C'est un relais auxiliaire qui ne possède que des contacts inverseurs dont la particularité est la suivante : d'une part à l'excitation de la bobine, le contact travail se ferme avant l'ouverture du contact repos et d'autre part lors de sa désexcitation, le contact travail s'ouvre quand le contact repos est fermé.

Son utilisation permet d'éviter les aléas technologiques dus à l'emploi d'un relais auxiliaire lorsque les temps de réponse des contacts doivent être pris en compte.

Diagramme de fonctionnement

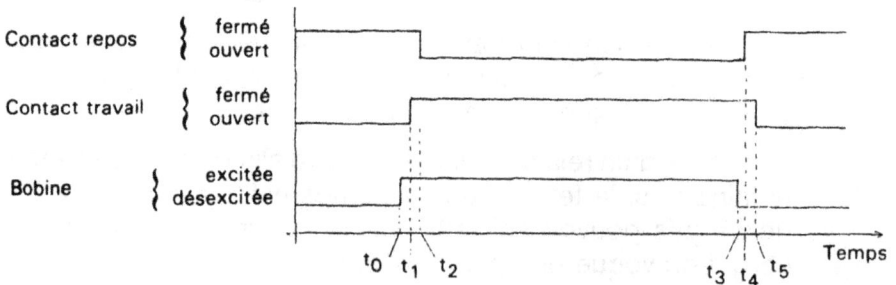

Contact repos { fermé / ouvert

Contact travail { fermé / ouvert

Bobine { excitée / désexcitée

t_0 : instant où la bobine est excitée

t_1 : instant où le contact travail se ferme

t_2 : instant où le contact repos s'ouvre

t_3 : instant où la bobine est désexcitée

t_4 : instant où le contact repos se ferme

t_5 : instant où le contact travail s'ouvre

Remarque :

Entre les instants t_1 et t_2 ou t_4 et t_5, les contacts travail et repos sont fermés.

1.7.3 Le relais à contact de passage

Ce relais auxiliaire possède un contact qui n'a qu'une position stable. Celui-ci est toujours ouvert au repos et ne se ferme que pendant un temps extrêmement court ; il ne délivre donc pour les organes de commande que des impulsions.

Il existe trois types de contact de passage :

— Contact de passage à l'action : c'est un contact ouvert au repos qui se ferme pendant un temps très court à l'excitation de la bobine.

— Contact de passage au relâchement : c'est un contact à fermeture qui reste ouvert à l'excitation de la bobine mais qui se ferme pendant un temps très court à la désexcitation de la bobine.

— Contact de passage à l'action et au relâchement : c'est un contact ouvert au repos qui se ferme pendant un temps très court aussi bien à l'excitation qu'à la désexcitation de la bobine.

Chaque relais ne peut comporter qu'un contact de passage avec ou sans contact auxiliaire.

Diagramme de fonctionnement :

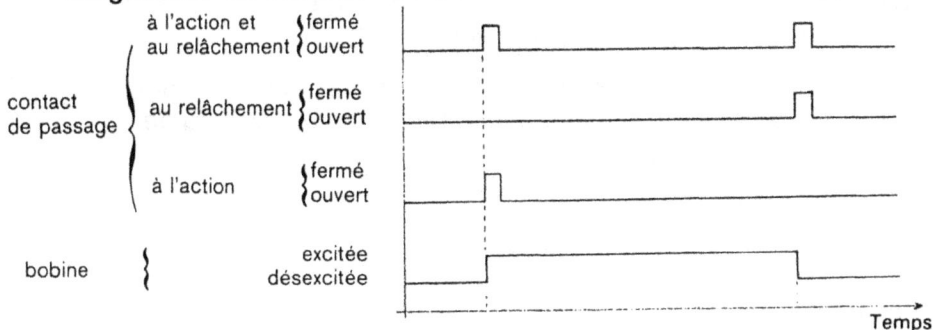

A l'excitation de la bobine, les contacts de passage à "l'action" et à "l'action et au relâchement" changent d'état un court instant, tandis qu'à sa désexcitation, ce sont les contacts de passage au "relâchement" et à "l'action et au relâchement" qui se ferment brièvement.

Remarque :

Il n'a pas été représenté sur le diagramme de fonctionnement les temps de réponses des contacts.

1.7.4 Le relais bistable

Ce relais est composé électriquement :

— de deux bobines installées sur un circuit magnétique (électro-aimant).

— de plusieurs contacts inverseurs (contact à ouverture et à fermeture possédant un point commun) qui sont à position maintenue.

Représentation d'un relais bistable à un contact inverseur utilisable.

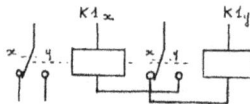

L'alimentation de la bobine K1y fait changer les contacts de la position stable (x) à la position stable (y) ; ces contacts restent dans la position (y) bien que la bobine K1y ne soit plus excitée (ouverture du circuit par le contact inverseur). Pour revenir dans la position stable d'origine (position stable (x)) il faut alimenter la bobine K1x qui s'excite pendant un temps suffisant pour faire changer l'état des contacts inverseurs.

Avantages de ce relais :

Il n'est pas nécessaire de continuer d'alimenter la bobine après le passage du contact à l'état stable désiré. Sa commande peut donc s'effectuer en utilisant des impulsions.

En cas de coupure de l'alimentation, les contacts inverseurs restent dans l'état où ils se trouvent (c'est la fonction mémoire du dernier ordre reçu).

Diagramme de fonctionnement

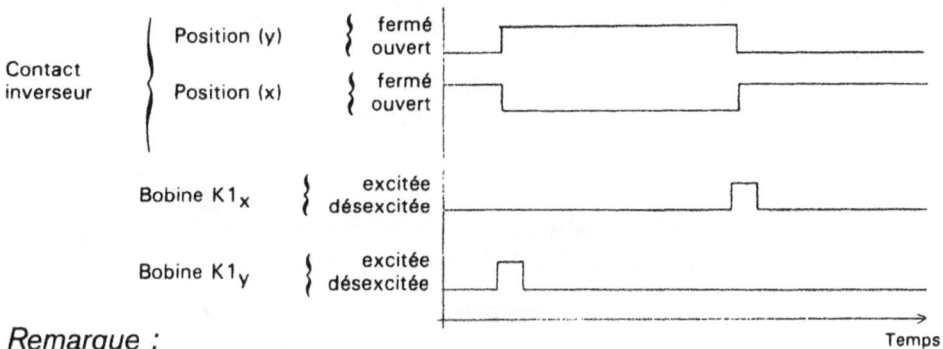

Remarque :

Ne pas oublier que le temps de réponse des contacts est le même que pour un relais auxiliaire.

1.7.5 Le relais temporisé

Le relais se compose :

— d'une bobine installée sur un circuit magnétique qui, excitée, attire une palette mobile.

— d'un ou plusieurs contacts à action temporisée ; par rapport à l'excitation de la bobine, ils changent d'état avec un retard qui est réglé par l'utilisateur. C'est la temporisation du contact.

Il existe six types de contacts temporisés qui sont :

— *Contact à ouverture temporisé à l'ouverture*

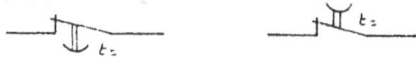

Par rapport à l'excitation de la bobine, ce contact s'ouvre après une temporisation t ; à sa désexcitation, ce contact se referme instantanément.

— *Contact à ouverture temporisé à la fermeture*

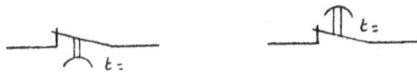

Ce contact s'ouvre instantanément à l'excitation de la bobine ; à sa désexcitation, il se referme au bout d'une temporisation t.

— *Contact à fermeture temporisé à la fermeture*

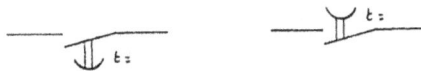

Par rapport à l'excitation de la bobine, ce contact se ferme au bout d'une temporisation t ; il s'ouvre instantanément à la désexcitation.

— Contact à fermeture temporisé à l'ouverture

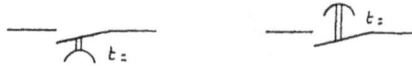

Ce contact se ferme instantanément à l'excitation de la bobine ; à sa désexcitation, il s'ouvre au bout d'une temporisation t.

— Contact à ouverture temporisé à l'ouverture et à la fermeture

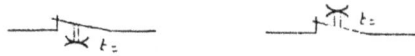

Par rapport à l'excitation de la bobine, ce contact s'ouvre au bout d'une temporisation t et se referme après la même temporisation à sa désexcitation.

—Contact à fermeture temporisé à l'ouverture et à la fermeture

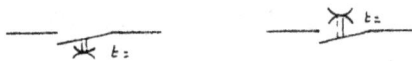

Par rapport à l'excitation de la bobine, ce contact se ferme au bout d'une temporisation t et s'ouvre après la même temporisation à sa désexcitation.

Remarques :

- Le symbole indique le sens de temporisation ; pour le déterminer, il faut regarder le sens de freinage du contact donné par le symbole (celui-ci est souvent comparé à un parachute).

Exemple :

Ce symbole a tendance à freiner le contact lors de sa fermeture ; c'est donc un contact à fermeture temporisé à la fermeture.

- Il faut absolument indiquer à côté de chaque contact la valeur de sa temporisation sinon le schéma est incompréhensible.

Diagramme de fonctionnement

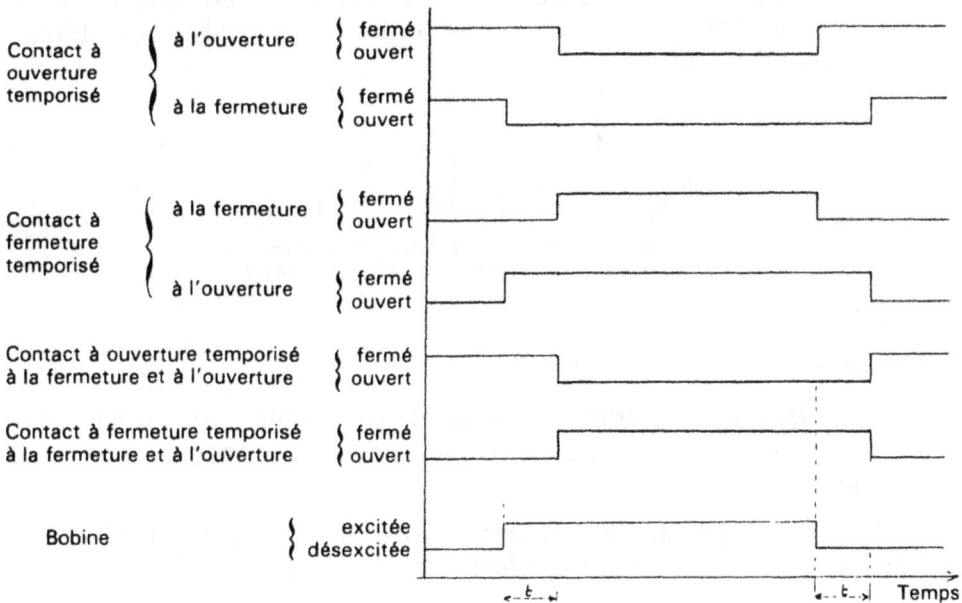

Contact à ouverture temporisé	à l'ouverture { fermé / ouvert	
	à la fermeture { fermé / ouvert	
Contact à fermeture temporisé	à la fermeture { fermé / ouvert	
	à l'ouverture { fermé / ouvert	
Contact à ouverture temporisé à la fermeture et à l'ouverture	{ fermé / ouvert	
Contact à fermeture temporisé à la fermeture et à l'ouverture	{ fermé / ouvert	
Bobine	{ excitée / désexcitée	Temps

Nota : – *Tous ces contacts possèdent une temporisation de valeur t.*
– *Le temps de réponse des différents contacts n'est pas représenté sur le diagramme.*

Remarques :

— Un relais peut comporter plusieurs contacts temporisés qui possèdent toujours la même valeur de temporisation.

— Si, en automatisme, la fonction traitée demande deux valeurs de temporisation différentes, l'utilisation de deux relais temporisés distincts est obligatoire.

1.7.6 Le contacteur

Cet appareil permet de commander à distance un récepteur de puissance car il est capable d'établir et d'interrompre des courants importants. C'est un interrupteur à commande automatique.

Electriquement, il est constitué :

— d'un électro-aimant (bobine + noyau magnétique) qui attire une palette mobile lorsqu'il est alimenté.

— de plusieurs contacts à fermeture qui, possédant un pouvoir de coupure important, servent d'interrupteur dans les circuits de puissance.

— de plusieurs contacts auxiliaires à ouverture et à fermeture qui possèdent un faible pouvoir de coupure ; ils servent à réaliser les fonctions telles que auto-alimentation, verrouillage électrique, asservissement...

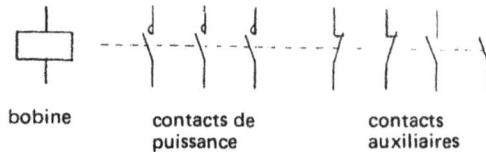

bobine   contacts de puissance   contacts auxiliaires

Remarques :

La bobine et les contacts auxiliaires se branchent toujours dans le circuit de commande ; les contacts de puissance se raccordent toujours dans le circuit de puissance.

Certains modèles de contacteurs peuvent recevoir en plus des blocs annexes de contacts auxiliaires ou temporisés.

Particularité d'un contacteur

La force attractive au collage de l'armature mobile doit être très supérieure à celle nécessaire pour son maintien. Pour éviter les problèmes d'échauffement du bobinage et pour faire une économie d'énergie, il faut réduire, en régime permanent, cette force attractive en agissant sur le courant absorbé.

En courant alternatif, la réduction de la force attractive au collage est automatique ; en effet la fermeture du circuit magnétique augmente l'opposition au passage du courant alternatif (impédance Z).

En courant continu, cette réduction n'existe pas ; en effet, l'opposition au courant continu ne dépend que de la résistance des conducteurs. Pour réduire cette force attractive, lorsque la fermeture du contacteur s'est réalisée, il suffit de rajouter en série avec la bobine une résistance appelée résistance d'économie (voir schéma annexe, paragraphe 222).

1.7.7 Le rupteur

C'est un contacteur qui possède des contacts de puissance à ouverture et non à fermeture.

Il possède les mêmes caractéristiques qu'un contacteur.

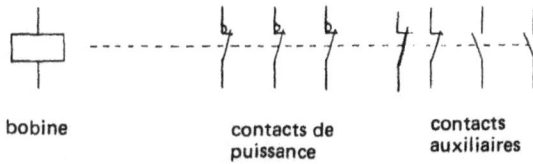

bobine

contacts de
puissance

contacts
auxiliaires

1.7.8 Les organes de commande mécanique, pneumatique, hydraulique

— L'électro-aimant

Il permet de commander un organe mécanique en réalisant de petits déplacements.

(Exemples : freinage, embrayage de moteur...).

Il est composé :

— d'une bobine qui se place dans le circuit de commande.
— d'un circuit magnétique qui supporte ce bobinage.
— d'un noyau plongeur ou d'une palette solidaire du mobile qui permet le déplacement mécanique.

— L'électrovanne

Elle permet de commander un circuit pneumatique ou hydraulique à distance.

Elle est composée :

— d'un corps de vanne pneumatique ou hydraulique.
— d'un électro-aimant fixé au corps de vanne et alimenté par le circuit de commande.
— d'un noyau plongeur commandé par l'électro-aimant et qui permet l'obturation ou l'ouverture de la vanne.

Remarque :

Au repos, lorsque l'électro-aimant n'est pas alimenté, la vanne est fermée.

1.7.9 Normalisation

Ce paragraphe est tiré des normes NF C 03202, NF C 03204, NF C 03207.

Lettre repère	Désignation	Symbole
K	Commande électromagnétique	
	Contact de commande à fermeture	
	Contact de commande à ouverture	
	Contact avec chevauchement	
	Contact de passage à l'action	
	Contact de passage au relâchement	
	Contact de passage à l'action et au relâchement	
	Contact à fermeture à position maintenue	
	Contact à ouverture à position maintenue	
	Contact à fermeture temporisé à la fermeture	
	Contact à fermeture temporisé à l'ouverture	
	Contact à ouverture temporisé à l'ouverture	
	Contact à ouverture temporisé à la fermeture	
	Contact de puissance à fermeture	
	Contact de puissance à ouverture	
Y	Organe de commande électro-aimant, électrovanne	

1.8 Récepteurs de puissance

Placés dans le circuit de puissance, ces récepteurs transforment l'énergie électrique en énergie mécanique.

Ce sont en général des moteurs constitués par :

— un circuit magnétique
— un circuit électrique (bobines placées sur ce circuit magnétique)
— une carcasse entourant l'ensemble.

Leur utilisation permet de créer le mouvement d'un élément aussi bien en rotation qu'en translation.

1.8.1 Différents moteurs

Nous étudierons les moteurs :
— asynchrone triphasé
— synchrone triphasé
— asynchrone monophasé
— à courant continu.

Remarque :

Les moteurs universels, à répulsion, synchrone monophasé, ne présentant aucune difficulté de branchement, ne seront pas traités.

1.8.2 Normalisation

Ce paragraphe est tiré des normes NF C 03202, NF C 03206, NF C 03207.

Lettre repère	Désignation	Symbole fonctionnel
	Démarreur manuel de moteur	
	Démarreur semi-automatique de moteur	
	Démarreur automatique de moteur	

Lettre repère	Désignation	Symbole
	1 Sens de mouvement rectiligne	→
	2 Sens de mouvement rectiligne	←→
	1 Sens de mouvement de rotation	⌒→
	2 Sens de mouvement de rotation	←⌒
	Couplage étoile	Y
	Couplage triangle	△
M	Moteur symbole général	(M)
M	Moteur asynchrone triphasé rotor en court-circuit	(M 3∿)
M	Moteur asynchrone triphasé rotor bobiné	(M 3∿)
M	Moteur asynchrone monophasé	(M 1∿)
M	Moteur synchrone triphasé	(MS 3∿)
M	Moteur continu	(M —)
L	Enroulement séparé ou dérivation	⌒⌒⌒
L	Enroulement série	⌒⌒
L	Enroulement de compensation	⌒
Y	Frein serré	⌐⌐
Y	Frein desserré	⌐⌐

2 SCHÉMAS DE BASE

2.1 Commande d'un relais auxiliaire

2.1.1 Commande manuelle

On utilise un interrupteur pour mettre en ou hors service ce relais ; cela permet, à partir d'un seul ordre reçu, de le multiplier grâce aux contacts auxiliaires.

Schéma développé

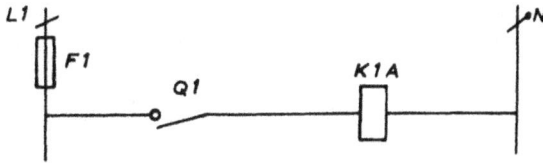

Légende :
L 1; N : *alimentation alternative*
F 1   : *fusible de protection*
Q 1   : *interrupteur*
K 1A   : *bobine du relais*

Nota : *Les contacts auxiliaires de K 1A ne sont pas représentés.*

Fonctionnement

Lorsque l'interrupteur est ouvert, la bobine du relais n'est pas alimentée et ses contacts auxiliaires sont au repos. Si l'on ferme l'interrupteur, la bobine de ce relais s'excite et ses contacts auxiliaires changent d'état.

Remarque :

Le même schéma de branchement est utilisé lorsque la source d'alimentation est continue.

2.1.2 Commande semi-automatique

On utilise un bouton poussoir à fermeture pour exciter la bobine et un bouton poussoir à ouverture pour la désexciter.

a) Schéma développé : montage arrêt prioritaire

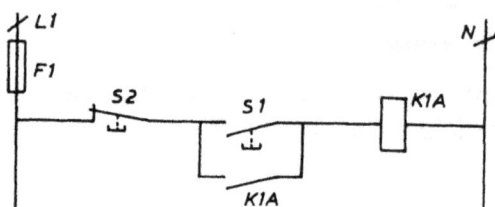

Légende :
L1; N : alimentation alternative
F1 : fusible de protection
S1 : bouton poussoir marche
S2 : bouton poussoir arrêt
K1A : relais auxiliaire

Fonctionnement

Une action sur le bouton poussoir S1 provoque l'excitation de la bobine K1A. Son contact auxiliaire se ferme. Le relâchement du bouton poussoir S1 n'a plus aucune influence sur le fonctionnement puisque la bobine continue d'être alimentée par son contact auxiliaire. Pour pouvoir la désexciter, il faut appuyer sur le bouton poussoir S2 ce qui interrompt l'alimentation de la bobine ; son contact K1A s'ouvre. Le relâchement du bouton poussoir S2 n'a plus aucun effet.

Le contact K1A est appelé contact d'auto-alimentation. Son rôle est de continuer à alimenter la bobine lorsque le bouton poussoir marche est relâché.

Remarque :

Lorsque l'on appuie en même temps sur les boutons poussoirs marche (S1) et arrêt (S2), la bobine ne s'excite pas : on dit alors que le fonctionnement est à arrêt prioritaire. C'est le montage le plus utilisé.

En cas de source d'alimentation continue, on utilise le même montage.

b) Schéma développé : montage marche prioritaire

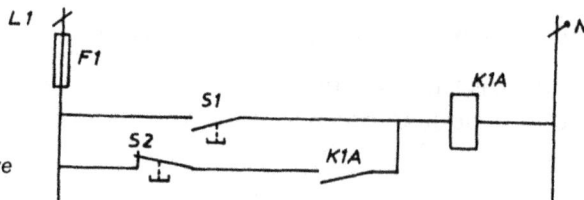

Légende :
L1; N : alimentation alternative
F1 : fusible de protection
S1 : bouton poussoir marche
S2 : bouton poussoir arrêt
K1A : relais auxiliaire

Fonctionnement :

Même description que précédemment.

Remarque :

Lorsque l'on appuie en même temps sur les boutons poussoirs marche (S 1) et arrêt (S 2), la bobine s'excite : on dit alors que le fonctionnement est à marche prioritaire.

En cas de source d'alimentation continue, on utilise le même montage.

c) *Schéma développé avec quatre boutons poussoirs : montage arrêt prioritaire*

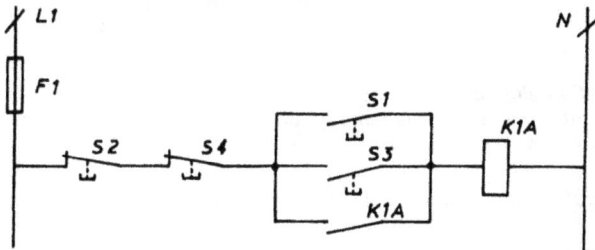

Légende :
L 1; N   : *alimentation alternative*
F 1   : *fusible de protection*
S 1, S 3 : *bouton poussoir marche*
S 2, S 4 : *bouton poussoir arrêt*
K 1A   : *relais auxiliaire*

C'est le cas, par exemple, d'une commande de relais de deux endroits différents ; chaque poste de commande doit pouvoir exciter ou désexciter la bobine (utilisation de boutons poussoirs à fermeture et à ouverture).

Remarque :

Les boutons poussoirs à ouverture (arrêt) se raccordent toujours en série tandis que les boutons poussoirs à fermeture (marche) se branchent toujours en parallèle.

Fonctionnement :

Une action sur un des boutons poussoirs marche (S 1 ou S 3) provoque l'excitation de la bobine K 1A qui s'auto-alimente par son contact auxiliaire. Une action sur un des boutons poussoirs arrêt (S 2 ou S 4) entraîne la désexcitation de la bobine K 1A.

2.1.3 Commande automatique

Le relais est commandé par un ou plusieurs détecteurs sans intervention humaine.

a) Premier exemple :

Un thermostat réglé sur 20 °C provoque l'excitation d'un relais lorsque la température dépasse sa valeur de réglage.

Schéma développé

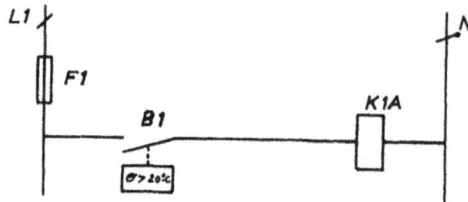

Légende :
L 1; N : *alimentation alternative*
B 1   : *thermostat fermé lorsque la température dépasse 20 °C*
K 1A   : *relais auxiliaire*

Nota : *la température ambiante est à 10 °C.*

Fonctionnement

Lorsque la température dépasse 20 °C, le détecteur B 1 ferme son contact et la bobine du relais auxiliaire s'alimente. Si la température redescend en dessous de 20°C, le détecteur B 1 ouvre son contact et la bobine K 1A se désexcite.

Remarque :

Ce montage ne fait pas appel à un contact d'auto-alimentation du relais car le contact du détecteur est fermé tant que la température reste au dessus de sa valeur de réglage.

b) Deuxième exemple

Un relais s'excite dès que le réservoir est vide et se désexcite lorsque son remplissage est terminé.

Schéma développé

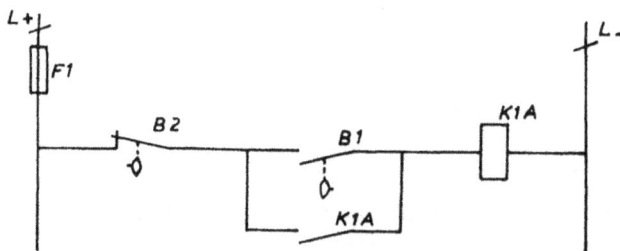

Fonctionnement

Lorsque le réservoir est vide, le contact du détecteur de niveau B 1 se ferme ce qui provoque l'excitation de la bobine K 1A et son auto-alimentation ; celle-ci se désexcite lorsque le contact du détecteur B 2 s'ouvre c'est-à-dire lorsque le réservoir est rempli.

Remarque :

Dans ce cas, il faut absolument utiliser un contact d'auto-alimentation de la bobine. En effet lorsque le réservoir commence à se remplir, le contact du détecteur B 1 s'ouvre.

2.2 Commande d'un contacteur

2.2.1 Commande manuelle

Elle permet de mettre en ou hors service un récepteur de puissance alimenté par plusieurs potentiels en utilisant un interrupteur à un pôle.

Schéma développé rangé du circuit de commande

Source d'alimentation alternative

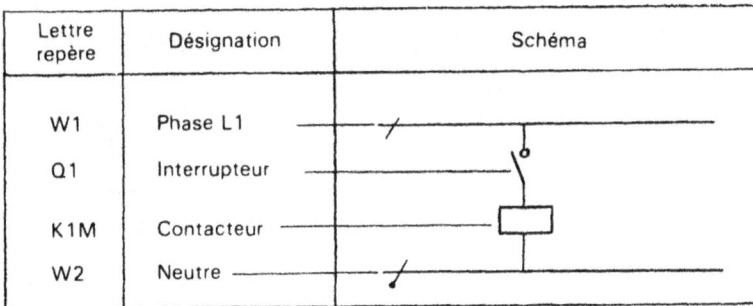

Lettre repère	Désignation	Schéma
W 1	Phase L1	
Q 1	Interrupteur	
K 1M	Contacteur	
W 2	Neutre	

Fonctionnement :

Lorsque l'interrupteur est ouvert, la bobine du contacteur K 1M n'est pas excitée. Si l'on ferme l'interrupteur, celle-ci s'excite.

Remarque :

Ce montage est très peu utilisé.

2.2.2 Commande semi-automatique par boutons poussoirs marche – arrêt

a) Source d'alimentation alternative

Schéma développé du circuit de commande

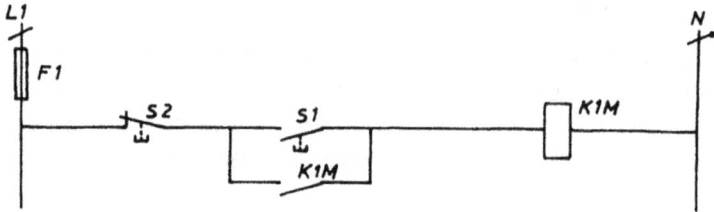

Légende :
F 1   : fusible de protection du circuit de commande
S 1   : bouton poussoir marche
S 2   : bouton poussoir arrêt
K 1M : contacteur

Fonctionnement

Une action sur le bouton poussoir marche (S 1) excite la bobine K 1M ; ses contacts changent d'état. Le bouton poussoir S 1 se trouve court-circuité et son relâchement n'a plus aucune influence sur le fonctionnement. Pour désexciter la bobine, il faut appuyer sur le bouton poussoir arrêt (S 2).

Remarque :

Les contacts de puissance ne sont pas représentés car ils sont situés dans le schéma de puissance.

b) Source d'alimentation continue (premier montage)

Schéma développé rangé du circuit de commande

Lettre repère	Désignation	Schéma
W 1	Polarité positive L +	
S 2	Bouton poussoir arrêt	
S 1	Bouton poussoir marche	
K 1M	Contacteur	
R 1	Résistance d'économie	
W 2	Polarité négative L	

Fonctionnement

Une action sur le bouton poussoir S 1 provoque l'excitation de la bobine du contacteur K 1M. Son contact d'auto-alimentation se ferme et met en service la résistance d'économie de façon à limiter le courant absorbé du circuit de commande.

Une action sur le bouton poussoir S 2 entraîne la désexcitation de la bobine ce qui provoque l'arrêt.

Remarques :

- C'est un fonctionnement en arrêt prioritaire car si l'on appuie sur les deux boutons poussoirs en même temps, la bobine K 1M n'est pas alimentée.

- Les contacts de puissance de K 1M ne sont pas représentés puisqu'ils sont situés dans le circuit de puissance de l'installation.

c) *Source d'alimentation continue (deuxième montage)*

Schéma développé rangé du circuit de commande

Lettre repère	Désignation	Schéma
W 1	Potentiel positif L +	
S 2	Bouton poussoir arrêt	
S 1	Bouton poussoir marche	
R 1	Résistance d'économie	
K 1M	Contacteur	
W 2	Potentiel négatif L –	

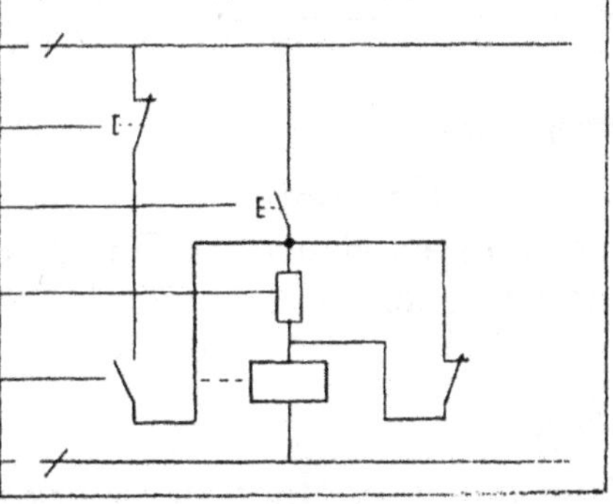

Fonctionnement

Une action sur le bouton poussoir S 1 provoque l'excitation de la bobine K 1M qui, d'une part s'auto-alimente et d'autre part met en service sa résistance d'économie (changement d'état du contact à ouverture). Une action sur le bouton poussoir S 2 permet de désexciter la bobine K 1M.

Remarque :

La résistance d'économie est mise en service lorsque les contacts ont effectivement changés d'état (bobine excitée).

C'est un fonctionnement en marche prioritaire car si l'on appuie en même temps sur les boutons poussoirs, la bobine du contacteur s'excite.

2.2.3 Commande automatique par détecteur

a) Premier exemple

Un contacteur est alimenté si la pression est supérieure à 4 bar et s'il n'y a pas débit d'eau.

Schéma développé rangé du circuit de commande

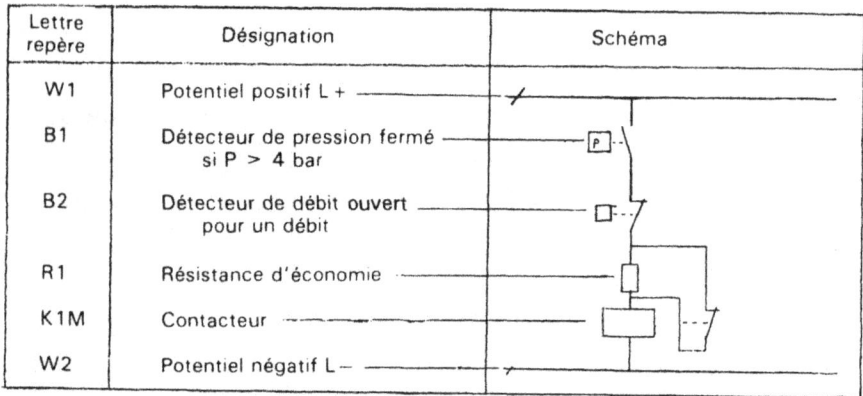

Lettre repère	Désignation	Schéma
W 1	Potentiel positif L +	
B 1	Détecteur de pression fermé si P > 4 bar	
B 2	Détecteur de débit ouvert pour un débit	
R 1	Résistance d'économie	
K 1 M	Contacteur	
W 2	Potentiel négatif L –	

Fonctionnement :

Lorsque les contacts des détecteurs B 1 et B 2 sont fermés, la bobine K 1M est alimentée. Dès qu'un contact de détecteur s'ouvre, la bobine se désexcite.

Remarque :

Pour que le contacteur fonctionne, il faut deux conditions (pression supérieure à 4 bar et absence de débit d'eau) ; les deux détecteurs doivent donc être branchés en série.

b) Deuxième exemple

Un contacteur K 1M s'alimente lorsqu'un relais thermique F1 ou un relais magnétique F2 fonctionne.

Schéma développé rangé du circuit de commande

Lettre repère	Désignation	Schéma
W1	Potentiel positif L +	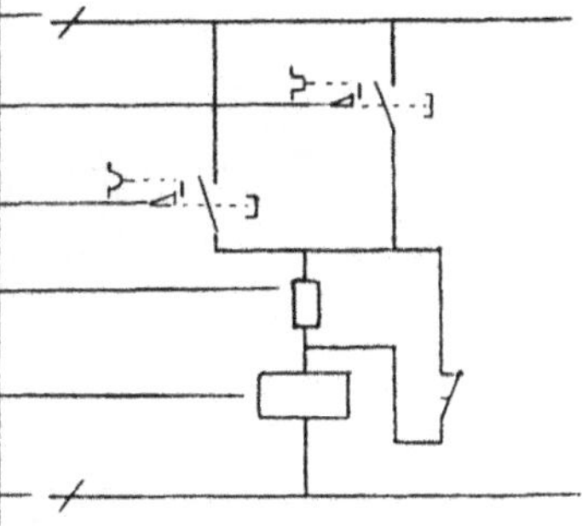
F1	Contact du relais thermique	
F2	Contact du relais magnétique	
R1	Résistance d'économie	
K1M	Contacteur	
W2	Potentiel négatif L −	

Fonctionnement :

Dès qu'un contact appartenant au relais thermique ou magnétique se ferme, la bobine du contacteur s'alimente ; un réarmement manuel du relais de protection en cause est nécessaire pour la désexciter.

Remarque :

Il faut une des conditions décrites ci-dessus pour que le contacteur fonctionne. Les contacts des différents relais de protection doivent être branchés en parallèle.

2.3 Verrouillage de contacteurs

Dans certains montages, si deux contacteurs s'excitent en même temps, la fermeture de leurs contacts de puissance crée un court circuit dans le circuit de puissance. C'est pourquoi, il faut rendre impossible la fermeture simultanée des contacts de puissance des deux contacteurs ; cette action s'appelle le verrouillage.

Elle est réalisée :

— électriquement ce qui empêche l'excitation de la bobine du deuxième contacteur lorsque celle du premier est déjà excitée,

— mécaniquement ce qui empêche la fermeture du deuxième contacteur, par une action manuelle sur celui-ci, lorsque le premier est déjà fermé.

2.3.1 Verrouillage électrique de deux contacteurs

Schéma développé du montage

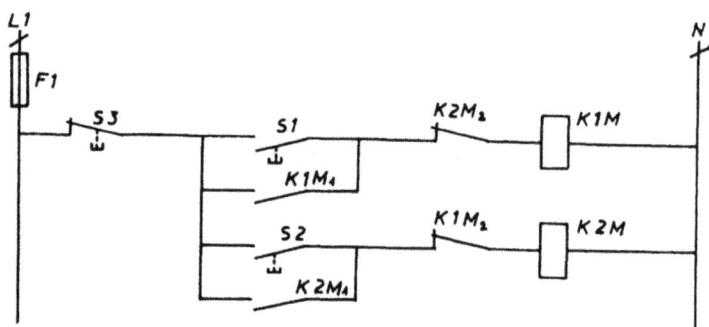

Légende :
F 1 : fusible de protection
S 1 : bouton poussoir marche contacteur K 1M
S 2 : bouton poussoir marche contacteur K 2M
S 3 : bouton poussoir arrêt
K 1M : contacteur N° 1
K 2M : contacteur N° 2

Fonctionnement

Une action sur le bouton poussoir S 1 excite la bobine K 1M qui :
— par son contact K 1M$_1$ s'auto-alimente

— par son contact K 1M$_2$ coupe le circuit d'alimentation de K 2M (si on appuie sur le bouton poussoir S 2, la bobine K 2M ne peut pas s'exciter).

Ce contact est le contact de verrouillage de K 2M par le contacteur K 1M.

Il en est de même pour le contacteur K 2M, le contact K 2M$_2$ est le contact de verrouillage de K 1M par K 2M.

Les deux contacts K 1M$_2$ et K 2M$_2$ composent le verrouillage électrique entre les contacteurs K 1M et K 2M.

Remarque :

Pour faciliter la description du fonctionnement, les repères des contacts comportent des indices ce qui n'est pas normalisé.

182

2.3.2 Verrouillage mécanique de deux contacteurs

Schéma développé du montage

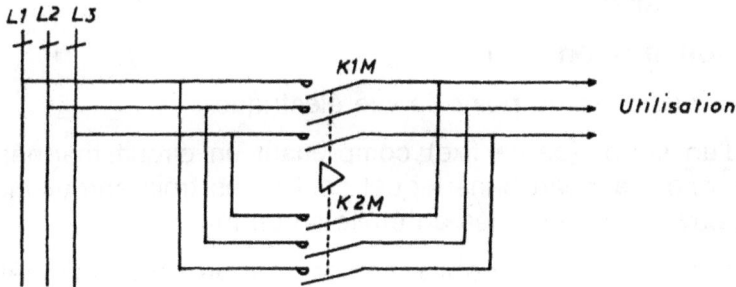

Légende :
K 1M : contacteur avant
K 2M : contacteur arrière

Fonctionnement :

Dans cet exemple, le contacteur K 2M inverse l'ordre des phases par rapport au contacteur K 1M.

Si ces contacteurs se ferment en même temps, il y a court-circuit ; il faut donc un verrouillage mécanique (et électrique).

Le verrouillage mécanique est représenté :

– par la liaison mécanique entre les deux contacteurs (tirets)
– par le triangle placé sur cette liaison mécanique.

3 MOTEUR ASYNCHRONE TRIPHASÉ

3.1 Généralités

C'est une machine qui permet de transformer l'énergie électrique en énergie mécanique.

3.1.1 Constitution

Il est composé du point de vue électrique :

- d'un stator (partie fixe) comprenant un circuit magnétique en forme d'anneau dans lequel sont logés trois enroulements qui peuvent être couplés en étoile ou en triangle.

- d'un rotor (partie mobile) comprenant un circuit magnétique en forme de cylindre dans lequel sont logés :

  - soit des barres conductrices reliées entre elles à chaque extrémité (rotor en cage d'écureuil).

  - soit des enroulements qui sont raccordés à des contacts glissants (rotor bobiné).

Remarque :

Le moteur à cage d'écureuil est le plus couramment utilisé.

3.1.2 Fonctionnement

Le stator, alimenté par un réseau triphasé, crée un champ tournant qui induit des courants dans le circuit électrique du rotor. Ceux-ci ont un sens tel qu'ils créent un champ qui s'oppose au champ tournant (loi de Lenz). Ce champ créé par les courants induits, ne pouvant arrêter le champ tournant, entraîne le rotor en rotation.

3.1.3 Inversion du sens de rotation d'un moteur asynchrone triphasé

Pour changer le sens de rotation d'un moteur asynchrone triphasé, il faut inverser le sens du champ tournant en croisant deux phases sur le réseau d'alimentation du stator.

3.1.4 Plaque à bornes du moteur asynchrone triphasé à cage d'écureuil et à trois enroulements au stator

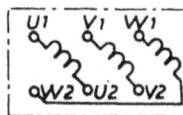

Ces trois enroulements sont toujours raccordés aux bornes du moteur suivant le schéma de la plaque à bornes ci-joint. Cela permet, en utilisant des barrettes, de choisir et de câbler rapidement le couplage étoile ou le couplage triangle des enroulements.

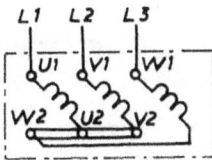

Couplage étoile
les barrettes relient les bornes
U 2, V 2, W 2

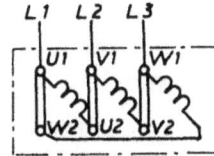

Couplage triangle
les barrettes relient les bornes
U 1, W 2- V 1, U 2- W 1, V 2

Remarque :

Les bornes d'entrées des enroulements s'appellent U 1, V 1, W 1, et les bornes de sorties, U 2, V 2, W 2.

3.1.5 Caractéristiques électriques essentielles d'un moteur asynchrone

a) Tension d'alimentation : le constructeur indique toujours deux tensions qui permettent de choisir le couplage des enroulements du stator.

La plus petite tension correspond à la tension nominale qui est appliquée aux bornes d'un enroulement du stator en fonctionnement normal.

Exemples :

— Soit un moteur 220/380 V ; chaque enroulement du stator doit être alimenté sous 220 V.

Alimenté par un réseau 220/380 V, il faut choisir le couplage étoile pour obtenir 220 V aux bornes de chaque enroulement du stator.

Alimenté par un réseau 110/220 V, il faut choisir le couplage triangle afin d'obtenir 220 V aux bornes de chaque enroulement du stator.

— Soit un moteur 380/660 V ; chaque enroulement du stator doit être alimenté sous 380 V ; le seul couplage possible est le couplage triangle qui, sur un réseau 220/380 V, permet d'obtenir 380 V aux bornes de chaque enroulement du stator.

b) Courant : on distingue le courant nominal absorbé par le moteur et le courant de démarrage qui est beaucoup plus important.

c) Fréquence du réseau d'alimentation. Elle détermine l'ordre de grandeur de la vitesse de rotation du moteur.

d) Puissance électrique. Elle désigne la puissance absorbée par le moteur au point nominal.

3.1.6 Caractéristiques mécaniques essentielles d'un moteur asynchrone

a) Puissance mécanique : elle désigne la puissance disponible sur l'arbre et s'appelle aussi puissance utile.

b) Couple moteur : caractéristique très importante qui permet de connaître les possibilités d'utilisation du moteur.

c) Vitesse de rotation : cette vitesse est liée à la fréquence du réseau d'alimentation et à la constitution du moteur (nombre de paires de pôles). Pour une fréquence de 50 Hz (réseau EDF), la vitesse maximale est de l'ordre de 3000 tr/min (moteur à 1 paire de pôles) et la vitesse minimale de l'ordre de 500 tr/min (moteur à 6 paires de pôles) ; sa valeur est toujours un peu plus faible que la vitesse de synchronisme (vitesse de référence : 3000, 1500, 1000, 750, 600, 500 tr/min).

3.1.7 Protection interne du moteur

Certains moteurs possèdent une protection isotherme : c'est un thermostat (bilame) qui se place sur un enroulement du moteur.

En cas d'échauffement interne, le contact du thermostat se ferme ce qui provoque la coupure de la source d'alimentation.

Remarque :

En général, il y a trois protections isothermes (une par enroulement) qui possèdent leurs contacts raccordés en parallèle.

3.1.8 Procédés de démarrage

Pendant le démarrage d'un moteur, le courant absorbé est très important ; celui-ci est limité par différents procédés de démarrage qui agissent :

— soit sur la tension d'alimentation (cas du moteur à cage d'écureuil) ;

— soit sur une augmentation de la résistance du rotor (cas du moteur à rotor bobiné).

3.2 Démarrage direct

3.2.1 Généralités

C'est le démarrage le plus simple qui consiste à alimenter le moteur directement sous sa tension nominale.

Conditions technologiques

Le moteur asynchrone triphasé doit être du type rotor en court-circuit ou rotor à cage d'écureuil.

Les enroulements du stator sont branchés en étoile ou en triangle suivant les tensions indiquées par le constructeur et la tension du réseau d'alimentation.

Avantages de ce procédé

C'est un démarrage qui est très simple à mettre en œuvre et qui ne demande que peu de matériel.

Le couple moteur au démarrage est important (de l'ordre de 0,5 à 1,5 fois le couple nominal) ; la charge du moteur est donc admise au démarrage.

L'utilisateur peut choisir le couplage des enroulements du stator.

Inconvénients de ce procédé

Le courant de démarrage, qui n'est pas limité, atteint une valeur très importante (de l'ordre de 4 à 8 fois le courant nominal).

Le démarrage est brusque (la vitesse nominale est atteinte en 1 à 2 secondes).

Utilisation de ce procédé

Il est employé pour les moteurs de petites puissances raccordés sur des réseaux qui admettent le courant de démarrage.

3.2.2 Démarrage manuel

a) Premier exemple :

Moteur à un seul sens de rotation dont les enroulements sont couplés en étoile. Son démarrage se réalise par l'emploi d'un interrupteur tripolaire.

Schéma fonctionnel de l'ensemble

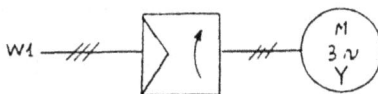

Schéma développé du montage

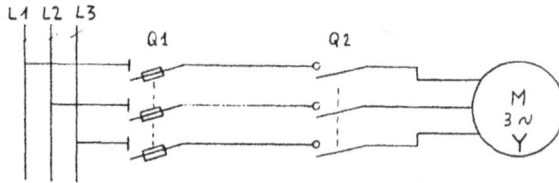

Légende :
Q 1 : fusible sectionneur
Q 2 : interrupteur
M   : moteur asynchrone triphasé (enroulements couplés en étoile)

Fonctionnement

Lorsque l'interrupteur Q 2 est fermé, le moteur tourne à sa vitesse nominale.

b) Deuxième exemple

Moteur à deux sens de rotation dont les enroulements sont couplés en triangle. Son démarrage se réalise par l'emploi d'un commutateur triphasé.

Schéma fonctionnel de l'ensemble

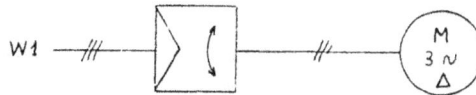

Schéma développé du montage

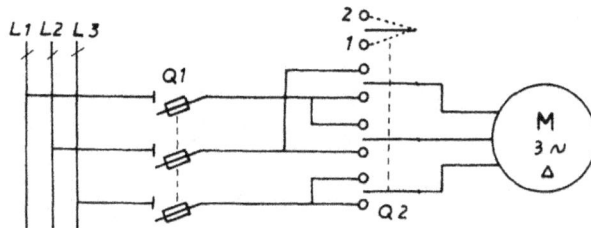

Légende :
Q 1 : fusible sectionneur
Q 2 : commutateur triphasé avec position arrêt
M   : moteur asynchrone triphasé

Fonctionnement

Position 1 : le moteur tourne dans un sens de rotation

Position 2 : le moteur tourne dans le sens contraire (inversion de deux phases de la tension d'alimentation).

3.2.3 Démarrage semi-automatique

On utilise, à la place des interrupteurs ou commutateurs, des contacteurs commandés par boutons poussoirs.

a) Premier exemple :

Commande de deux endroits différents d'un moteur possédant un seul sens de rotation.

Schéma fonctionnel de l'ensemble

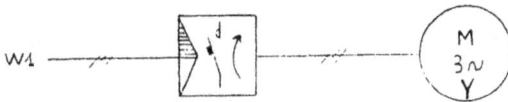

Démarrage direct, semi-automatique par discontacteur, d'un moteur couplé en étoile à un seul sens de rotation.

Schéma développé rangé des circuits de commande et de puissance

Lettre repère	Désignation	Schéma
W1 W2	Alimentation triphasée Alimentation phase/neutre	
Q1	Sectionneur	
S2	Bouton poussoir arrêt	
S4	Bouton poussoir arrêt	
S1	Bouton poussoir marche	
S3	Bouton poussoir marche	
K1M	Discontacteur	
F1	Relais magnéto-thermique	
M1	Moteur asynchrone	

Fonctionnement

Une action sur les boutons poussoirs S1 ou S3 excite la bobine K1M qui s'auto-alimente et démarre le moteur.

Une action sur les boutons poussoirs S 2 ou S 4 ou un fonctionnement du relais magnéto-thermique désexcite la bobine K 1M. Ses contacts de puissance s'étant ouverts, le moteur s'arrête.

b) Deuxième exemple :

Commande d'un moteur possédant deux sens de rotation.

Schéma fonctionnel de l'ensemble

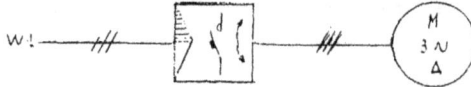

Démarrage direct, semi-automatique par discontacteur, d'un moteur couplé en triangle à deux sens de rotation.

Schéma développé du circuit de puissance

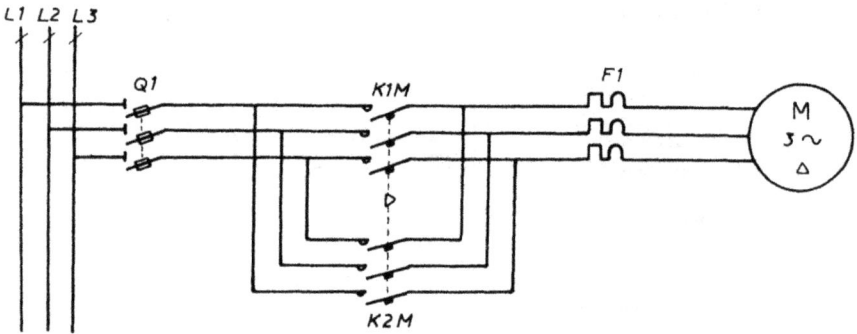

Schéma développé du circuit de commande

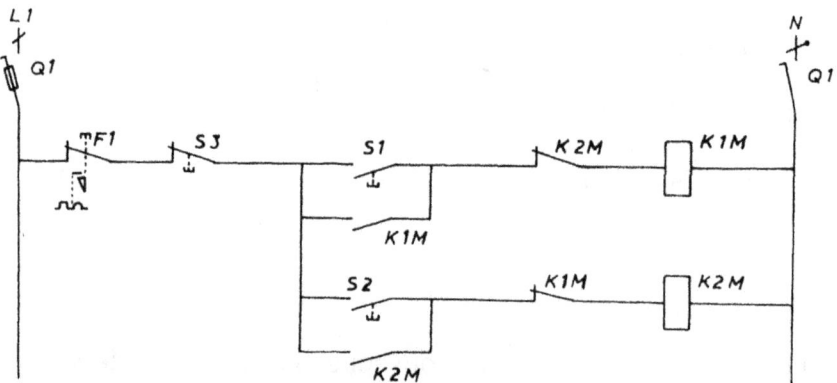

Légende :
Q 1   : *Sectionneur*
F 1   : *Relais magnéto-thermique*
S 1   : *Bouton poussoir marche avant*
S 2   : *Bouton poussoir marche arrière*
S 3   : *Bouton poussoir arrêt*
K 1M : *Discontacteur marche avant*
K 2M : *Discontacteur marche arrière*
M   : *Moteur asynchrone triphasé*

Fonctionnement

Une action sur le bouton poussoir S 1 excite la bobine K 1M ce qui provoque :
— son auto-alimentation
— le verrouillage du contacteur K 2M
— l'alimentation du moteur et son démarrage dans un sens de rotation.

Un fonctionnement du relais magnéto-thermique ou une action sur le bouton poussoir S 3 entraîne la désexcitation de la bobine K 1M et l'arrêt du moteur.

Une action sur le bouton poussoir S 2 excite la bobine K 2M ce qui provoque :
— son auto-alimentation
— le verrouillage du contacteur K 1M
— l'alimentation du moteur et son démarrage dans l'autre sens de rotation.

Une action sur le bouton poussoir arrêt (S 3) ou un fonctionnement du relais magnéto-thermique (F 1) coupe l'alimentation de la bobine K 2M ; le moteur s'arrête.

Remarque :

Il faut absolument un verrouillage électrique et mécanique des discontacteurs K 1M et K 2M pour éviter les courts-circuits dans le circuit de puissance.

3.2.4 Démarrage automatique

La mise en route et l'arrêt de la rotation du moteur se réalisent par des capteurs. L'utilisateur donne simplement l'ordre de départ du cycle.

Exemple

Commande automatique du remplissage d'un réservoir.

Quand le réservoir est vide, le moteur de sa pompe se met en route et s'arrête lorsqu'il est plein.

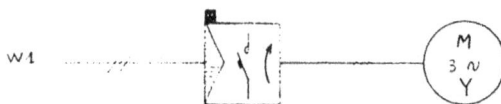

Démarrage direct, automatique, par discontacteur, d'un moteur couplé en étoile à un seul sens de rotation.

Schéma développé rangé des circuits de commande et de puissance

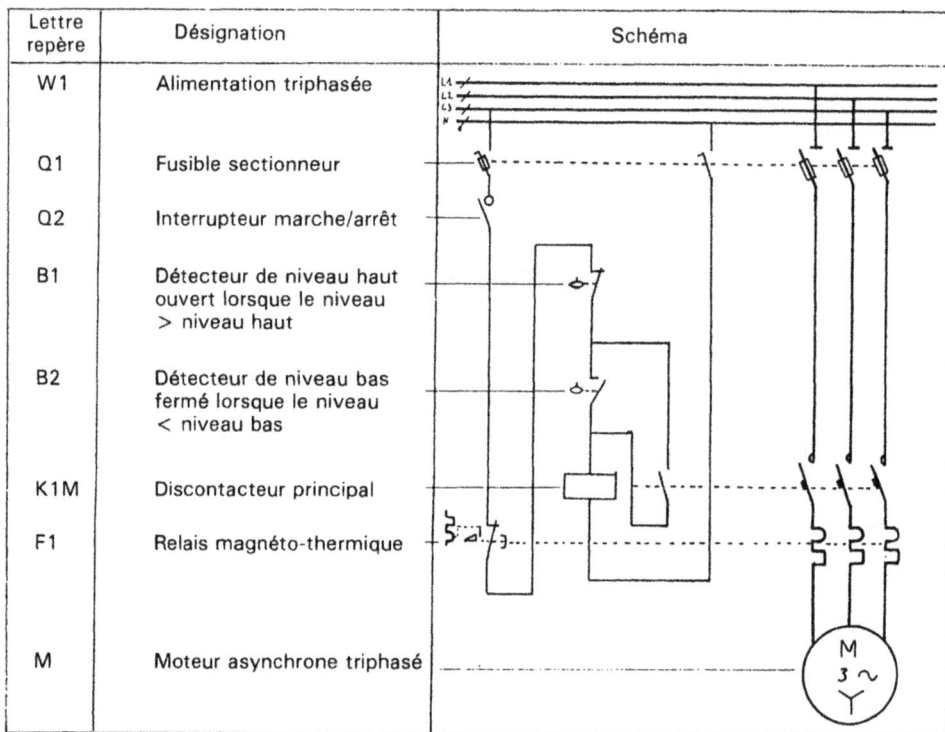

Lettre repère	Désignation	Schéma
W1	Alimentation triphasée	
Q1	Fusible sectionneur	
Q2	Interrupteur marche/arrêt	
B1	Détecteur de niveau haut ouvert lorsque le niveau > niveau haut	
B2	Détecteur de niveau bas fermé lorsque le niveau < niveau bas	
K1M	Discontacteur principal	
F1	Relais magnéto-thermique	
M	Moteur asynchrone triphasé	

Nota : *Schéma représenté lorsque le niveau de liquide est à un niveau moyen.*

Fonctionnement

Après la fermeture de l'interrupteur Q2, si le niveau de liquide est plus bas que le niveau mini, le contact du détecteur B2 est fermé ; la bobine K1M s'excite et le moteur est alimenté.

Lorsque le niveau de liquide remonte au-dessus du niveau mini, le contact du détecteur B2 s'ouvre mais la bobine K1M est auto-alimentée ; elle se désexcite lorsque le niveau d'eau atteint le niveau haut, c'est-à-dire lorsque le contact du détecteur B 1 s'ouvre. Le moteur s'arrête et ne se remet en fonctionnement que lorsque le niveau d'eau revient au-dessous du niveau mini.

Une ouverture de l'interrupteur Q 2 ou un fonctionnement du relais magnéto-thermique F 1 désexcite la bobine K 1M et le moteur s'arrête.

3.3 Démarrage étoile triangle

3.3.1 Généralités

Ce démarrage consiste à changer le couplage des enroulements du stator pour limiter l'appel de courant.

Le démarrage du moteur s'effectue en deux temps :

- 1er temps : chaque enroulement du stator est alimenté sous une tension réduite (couplage étoile).
- 2e temps : chaque enroulement du stator est alimenté sous sa tension nominale (couplage triangle).

Conditions technologiques

- Le moteur asynchrone triphasé est du type rotor en court-circuit ou rotor à cage d'écureuil.
- Chaque enroulement du stator doit supporter, en fonctionnement normal, la tension entre phases de la source d'alimentation.

Exemple :

Moteur 380/660 V pour un réseau 220/380 V et moteur 220/380 V pour un réseau 110/220 V.

Avantages de ce procédé

L'installation ne met pas en œuvre beaucoup de matériel.

Le courant de démarrage est assez faible (de l'ordre de 1,5 à 3 fois le courant nominal).

Inconvénients de ce procédé

- Le couple au démarrage est très faible (de l'ordre de 0,2 à 0,5 fois le couple nominal) ce qui n'admet aucune charge importante lors de la mise en route du moteur.

— La nécessité de couper l'alimentation du moteur lors du changement de couplage entraîne des phénomènes transitoires perturbateurs.

— Le couplage des enroulements du stator en triangle est imposé en marche normale.

— Le démarrage est assez long (de l'ordre de 3 à 6 secondes).

Utilisation de ce procédé

Il est employé pour des moteurs qui n'entraînent pas leur charge au démarrage ; exemple : machines-outils.

3.3.2 Démarrage manuel

Il n'est pratiquement jamais utilisé ; nous ne donnerons ici que le schéma fonctionnel.

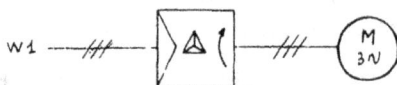

Démarrage manuel, étoile triangle d'un moteur à un seul sens de rotation.

3.3.3 Démarrage semi-automatique

a) Premier exemple :

Démarrage étoile triangle d'un moteur asynchrone triphasé à un sens de rotation, commandé par bouton poussoir.

Schéma fonctionnel de l'ensemble

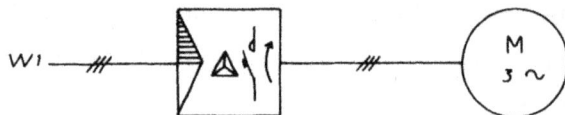

Démarrage semi-automatique étoile triangle d'un moteur à un seul sens de rotation ; commande par discontacteur.

194

Schéma développé du circuit de puissance en multifilaire

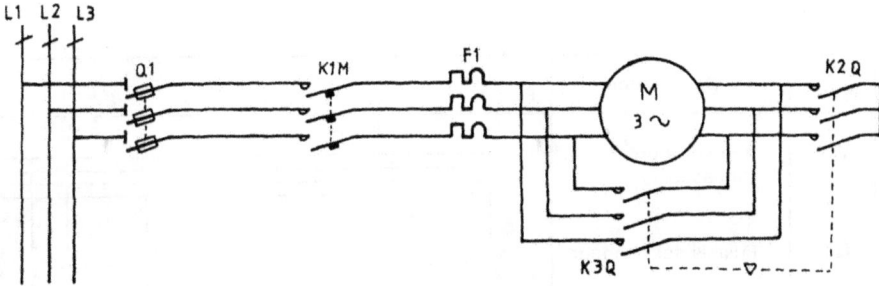

Schéma développé du circuit de puissance en unifilaire

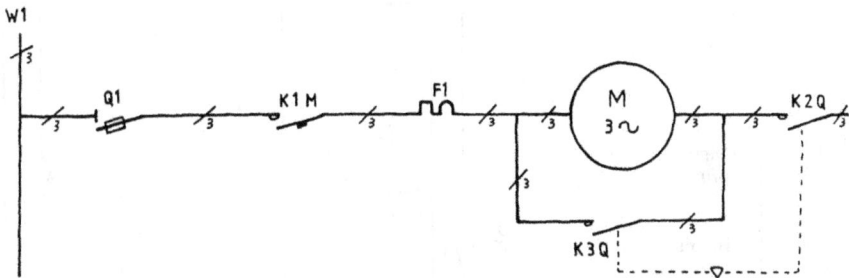

Schéma développé du circuit de commande

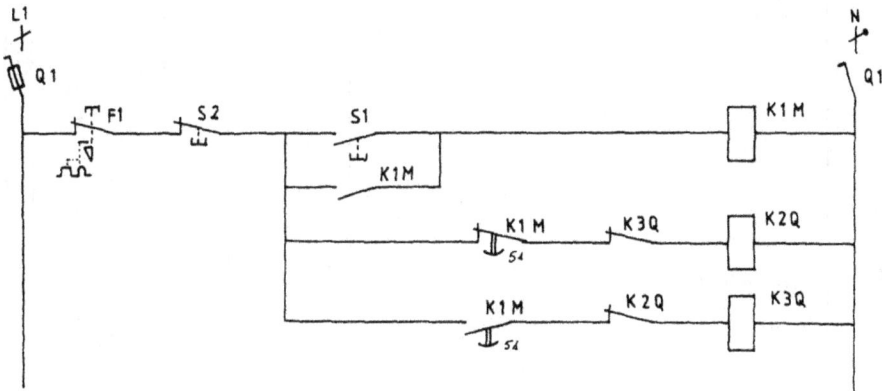

Légende :

Q1 : fusible sectionneur
F1 : relais magnéto-thermique
S1 : bouton poussoir marche
S2 : bouton poussoir arrêt

K1M : discontacteur principal
K2Q : contacteur étoile
K3Q : contacteur triangle
M : moteur asynchrone triphasé

195

Schéma développé rangé des circuits de commande et de puissance

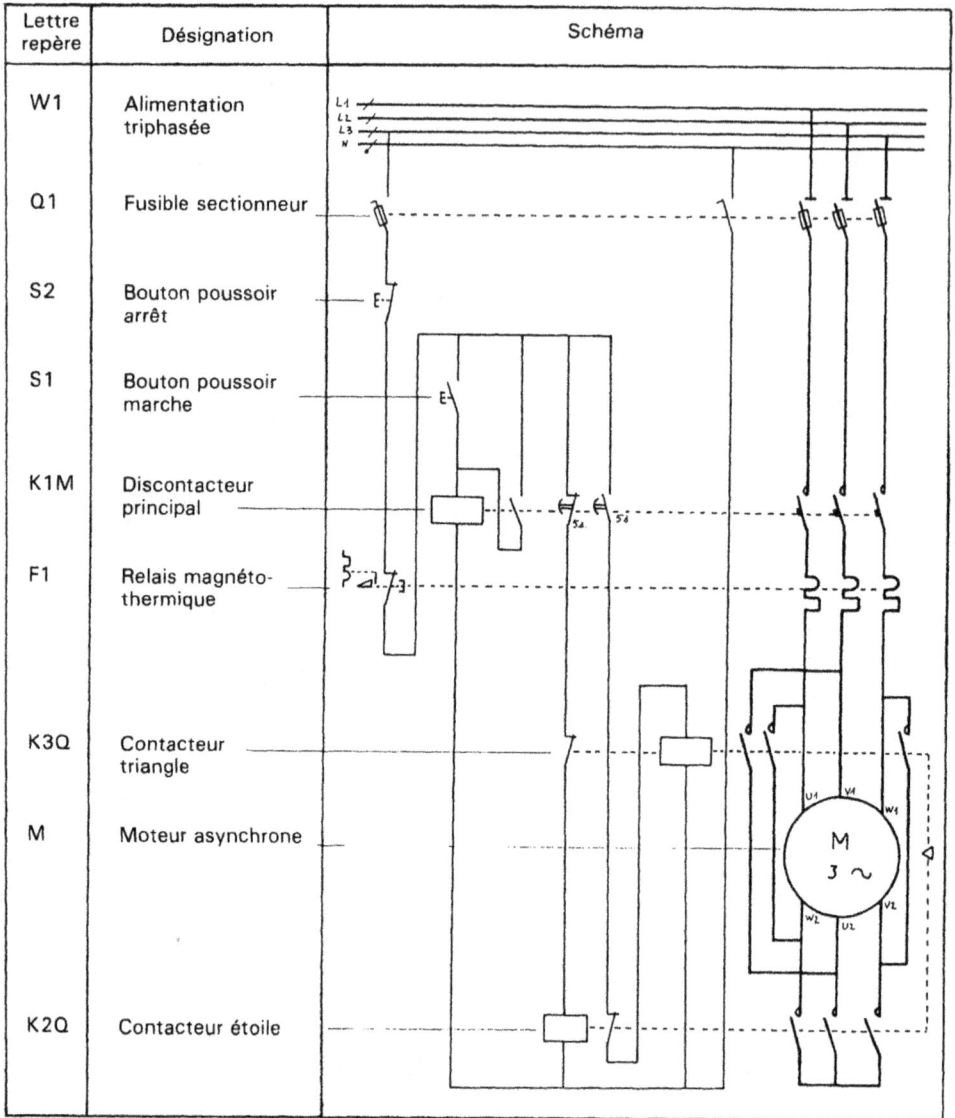

Lettre repère	Désignation	Schéma
W1	Alimentation triphasée	
Q1	Fusible sectionneur	
S2	Bouton poussoir arrêt	
S1	Bouton poussoir marche	
K1M	Discontacteur principal	
F1	Relais magnéto-thermique	
K3Q	Contacteur triangle	
M	Moteur asynchrone	
K2Q	Contacteur étoile	

Nota : *Le discontacteur K1M possède des contacts temporisés.*

Fonctionnement du montage

Une action sur le bouton poussoir S 1 excite la bobine K 1M qui :

— s'auto-alimente
— excite la bobine K 2Q (couplage étoile)
— alimente le moteur ; celui-ci démarre en couplage étoile.

Cinq secondes après, les contacts temporisés du discontacteur K 1M changent d'état ce qui provoque :
• la désexcitation de la bobine K 2Q
• l'excitation de la bobine K 3Q
le moteur passe en couplage triangle ; son démarrage est alors terminé.

Un fonctionnement du relais magnéto-thermique (F 1) ou une action sur le bouton poussoir arrêt coupe l'alimentation de toutes les bobines ce qui arrête le moteur.

Remarque :

Il faut verrouiller mécaniquement et électriquement les contacteurs K 2Q et K 3Q pour éviter les courts-circuits entre les phases du circuit de puissance.

b) Deuxième exemple :

Démarrage étoile triangle d'un moteur asynchrone triphasé à deux sens de rotation et commandé par bouton poussoir.

Schéma fonctionnel de l'ensemble

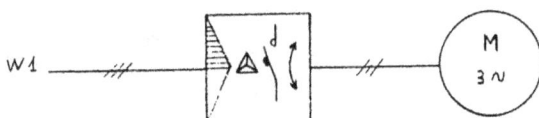

Schéma développé du circuit de puissance

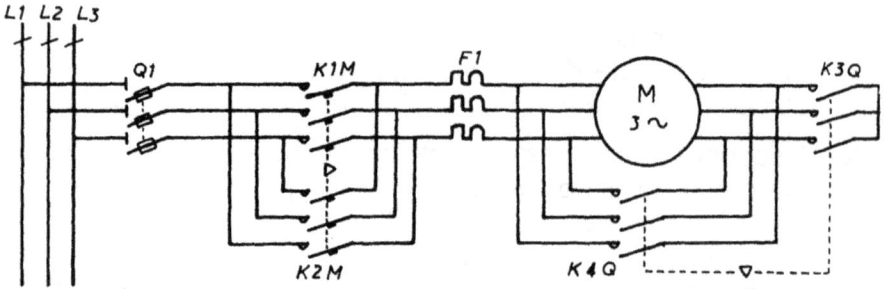

Légende :

Q1	: fusible sectionneur
F1	: relais magnéto-thermique
S1	: bouton poussoir marche avant
S2	: bouton poussoir marche arrière
S3	: bouton poussoir arrêt

K1M	: discontacteur marche avant
K2M	: discontacteur marche arrière
K3Q	: contacteur étoile
K4Q	: contacteur triangle
K5T	: relais temporisé
M	: moteur asynchrone triphasé

Schéma développé du circuit de commande

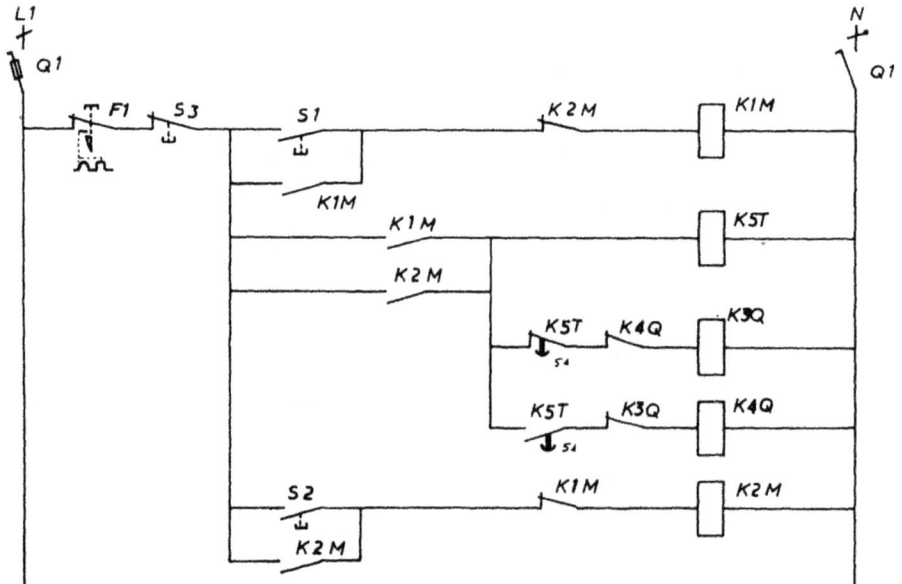

Nota : *Les contacteurs ne possèdent que des contacts instantanés ; l'utilisation d'un relais temporisé est nécessaire.*

198

Fonctionnement

Une action sur le bouton poussoir S1 excite la bobine K1M ce qui provoque :
- son auto-alimentation
- l'excitation des bobines K5T et K3Q
- le démarrage du moteur en couplage étoile

Cinq secondes après, les contacts du relais K5T changent d'état ce qui entraîne :
- la désexcitation de la bobine K3Q
- l'excitation de la bobine K4Q.

Le couplage du moteur passe de l'étoile en triangle ; le démarrage est terminé.

Une action sur le bouton poussoir arrêt (S3) ou un fonctionnement du relais magnéto-thermique F1 désexcite toutes les bobines et le moteur s'arrête.

Une action sur le bouton poussoir S2 excite la bobine K2M ce qui provoque le même cycle décrit précédemment avec une inversion du sens de rotation du moteur (en effet il y a inversion de deux phases dans le circuit de puissance).

Remarque :

Il faut verrouiller électriquement et mécaniquement les contacteurs K1M et K2M ainsi que K3Q et K4Q pour éviter les courts-circuits.

c) Troisième exemple :

Démarrage étoile – triangle avec résistances – triangle d'un moteur à un seul sens de rotation.

Pour limiter le courant de démarrage, on couple le moteur :
- en étoile
- en triangle dans lequel est insérée une résistance en série avec chaque enroulement.
- en triangle.

Ce démarrage se réalise donc en trois temps.

Schéma fonctionnel d'un démarrage semi-automatique

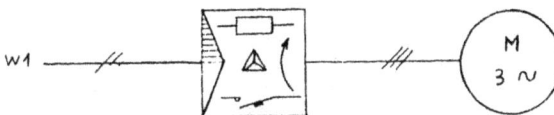

Démarrage étoile triangle avec insertion de résistances d'un moteur à un seul sens de rotation et commandé par discontacteur.

Schéma développé du circuit de puissance

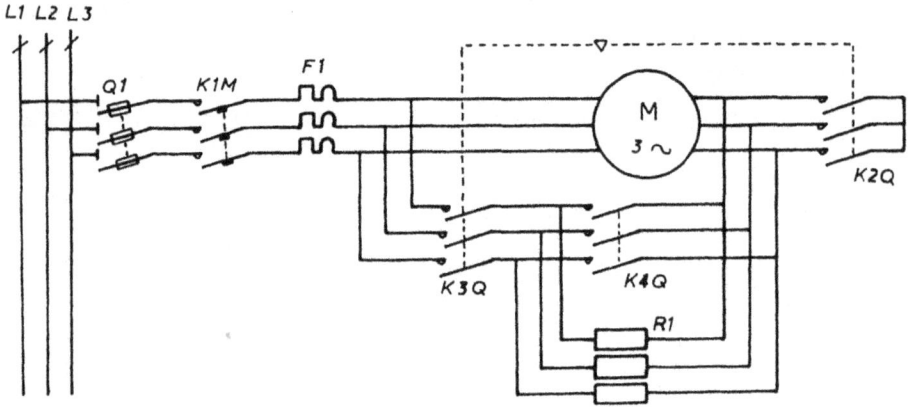

Légende :
Q1   : fusible sectionneur
F1   : relais magnéto-thermique
S1   : bouton poussoir marche
S2   : bouton poussoir arrêt
K1M : discontacteur principal
K2Q : contacteur étoile
K3Q : contacteur triangle
K4Q : contacteur d'élimination des résistances
R1   : résistance triphasée
M   : moteur asynchrone triphasé

Schéma développé du circuit de commande

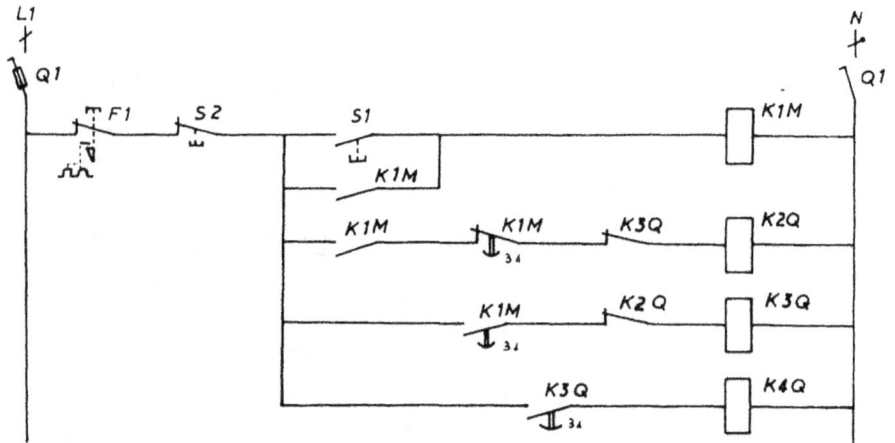

Nota : *Les contacteurs K1M et K3Q possèdent des contacts temporisés ; à défaut, il aurait été nécessaire d'utiliser des relais temporisés.*

Fonctionnement

Une action sur le bouton poussoir S 1 excite la bobine K 1M ce qui provoque :
- son auto-alimentation
- l'excitation de la bobine K 2Q
- le démarrage du moteur en couplage étoile

Trois secondes plus tard, les contacts temporisés de K 1M changent d'état :
- la bobine K 2Q est désalimentée
- la bobine K 3Q s'excite
- le moteur passe donc du couplage étoile au couplage triangle avec résistances.

Trois secondes après, le contact temporisé de K 3Q se ferme entraînant l'excitation de la bobine K 4Q et la shuntage des résistances.

Le moteur est couplé en triangle et le démarrage est terminé.

Une action sur le bouton poussoir arrêt (S 2) ou un fonctionnement du relais magnéto-thermique (F 1) désexcite toutes les bobines et le moteur s'arrête.

Remarque :

Il faut verrouiller électriquement et mécaniquement les contacteurs K 2Q et K 3Q pour éviter les courts-circuits.

3.3.4 Démarrage automatique

Les boutons poussoirs sont remplacés par différents capteurs.

Nous ne donnerons ici que le schéma fonctionnel.

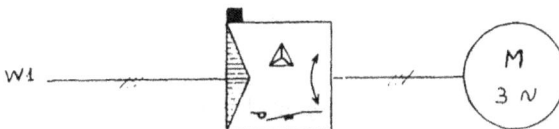

Démarrage automatique étoile triangle avec discontacteur d'un moteur asynchrone triphasé dans les deux sens de rotation.

3.4 Démarrage par élimination de résistances statoriques

3.4.1 Généralités

Ce démarrage s'effectue en deux temps minimum.

— 1er temps : les enroulements du stator sont alimentés à travers des résistances (donc sous tension réduite).

— 2e temps : les enroulements du stator sont alimentés directement sous leur tension nominale.

Remarque :

La suppression des résistances peut s'exécuter en plusieurs fois ce qui ajoute autant de temps supplémentaires au démarrage du moteur.

Conditions technologiques

Le moteur asynchrone triphasé doit être du type rotor en court-circuit ou rotor à cage d'écureuil.

Avantages de ce procédé

— En augmentant le nombre de temps de démarrage, il est possible de régler toutes les valeurs caractéristiques telles que courant et couple au démarrage.

— Il n'y a aucune coupure d'alimentation du moteur pendant le démarrage.

— L'utilisateur a le choix de coupler les enroulements du stator en étoile ou en triangle.

Inconvénients de ce procédé

— Le courant de démarrage est important dans le cas d'un démarrage en deux temps (de l'ordre de 4 à 5 fois le courant nominal).

— Le couple au démarrage est moyen (de l'ordre de 0,6 à 0,8 fois le couple nominal).

— Le temps de démarrage est assez long (de l'ordre de 6 à 10 secondes).

Utilisation de ce procédé

Il est employé pour des machines à forte inertie qui ne démarrent pas avec leur charge maximale.

Exemples : Ventilateurs, pompes, turbines, broyeurs...

3.4.2 Démarrage manuel

Ce démarrage n'est pratiquement jamais utilisé dans l'industrie ; il fait appel à deux interrupteurs.

Schéma fonctionnel de l'ensemble

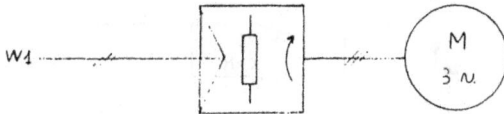

Démarrage manuel, par élimination de résistances statoriques, d'un moteur asynchrone triphasé à un seul sens de rotation.

3.4.3 Démarrage semi-automatique

a) Premier exemple

Démarrage par élimination de résistances statoriques d'un moteur à un seul sens de rotation.

Schéma fonctionnel de l'ensemble

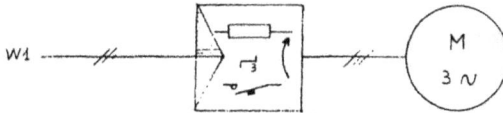

Démarrage semi-automatique en trois temps par élimination de résistances d'un moteur asynchrone triphasé à un seul sens de rotation.

Schéma développé du circuit de puissance

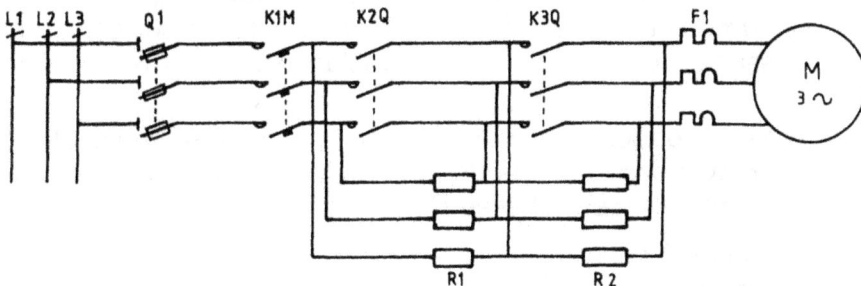

Schéma développé du circuit de commande

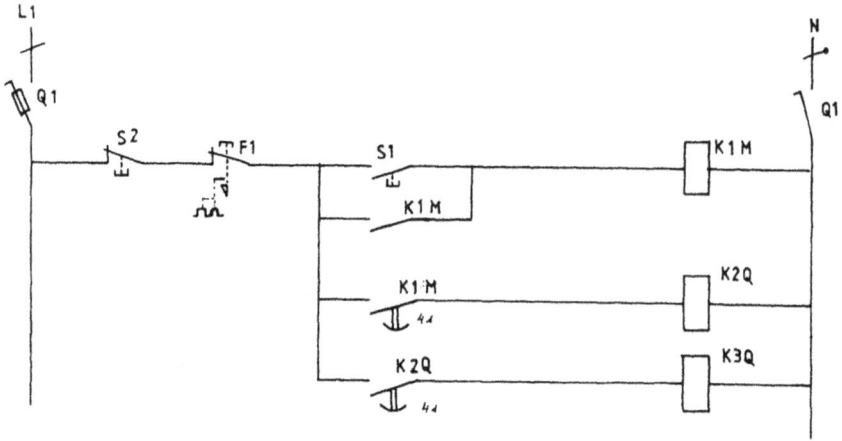

Légende :

Q1	: fusible sectionneur
F1	: relais magnéto-thermique
S1	: bouton poussoir marche
S2	: bouton poussoir arrêt
K1M	: discontacteur principal
K2Q	: contacteur 2e temps
K3Q	: contacteur 3e temps
R1, R2:	résistance triphasée
M	: moteur asynchrone triphasé

Fonctionnement du montage

Une impulsion sur le bouton poussoir S 1 excite la bobine K 1M qui :
— s'auto-alimente
— met sous tension le moteur à travers deux jeux de résistances triphasées. Au bout de 4 secondes, le contact temporisé de K1M se ferme et excite la bobine K 2Q ; celle-ci ferme ses contacts de puissance qui court-circuitent la résistance triphasée R 1 (2ᵉ temps).

Après 4 secondes, le contact temporisé de K 2Q se ferme et excite la bobine K 3Q ; ses contacts de puissance changent d'état et court-circuitent la résistance triphasée R 2 (3ᵉ temps).

Le moteur est alors alimenté sous sa tension nominale et le démarrage est terminé.

Une action sur le bouton poussoir arrêt (S 2) ou un fonctionnement du relais magnéto-thermique coupe l'alimentation de toutes les bobines ; le moteur s'arrête.

Nota : *Les contacteurs possèdent des contacts temporisés.*

Schéma développé rangé des circuits de commande et de puissance

Lettre repère	Désignation	Schéma
W1	Alimentation triphasée	
Q1	Fusible sectionneur	
S2	Bouton poussoir arrêt	
S1	Bouton poussoir marche	
K1M	Discontacteur principal	
K2Q	Contacteur 2ᵉ temps	
R1	Résistance triphasée	
K3Q	Contacteur 3ᵉ temps	
R2	Résistance triphasée	
F1	Relais magnéto-thermique	
M	Moteur asynchrone triphasé	

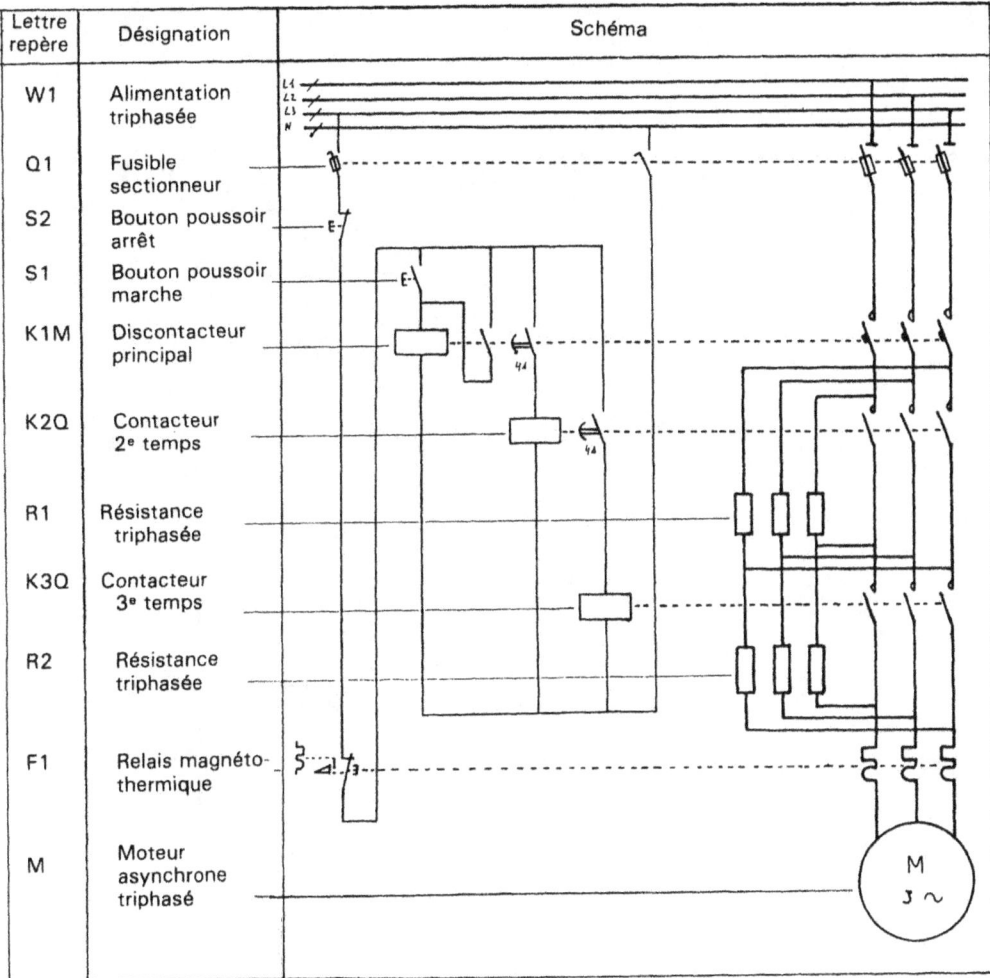

b) Deuxième exemple

Démarrage par élimination de résistances statoriques en 2 temps, d'un moteur à deux sens de rotation.

Schéma fonctionnel de l'ensemble

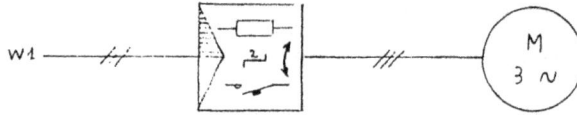

Schéma développé du circuit de puissance

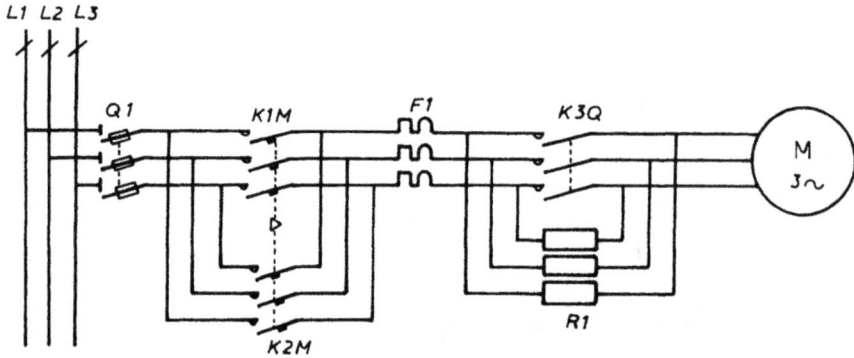

Schéma développé du circuit de commande

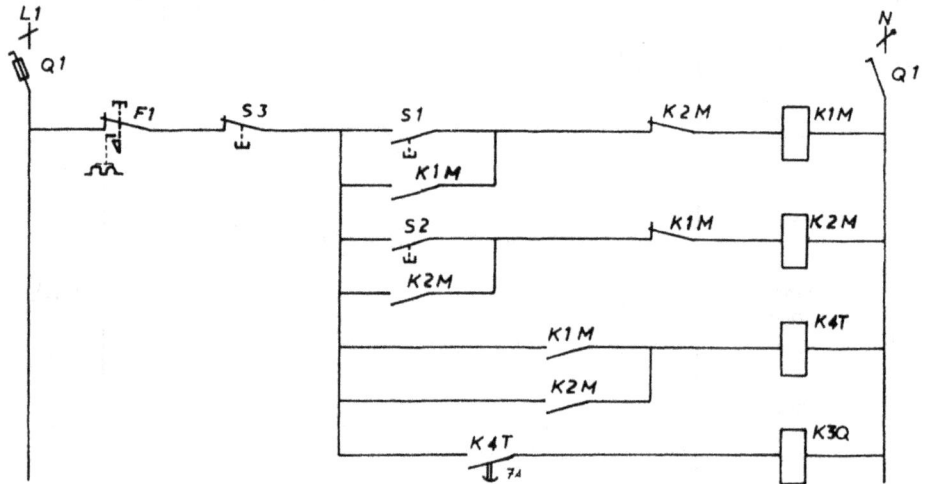

Légende :

Q1 : fusible sectionneur
F1 : relais magnéto-thermique
S1 : bouton poussoir marche avant
S2 : bouton poussoir marche arrière
S3 : bouton poussoir arrêt

K1M : discontacteur marche avant
K2M : discontacteur marche arrière
K3Q : contacteur deuxième temps
K4T : relais temporisé
R1 : résistance triphasée
M : moteur asynchrone triphasé

Fonctionnement

Suivant le sens de rotation désiré on provoque :

— soit une action sur le bouton poussoir marche avant (S 1) ; celui-ci excite la bobine K 1M qui :
- — s'auto-alimente
- — excite la bobine K 4T
- — alimente le moteur à travers une résistance triphasée R 1.

Au bout de sept secondes, le contact temporisé de K 4T se ferme et excite la bobine K 3Q ce qui provoque le shuntage de la résistance R 2. Le moteur est alimenté sous sa tension nominale.

— soit une action sur le bouton poussoir marche arrière (S 2) ; celui-ci excite la bobine K 2M qui a le même effet que K 1M (elle croise simplement deux phases au niveau de l'alimentation du moteur, ce qui le fait tourner dans le sens contraire).

Une action sur le bouton poussoir S 3 ou un fonctionnement du relais magnéto-thermique ouvre le circuit de commande ce qui entraîne la coupure du circuit de puissance et l'arrêt du moteur.

Remarque :

Il faut un verrouillage mécanique et électrique entre les discontacteurs K 1M et K 2M pour éviter les courts-circuits entre phases.

3.4.4 Démarrage automatique

Les boutons poussoirs sont remplacés par des capteurs.

Nous ne donnerons ici que le schéma fonctionnel de l'ensemble.

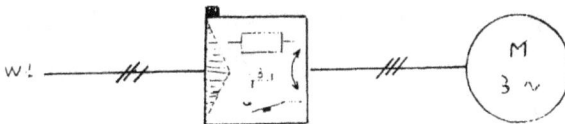

Démarrage automatique par élimination de résistances statoriques en trois temps d'un moteur asynchrone triphasé à deux sens de rotation ; commande par discontacteurs.

3.5 Démarrage par autotransformateur

3.5.1 Généralités

Ce démarrage qui consiste à utiliser un autotransformateur s'exécute en trois temps :

- 1er temps : le moteur est alimenté sous une tension très réduite délivrée par l'autotransformateur.

- 2e temps : le moteur est alimenté sous une tension réduite à travers une partie des enroulements de l'autotransformateur.

- 3e temps : le moteur est alimenté sous sa tension nominale.

Conditions technologiques

Le moteur asynchrone doit être du type rotor en court-circuit ou rotor à cage d'écureuil.

Avantages de ce procédé

- Le courant de démarrage est assez faible (de l'ordre de 2 à 4 fois le courant nominal).

- Il est possible de faire varier les valeurs caractéristiques telles que couple et courant au démarrage en modifiant le rapport de transformation de l'autotransformateur.

- Il n'y a pas de coupure d'alimentation pendant le démarrage. Le choix du couplage des enroulements stator est possible.

Inconvénients de ce procédé

- Le couple au démarrage est moyen (de l'ordre de 0,4 à 0,8 fois le couple nominal).

- Le prix de revient de l'autotransformateur est élevé.

- Le temps de démarrage est assez long (de l'ordre de 7 à 10 secondes).

Utilisation de ce procédé

Ce démarrage est employé sur des machines de fortes puissances et à forte inertie (exemple : pompes centrifuges).

3.5.2 Démarrage manuel

Jamais utilisé dans l'industrie, nous ne donnerons que le schéma fonctionnel.

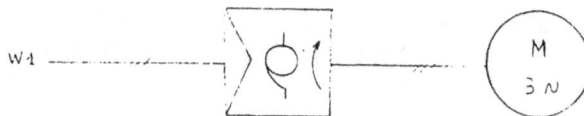

Démarrage manuel par autotransformateur d'un moteur asynchrone triphasé à un seul sens de rotation.

3.5.3 Démarrage semi-automatique

a) Premier exemple :

Démarrage semi-automatique en trois temps par autotransformateur d'un moteur asynchrone triphasé à un seul sens de rotation.

Schéma fonctionnel de l'ensemble

Schéma développé du circuit de commande

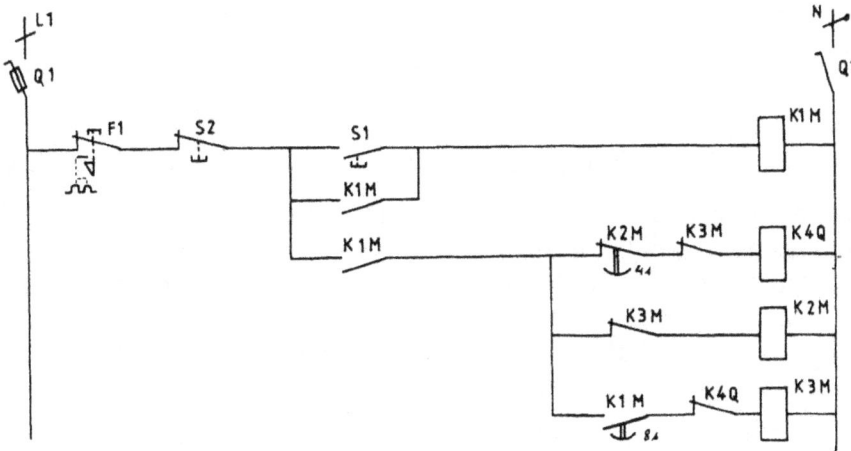

Légende :

Q1	: fusible sectionneur	K2M	: contacteur autotransformateur
F1	: relais magnéto-thermique	K3M	: contacteur 3e temps
S1	: bouton poussoir marche	K4Q	: contacteur étoile
S2	: bouton poussoir arrêt	T1	: autotransformateur
K1M	: discontacteur principal	M	: moteur asynchrone triphasé

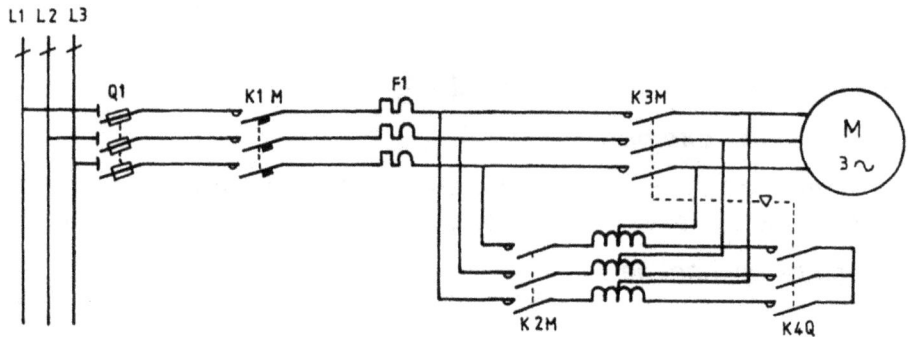

Fonctionnement de l'ensemble

Une action sur le bouton poussoir S 1 excite la bobine K 1M qui :
— s'auto-alimente.
— excite les bobines K 4Q et K 2M.
— alimente le moteur à travers l'autotransformateur couplé en étoile.

Au bout de quatre secondes, le contact temporisé de K 2M s'ouvre et désexcite la bobine K 4Q ; le moteur est alimenté à travers une partie des enroulements de l'autotransformateur. Après quatre secondes le discontacteur K 1M ferme son contact temporisé ce qui provoque l'excitation de la bobine K 3M et la désexcitation de K 2M ; le moteur est alors alimenté sous sa tension nominale.

Une action sur le bouton poussoir arrêt ou un fonctionnement du relais magnéto-thermique coupe l'alimentation du circuit de commande ; le moteur s'arrête.

Remarque :

Les contacteurs K 3M et K 4Q doivent être verrouillés mécaniquement et électriquement pour éviter les courts-circuits entre phases.

Nota : *Les contacteurs possèdent des contacts temporisés.*

Schéma développé rangé des circuits de commande et de puissance

Lettre repère	Désignation	Schéma
W1.	Alimentation triphasée	
Q1	Fusible sectionneur	
S2	Bouton poussoir arrêt	
S1	Bouton poussoir marche	
K1M	Discontacteur principal	
F1	Relais magnéto-thermique	
K2M	Contacteur auto-transformateur	
T1	Autotransformateur	
K3M	Contacteur 3e temps	
K4Q	Contacteur étoile	
M	Moteur asynchrone triphasé	

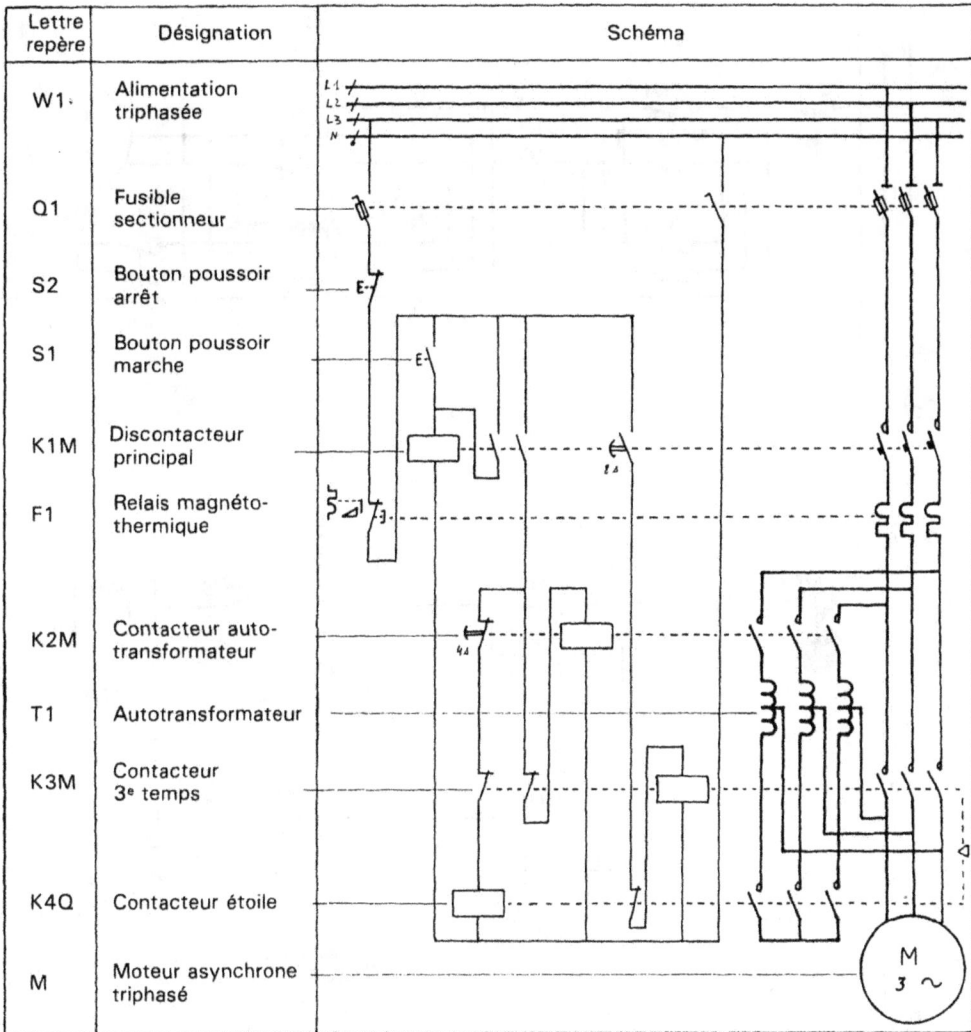

b) Deuxième exemple :

Démarrage semi-automatique en trois temps par autotransformateur d'un moteur asynchrone triphasé à deux sens de rotation.

Schéma fonctionnel de l'ensemble

Schéma développé du circuit de puissance

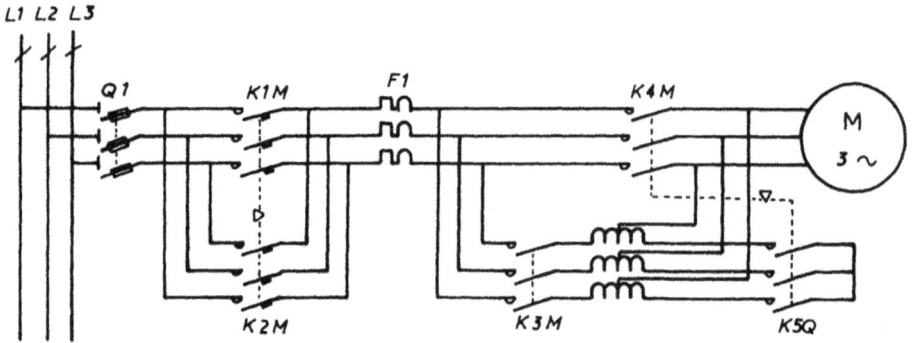

Schéma développé du circuit de commande

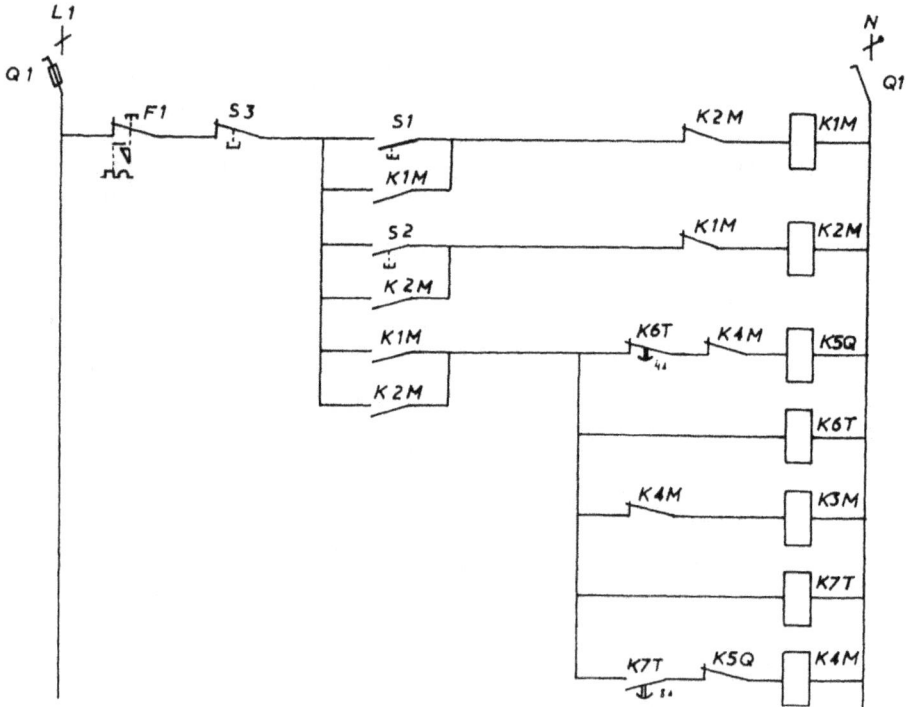

Légende :

Q 1   : fusible sectionneur
F 1   : relais magnéto-thermique
S 1   : bouton poussoir marche avant
S 2   : bouton poussoir marche arrière
S 3   : bouton poussoir arrêt
K 1M : discontacteur marche avant

K 2M : discontacteur marche arrière
K 3M : contacteur autotransformateur
K 4M : contacteur troisième temps
K 5Q : contacteur étoile
K 6T : relais temporisé 4 s
K 7T : relais temporisé 8 s
M   : moteur asynchrone triphasé

Fonctionnement

Une action sur le bouton poussoir S 1 excite la bobine K 1M qui :

— s'auto-alimente.
— excite les bobines K 5Q, K 6T, K 3M, K 7T.
— alimente le moteur par l'intermédiaire de l'autotransformateur couplé en étoile. Au bout de quatre secondes, le contact du relais K 6T s'ouvre et désexcite la bobine K 5Q ; le moteur est alimenté à travers une partie des enroulements de l'autotransformateur.

Après quatre secondes, le relais K 7T ferme son contact temporisé ; il excite la bobine K 4M ce qui provoque :

— l'alimentation du moteur sous sa tension nominale.
— la désexcitation de la bobine K 3M qui coupe l'alimentation de l'autotransformateur.

Une action sur le bouton poussoir arrêt ou un fonctionnement du relais magnéto-thermique entraîne la désexcitation de toutes les bobines et l'arrêt du moteur.

Une action sur le bouton poussoir S 2 excite la bobine K 2M qui provoque le même cycle décrit précédemment mais le moteur tourne dans le sens contraire car il y a eu inversion de deux phases dans le circuit de puissance.

Remarque :

Il faut un verrouillage mécanique et électrique pour les discontacteurs K 1M et K 2M et pour les contacteurs K 4M et K 5Q afin d'éviter les courts-circuits entre phases.

3.5.4 Démarrage automatique

Les boutons poussoirs sont remplacés par des capteurs.

Schéma fonctionnel de l'ensemble

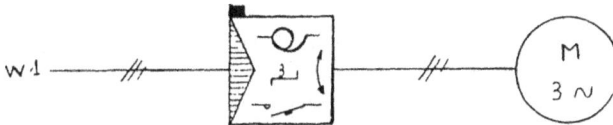

Démarrage automatique en trois temps par autotransformateur d'un moteur asynchrone triphasé à deux sens de rotation ; commande par discontacteurs.

3.6 Démarrage par élimination de résistances rotoriques

3.6.1 Généralités

Ce démarrage, qui consiste à alimenter directement les enroulements du stator sous leur tension nominale et à coupler les enroulements du rotor en étoile, s'exécute en plusieurs temps :

- 1er temps : On limite le courant dans les enroulements du rotor en insérant dans ce circuit des résistances.

- 2e temps : On diminue la résistance du circuit rotor en éliminant une partie des résistances.

- dernier temps : On supprime toutes les résistances rotoriques ce qui nous donne un rotor en court-circuit (couplage étoile).

Remarque :

La suppression des résistances peut s'exécuter en plusieurs fois ce qui ajoute, autant de temps supplémentaires, au démarrage du moteur.

Conditions technologiques

Le moteur asynchrone triphasé doit être du type rotor bobiné avec les sorties reliées à des bagues.

Avantages de ce procédé

- En augmentant le nombre de temps de démarrage, il est possible de régler les valeurs caractéristiques telles que courant et couple au démarrage.

- Le courant de démarrage est faible (de l'ordre de 2 à 2,5 fois le courant nominal).

- Le couple au démarrage est important (de l'ordre de 1 à 2,5 fois le couple nominal).

- Il n'y a pas de coupure d'alimentation pendant le démarrage.

- Le choix du couplage en étoile ou triangle des enroulements du stator est possible.

Inconvénients de ce procédé

- Le moteur a un prix de revient élevé (rotor bobiné avec sorties reliées à l'extérieur).

- Le temps de démarrage est assez long (de l'ordre de 3 à 10 secondes).

Utilisation de ce procédé

Il est employé pour des machines démarrant en charge ou à forte inertie.

Exemple : matériel de levage.

3.6.2 Démarrage semi-automatique

a) Premier exemple

Démarrage en trois temps d'un moteur asynchrone triphasé à rotor bobiné avec un seul sens de rotation.

Schéma fonctionnel de l'ensemble

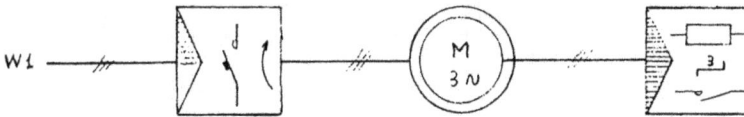

Schéma développé rangé des circuits de commande et de puissance

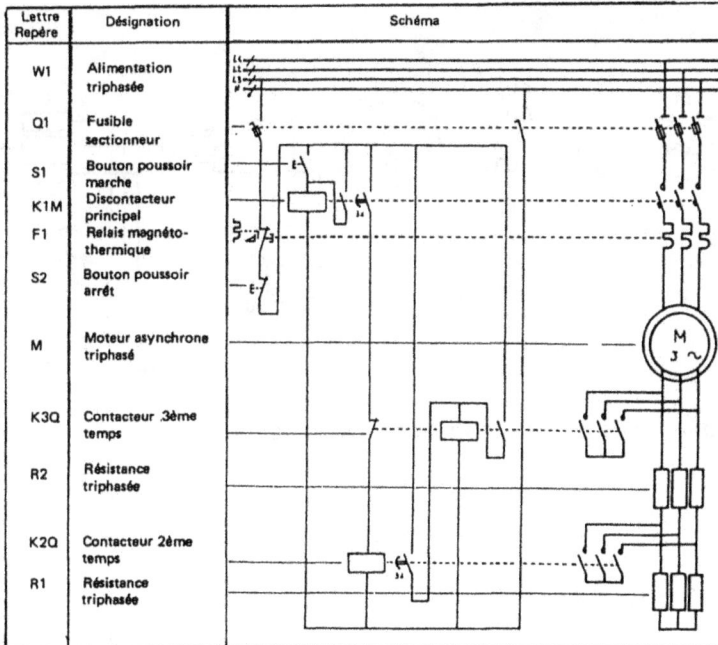

Lettre Repère	Désignation	Schéma
W1	Alimentation triphasée	
Q1	Fusible sectionneur	
S1	Bouton poussoir marche	
K1M	Discontacteur principal	
F1	Relais magnéto-thermique	
S2	Bouton poussoir arrêt	
M	Moteur asynchrone triphasé	
K3Q	Contacteur 3ème temps	
R2	Résistance triphasée	
K2Q	Contacteur 2ème temps	
R1	Résistance triphasée	

Nota : *Les contacteurs possèdent des contacts temporisés.*

Schéma développé du circuit de commande

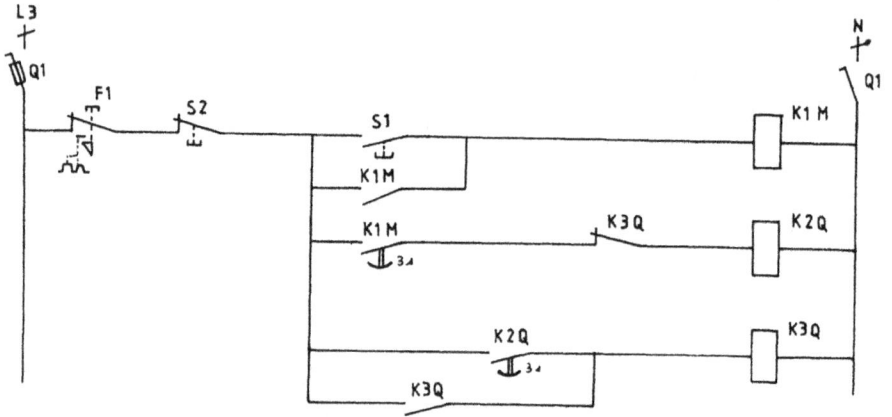

Schéma développé du circuit de puissance en multifilaire

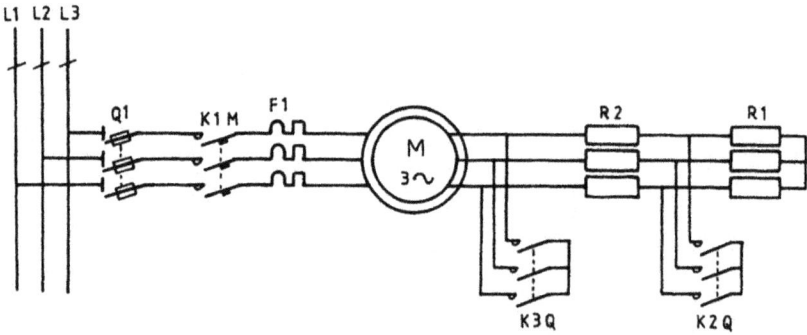

Schéma développé du circuit de puissance en unifilaire

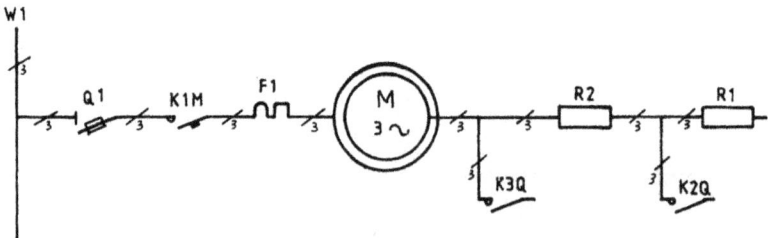

Légende :

Q1 : *fusible sectionneur*
F1 : *relais magnéto-thermique*
S1 : *bouton poussoir marche*
S2 : *bouton poussoir arrêt*
K1M : *discontacteur principal*
K2Q : *contacteur 2e temps*
K3Q : *contacteur 3e temps*
R1 : *résistance triphasée*
R2 : *résistance triphasée*
M : *moteur asynchrone triphasé*

Fonctionnement

Une action sur le bouton poussoir S 1 excite la bobine K 1M qui :
— s'auto-alimente.
— alimente le moteur qui démarre avec l'insertion des deux résistances triphasées dans son circuit rotor.

Au bout de trois secondes, le contact temporisé K 1M se ferme et excite la bobine du contacteur K 2Q ce qui provoque le shuntage de la résistance triphasée R 1 (2ᵉ temps).

Après trois secondes, le contact temporisé de K 2Q se ferme ce qui entraîne l'excitation de la bobine K 3Q ; cela provoque :
— le shuntage de la résistance triphasée R 2 (3ᵉ temps).
— la désexcitation de la bobine K 3Q.

Le démarrage est terminé ; le moteur tourne à sa vitesse nominale avec son rotor en court-circuit.

Une action sur le bouton poussoir S 2 ou un fonctionnement du relais magnéto-thermique coupe l'alimentation du circuit de commande et le moteur s'arrête.

b) Deuxième exemple :

Démarrage en deux temps d'un moteur asynchrone triphasé à rotor bobiné avec deux sens de rotation.

Schéma fonctionnel de l'ensemble

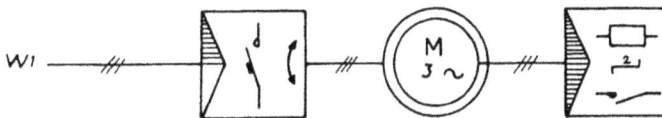

Schéma développé du circuit de puissance

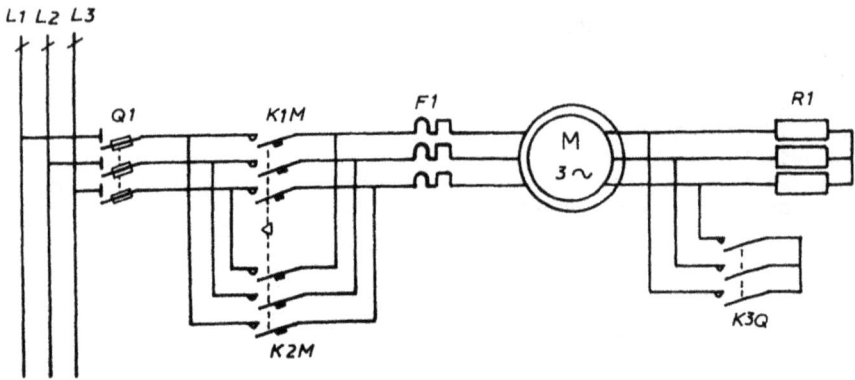

Schéma développé du circuit de commande

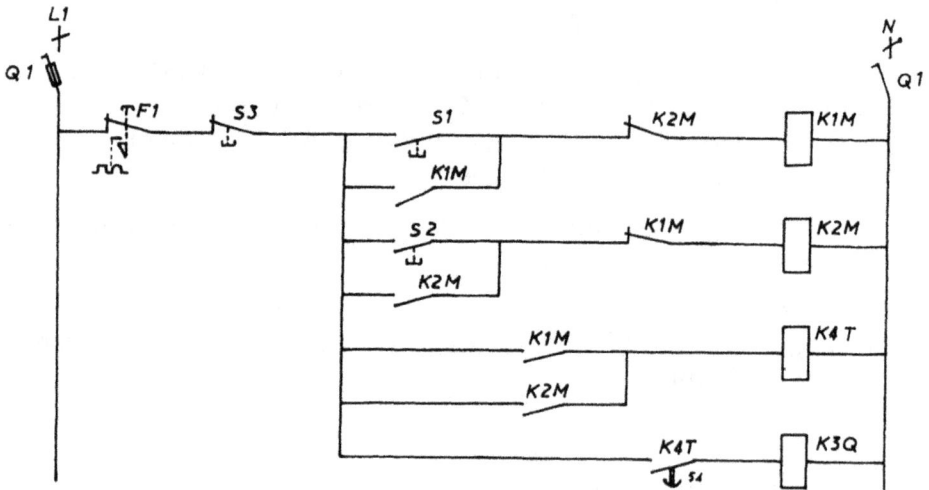

Légende :
Q 1   : fusible sectionneur
S 1   : bouton poussoir marche avant
S 2   : bouton poussoir marche arrière
S 3   : bouton poussoir arrêt
K 1M : discontacteur marche avant
K 2M : discontacteur marche arrière
K 3Q : contacteur deuxième temps
K 4T : relais temporisé
R 1   : résistance triphasée
F 1   : relais magnéto-thermique
M   : moteur asynchrone avec rotor bobiné

Fonctionnement

Une impulsion sur le bouton poussoir S 1 excite la bobine K 1M qui :
— s'auto-alimente.
— alimente le stator du moteur qui démarre avec la résistance tripha-sée R 1 dans le circuit du rotor (1er temps).
— alimente la bobine du relais K 4T.

Au bout de cinq secondes, le contact du relais K 4T se ferme et ali-mente la bobine K 3Q ; la résistance triphasée R 1 est shuntée (2e temps). Le démarrage du moteur est alors terminé.

Une action sur le bouton poussoir arrêt (S 3) ou un fonctionnement du relais magnéto-thermique désexcite toutes les bobines et le moteur s'arrête.

Une action sur le bouton poussoir S 2 excite la bobine K 2M qui nous donne le même cycle décrit précédemment mais le moteur tourne dans le sens contraire car il y a eu inversion de deux phases du circuit de puissance.

Remarque :

Les disconctacteurs K 1M et K 2M sont verrouillés mécaniquement et électriquement afin d'éviter les courts-circuits entre phases.

3.6.3 Démarrage automatique

Les boutons poussoirs sont remplacés par des organes de commande tels que des capteurs.

Schéma fonctionnel de l'ensemble

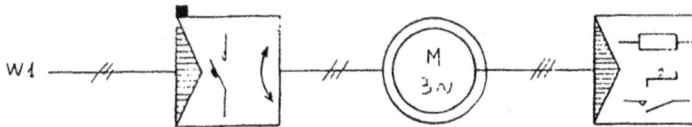

Démarrage automatique en trois temps par élimination de résistan-ces rotoriques d'un moteur asynchrone triphasé à rotor bobiné et à deux sens de rotation ; commande par discontacteurs.

3.7 Moteur asynchrone triphasé à deux vitesses par couplage des enroulements du stator

3.7.1 Généralités

La vitesse d'un moteur asynchrone triphasé peut être choisie en faisant varier le nombre de pôles du stator sous les conditions suivantes :

— le moteur asynchrone est du type rotor à cage d'écureuil.
— chaque enroulement du stator possède deux demi-bobines.

Le nombre de paires de pôles est modifié en couplant différemment les demi-bobines du stator. Ces couplages, dont le nombre est limité, ne peuvent donner que deux vitesses fixes qui possèdent un rapport de deux. La grande vitesse sera le double de la petite vitesse.

3.7.2 Couplage triangle série – étoile parallèle

C'est le couplage le plus utilisé.

Les bobines sont raccordées à la plaque à bornes du moteur suivant le schéma ci-dessous.

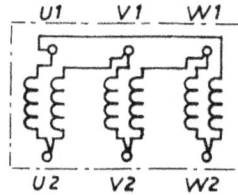

La plaque à bornes comporte six bornes.

Caractéristiques

— le couple utile est sensiblement constant quelle que soit la vitesse choisie.

— la puissance mécanique en grande vitesse est donc le double de celle en petite vitesse.

— le courant de démarrage est plus faible en petite vitesse qu'en grande vitesse.

Remarques :

En cas de sélection de la grande vitesse, il est souhaitable de démarrer en petite vitesse et de passer automatiquement à la vitesse supérieure, ceci pour éviter un courant de démarrage trop important.

Dans le cas d'un passage automatique de petite vitesse en grande vitesse ou inversement, l'alimentation du moteur est coupée ce qui entraîne des phénomènes transitoires perturbateurs.

Plaque à bornes

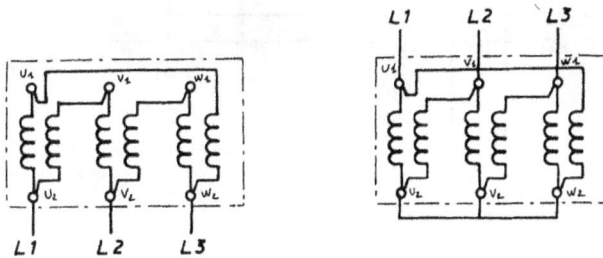

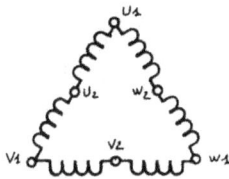

Couplage triangle série   Couplage étoile parallèle

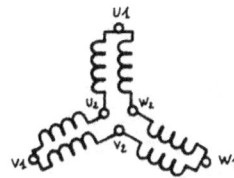

Il faut faire très attention à l'ordre de succession des phases car, en cas d'inversion lors d'un passage de petite vitesse en grande vitesse, il y aurait un changement du sens de rotation du moteur.

Couplage des enroulements

La petite vitesse s'obtient en couplant les demi-bobines du stator en triangle série.

La grande vitesse s'obtient en couplant les demi-bobines du stator en étoile parallèle.

Exemple :

Moteur asynchrone triphasé à deux vitesses (par couplage des enroulements triangle série-étoile parallèle) possédant un sens de rotation.

La commande des deux vitesses se réalise par boutons poussoirs.

Schéma développé du circuit de puissance

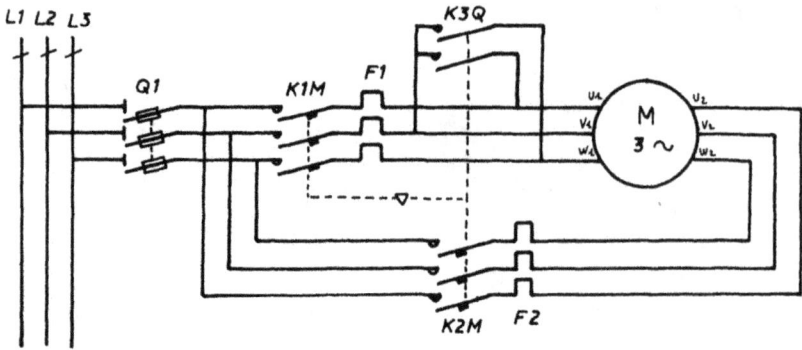

Schéma développé du circuit de commande

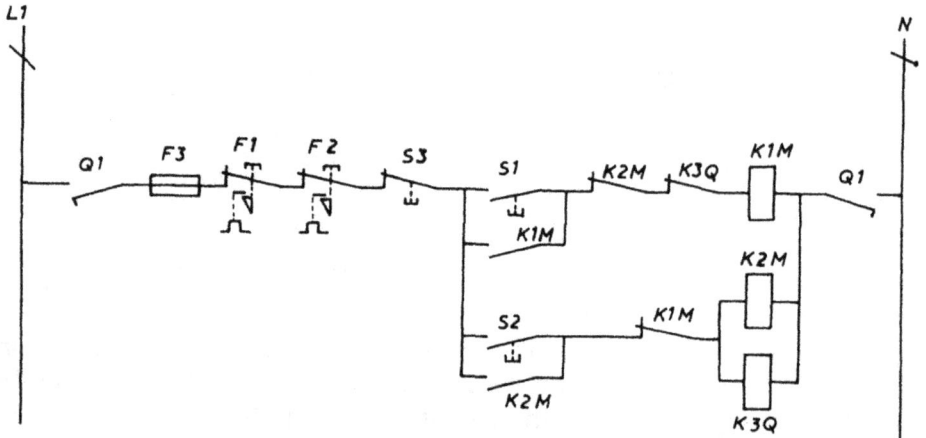

Légende :
Q 1   : fusible sectionneur
F 1   : relais thermique protection petite vitesse
F 2   : relais thermique protection grande vitesse
F 3   : protection du circuit de commande
S 1   : bouton poussoir petite vitesse
S 2   : bouton poussoir grande vitesse
S 3   : bouton poussoir arrêt
K 1M : discontacteur petite vitesse
K 2M : discontacteur grande vitesse
K 3Q : contacteur couplage grande vitesse
M   : moteur asynchrone triphasé deux vitesses

222

Fonctionnement

Le moteur étant à l'arrêt, nous avons deux possibilités :

— une action sur le bouton poussoir petite vitesse (S 1) provoque l'excitation de la bobine K 1M qui s'auto-alimente ; ses contacts de puissance se ferment et le moteur démarre en petite vitesse.

— une action sur le bouton poussoir grande vitesse (S2) provoque l'excitation des bobines K2M et K3Q qui s'auto-alimentent. Leurs contacts de puissance se ferment et le moteur démarre en grande vitesse.

L'arrêt de la rotation du moteur est obtenu :

— soit par une action sur le bouton poussoir arrêt (S 3)
— soit par le fonctionnement du relais thermique F1 (petite vitesse)
— soit par le fonctionnement du relais thermique F2 (grande vitesse).

Les contacteurs K 1M, K 2M et K 3Q possèdent des verrouillages mécanique et électrique pour éviter les courts-circuits dans le circuit de puissance (fermeture simultanée de K 1M et K 3Q).

Pour passer de la petite vitesse en grande vitesse, ou inversement, il faut obligatoirement appuyer sur le bouton poussoir arrêt.

Cet inconvénient peut être supprimé en modifiant le schéma de commande de la façon suivante.

Nouveau schéma développé du circuit de commande

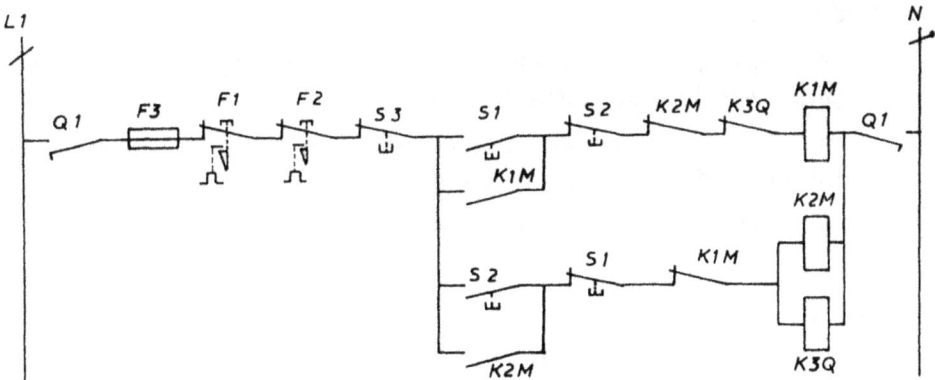

Légende :

Q 1 : fusible sectionneur
F 1 : relais thermique protection petite vitesse
F 2 : relais thermique protection grande vitesse
F 3 : protection du circuit de commande
S 1 : bouton poussoir petite vitesse
S 2 : bouton poussoir grande vitesse
S 3 : bouton poussoir arrêt
K 1M : discontacteur petite vitesse
K 2M : discontacteur grande vitesse
K 3Q : contacteur couplage grande vitesse

223

Fonctionnement

Les boutons poussoirs petite vitesse S 1 ou grande vitesse S 2 possèdent deux contacts, l'un à fermeture, l'autre à ouverture.

Lors d'un passage de petite vitesse à grande vitesse, en appuyant simplement sur le bouton poussoir grande vitesse S 2, on provoque :
— la désexcitation de la bobine K 1M par le contact à ouverture de S 2
— l'excitation de la bobine K 2M et K 3Q par le contact à fermeture de S 2.

Il en est de même pour un passage de grande vitesse en petite vitesse.

3.7.3 Couplage étoile série – étoile parallèle

Les demi-bobines sont raccordées à la plaque à bornes suivant le schéma ci-dessous.

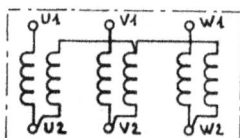

La plaque à bornes comporte six bornes.

Caractéristiques

— le couple utile en grande vitesse est de l'ordre de quatre fois plus grand qu'en petite vitesse.

— la puissance en grande vitesse est donc de l'ordre de six fois plus grande qu'en petite vitesse.

— le courant de démarrage en petite vitesse est faible.

Remarques :

En cas de sélection de la grande vitesse, il est souhaitable de démarrer en petite vitesse, avec passage automatique en grande vitesse, si le couple moteur est suffisant.

Le passage automatique de petite vitesse en grande vitesse ou inversement entraîne une coupure d'alimentation du moteur ce qui provoque des phénomènes transitoires perturbateurs.

Couplage des enroulements

La petite vitesse s'obtient en couplant les demi-bobines en étoile série.

La grande vitesse s'obtient en couplant les demi-bobines en étoile parallèle.

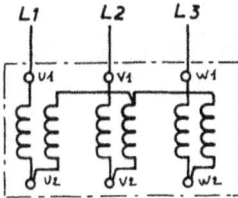

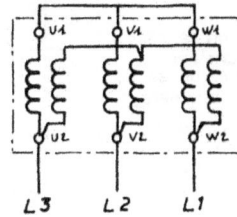

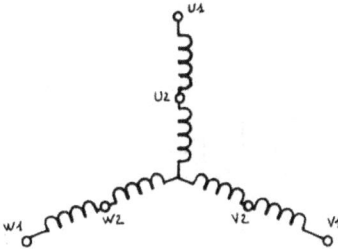

Couplage étoile série — Couplage étoile parallèle

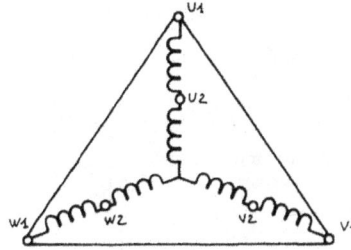

Exemple de schéma

Moteur asynchrone triphasé à deux vitesses (par couplage des enroulements étoile série – étoile parallèle) possédant deux sens de rotation.

Le moteur démarre toujours en petite vitesse ; il passe ensuite automatiquement en grande vitesse dix secondes après le démarrage.

Schéma développé rangé des circuits de commande et de puissance

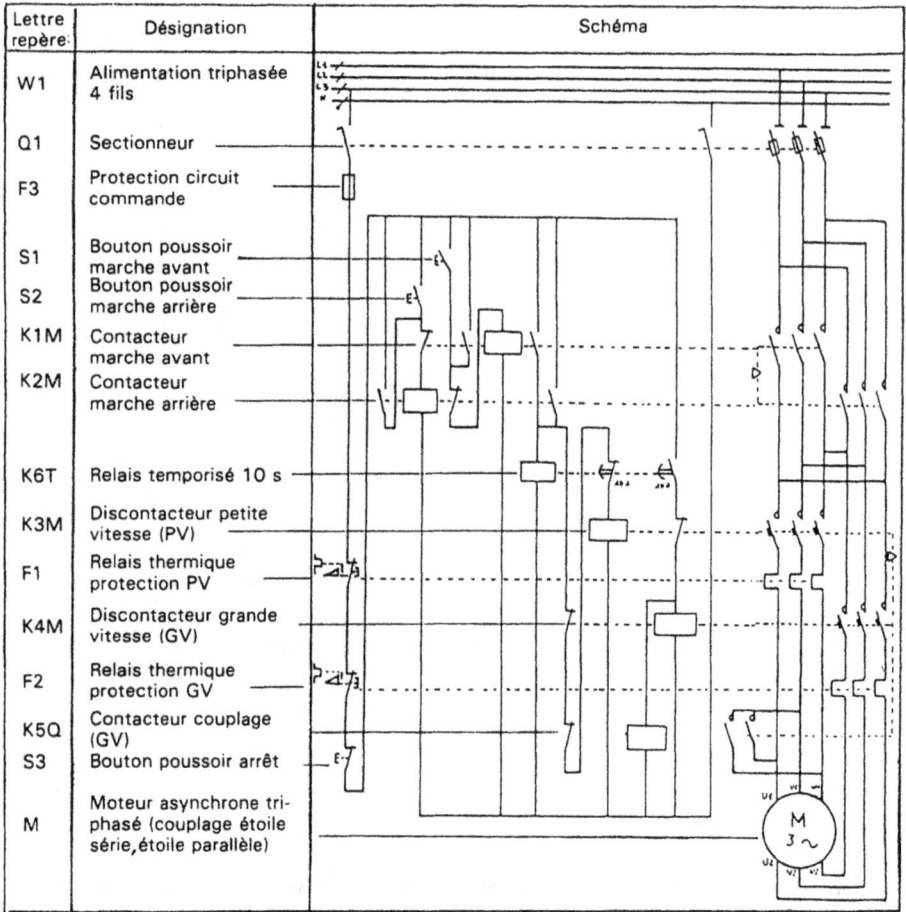

Lettre repère	Désignation	Schéma
W1	Alimentation triphasée 4 fils	
Q1	Sectionneur	
F3	Protection circuit commande	
S1	Bouton poussoir marche avant	
S2	Bouton poussoir marche arrière	
K1M	Contacteur marche avant	
K2M	Contacteur marche arrière	
K6T	Relais temporisé 10 s	
K3M	Discontacteur petite vitesse (PV)	
F1	Relais thermique protection PV	
K4M	Discontacteur grande vitesse (GV)	
F2	Relais thermique protection GV	
K5Q	Contacteur couplage (GV)	
S3	Bouton poussoir arrêt	
M	Moteur asynchrone triphasé (couplage étoile série, étoile parallèle)	

Fonctionnement

Une action sur le bouton poussoir marche avant (S 1) provoque l'excitation de la bobine K 1M qui :
- s'auto-alimente
- alimente la bobine K 6T
- alimente la bobine K 3M.

Les contacts de puissance de K 1M et K 3M étant fermés, le moteur tourne en petite vitesse.

Au bout de 10 secondes, les contacts du relais K 6T changent d'état ce qui entraîne :

- la désexcitation de la bobine K 3M et l'ouverture de ses contacts de puissance.
- l'excitation des bobines K 4M et K 5Q et la fermeture de leurs contacts de puissance.

Le moteur tourne donc en grande vitesse.

Si on appuie en premier sur le bouton poussoir marche arrière (S 2), la bobine du contacteur K 2M s'excite ce qui entraîne le même cycle décrit précédemment mais le moteur change de sens de rotation (inversion de deux phases dans le circuit de puissance).

Remarques :

L'arrêt du moteur est obtenu :

- soit par une action sur le bouton poussoir arrêt (S 3)
- soit par le fonctionnement du relais thermique F 1 (petite vitesse)
- soit par le fonctionnement du relais thermique F 2 (grande vitesse).

Les contacteurs K 1M et K 2M ainsi que K 3M, K 4M et K 5Q sont verrouillés mécaniquement et électriquement afin d'éviter les courts-circuits dans le circuit de puissance.

3.7.4 Remarques générales sur les couplages

Nous venons de citer les deux couplages les plus couramment utilisés ; il en existe d'autres qui sont spécifiques à certains moteurs mais qui sortent du cadre de cette étude ; nous ne les traiterons donc pas.

3.8 Moteur asynchrone triphasé à plusieurs vitesses par enroulements indépendants

3.8.1 Moteur à deux vitesses

Le moteur asynchrone triphasé comporte sur le stator, deux groupes d'enroulements indépendants l'un de l'autre. Pour obtenir deux vitesses de rotation différentes, il faut choisir soit le premier soit le deuxième groupe d'enroulements.

Le rapport de vitesse entre ces deux groupes d'enroulements peut être quelconque et dépend de la construction des enroulements (nombre de spires...).

Ces moteurs possèdent les mêmes caractéristiques que les moteurs asynchrones triphasés à cage d'écureuil.

Plaque à bornes du moteur

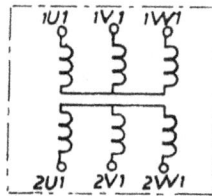

La plaque à bornes de ce moteur comporte six bornes. Le couplage des deux groupes d'enroulements du stator est effectué par le constructeur qui utilise le couplage étoile.

L'alimentation des bornes 1U1, 1V1, 1W1, donne la première vitesse de rotation.

L'alimentation des bornes 2U1, 2V1, 2W1, donne la deuxième vitesse de rotation.

Exemple :

Moteur asynchrone triphasé à enroulements indépendants possédant deux vitesses de rotation ainsi que deux sens de rotation.

La commande de ce moteur se réalise par boutons poussoirs.

Fonctionnement de l'ensemble

Suivant la vitesse et le sens de rotation désirés, on sélectionne le bouton poussoir correspondant ; une action sur celui-ci provoque l'excitation de la bobine du contacteur concerné qui :

— s'auto-alimente

— verrouille les autres contacteurs

— ferme ses contacts de puissance ; le moteur démarre.

Pour changer de vitesse ou de sens de rotation, il faut obligatoirement appuyer sur le bouton poussoir arrêt (S 5).

Les enroulements du moteur sont protégés par deux relais thermiques :

— le premier protège les enroulements correspondants à la première vitesse.

— le deuxième protège les enroulements correspondants à la deuxième vitesse.

Tous les contacteurs sont verrouillés entre eux d'une façon mécanique et électrique pour éviter les courts-circuits.

Schéma développé rangé des circuits

Lettre repère	Désignation	Schéma
W	Alimentation triphasée	
Q1	Sectionneur	
F3	Protection circuit de commande	
S1	Marche avant 1re vitesse	
S2	Marche arrière 1re vitesse	
S3	Marche avant 2e vitesse	
S4	Marche arrière 2e vitesse	
K2M	Discontacteur arrière 1re vitesse	
K1M	Discontacteur avant 1re vitesse	
K4M	Discontacteur arrière 2e vitesse	
K3M	Discontacteur avant 2e vitesse	
F1	Relais thermique 1re vitesse	
F2	Relais thermique 2e vitesse	
S5	Bouton poussoir arrêt	
M1	Moteur asynchrone tri à enroulements séparés	

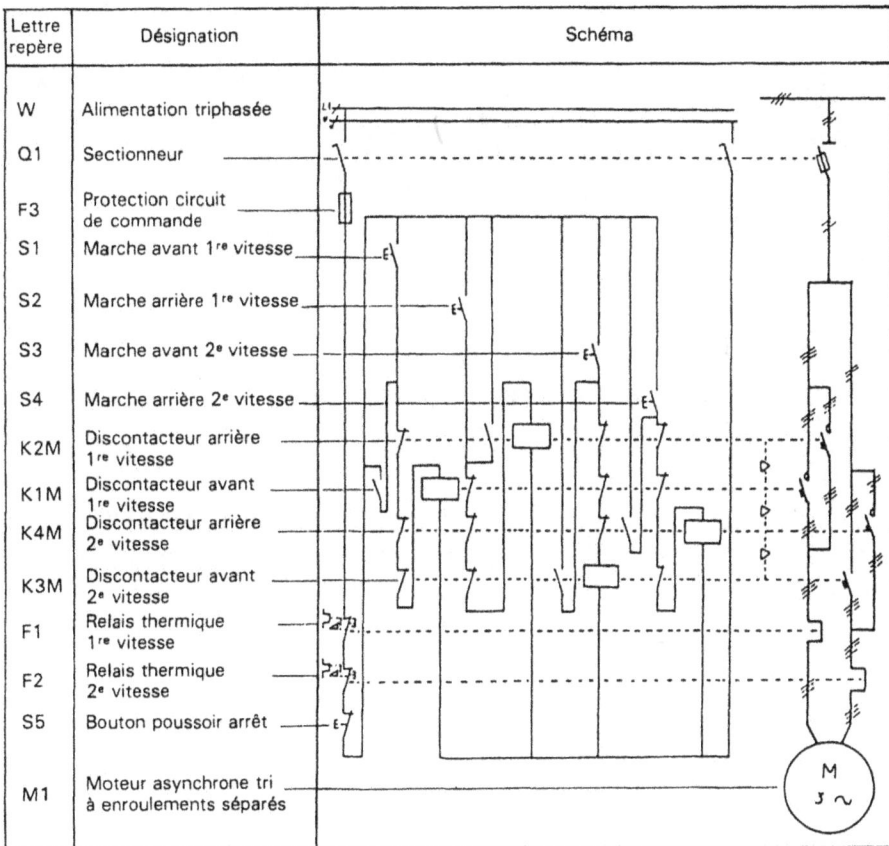

3.8.2 Moteur quatre vitesses

Le stator de ce moteur possède deux groupes d'enroulements indépendants l'un de l'autre ; chaque enroulement est composé de deux demi-bobines.

Chaque groupe d'enroulements donne deux vitesses en couplant les demi-bobines d'une façon différente (voir moteur asynchrone triphasé à deux vitesses par couplage des enroulements du stator).

Plaque à bornes

La plaque à bornes de ce moteur comprend 12 bornes.

Exemple d'une plaque à bornes de moteur quatre vitesses :

– deux groupes d'enroulements indépendants au stator.
– chaque groupe d'enroulement peut être couplé en triangle série ou étoile parallèle.

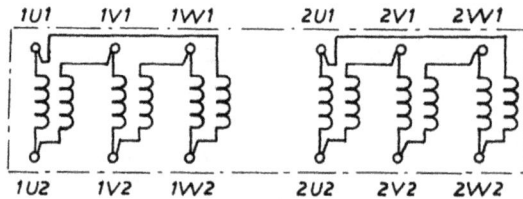

Remarque :

Pour la compréhension du schéma, les bornes des groupes d'enroulements sont séparées.

Schéma de l'ensemble

Ce schéma ne présente pas de difficultés particulières ; il suffit de reprendre le schéma d'un moteur asynchrone triphasé à couplage d'enroulement et de le doubler.

3.9 Freinage par électro-frein

Un électro-frein est un dispositif composé :

— d'un électro-aimant qui actionne deux mâchoires.
— d'un disque situé entre ces deux mâchoires et solidaire de l'arbre moteur.

Fonctionnement

A l'arrêt l'électro-aimant est désexcité et les mâchoires serrent le disque.

Dès l'alimentation du moteur, l'électro-aimant s'excite ce qui provoque le desserrage des mâchoires sur le disque.

A l'arrêt du moteur (coupure de l'alimentation) l'électro-aimant se désexcite et les mâchoires resserrent le disque. Le moteur est alors freiné.

Inconvénient de ce système

Le freinage est brusque.

Remarque :

En cas de coupure d'alimentation du moteur, celui-ci se trouve automatiquement freiné.

Schéma développé du circuit de puissance

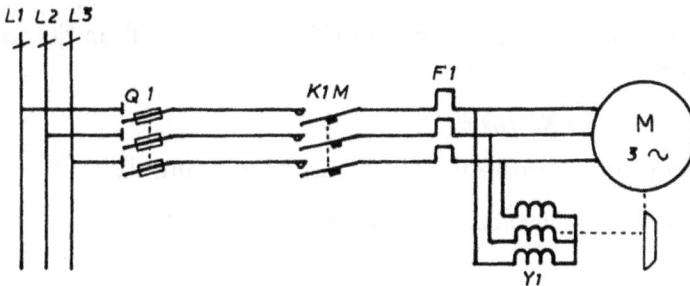

Légende :
Q1 : sectionneur
K1M : discontacteur
F1 : relais de protection thermique
Y1 : électro-frein
M : moteur asynchrone triphasé

Le schéma développé du circuit de commande ne présente aucune difficulté ; c'est une commande par bouton poussoir d'un contacteur.

Nous ne le représenterons pas.

3.A Freinage par contre-courant

Principe

Pour obtenir le freinage du moteur, il faut croiser deux phases de son alimentation triphasée (inversion du sens de rotation du moteur) ; celui-ci a tendance à tourner en sens contraire de son propre couple ce qui le freine énergiquement.

Remarque :

L'alimentation du moteur doit être coupée avant qu'il ne redémarre dans le sens inverse ; pour cela, on utilise :

- soit un contact centrifuge (coupure lorsque la vitesse de rotation est nulle).

- soit un contact temporisé (coupure après un temps de mise sous tension de quelques secondes ce qui ne permet pas le freinage jusqu'à l'arrêt complet du moteur).

- soit un relais de mesure de courant statorique (coupure lorsque le courant est inférieur à une valeur minimale).

Inconvénients

- Le courant dans les enroulements du stator augmente lors du freinage ; pour le limiter, on peut insérer dans son circuit des résistances.

- Le dégagement de chaleur dû à l'augmentation du courant dans le rotor est important.

a) *Premier exemple :*

Moteur asynchrone triphasé à cage d'écureuil.

Schéma développé du circuit de puissance

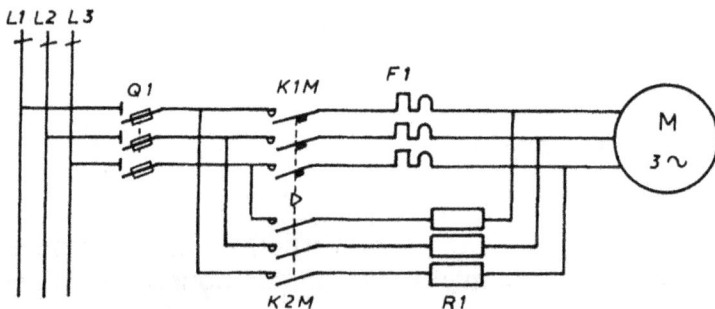

Schéma développé du circuit de commande

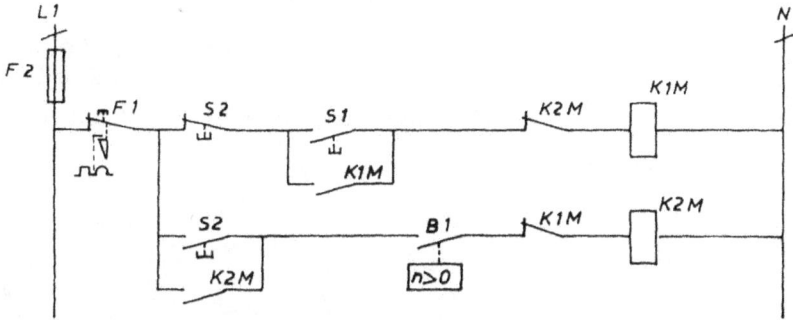

Légende :
Q1   : sectionneur
F1   : protection magnéto-thermique
F2   : protection du circuit commande
S1   : bouton poussoir marche
S2   : bouton poussoir arrêt à 2 contacts (fermeture et ouverture)
B1   : capteur de vitesse de rotation fermé lorsque cette vitesse est supérieure à zéro
K1M : discontacteur principal
K2M : contacteur de freinage
R1   : résistance statorique de freinage
M   : moteur asynchrone triphasé avec contact centrifuge

Fonctionnement

Une action sur le bouton poussoir S1 excite la bobine du contacteur K1M ce qui provoque l'alimentation du moteur.

Dès que le moteur commence sa rotation, le contact du capteur de vitesse se ferme et prépare le freinage du moteur.

Une action sur le bouton poussoir S2 entraîne la désexcitation de la bobine K1M (coupure de l'alimentation du moteur) et l'excitation de la bobine du contacteur K2M ; le moteur est réalimenté avec une inversion de deux phases et se trouve donc freiné.

Lorsque sa vitesse de rotation est nulle, le capteur B1 ouvre son contact ; la bobine K2M se désexcite et empêche la rotation du moteur en sens inverse.

Remarques :

— Il faut absolument un verrouillage électrique et mécanique entre les deux contacteurs afin d'éviter les courts-circuits.

— Lors du freinage, le moteur n'est pas protégé par le relais magnéto-thermique.

— Si le relais magnéto-thermique fonctionne, le moteur n'est pas freiné.

b) Deuxième exemple :

Moteur asynchrone triphasé à rotor bobiné.

Dans ce cas lors du freinage, les courants dans le rotor peuvent être limités en insérant les résistances rotoriques servant au démarrage dans le circuit. L'échauffement du moteur et le dégagement de chaleur diminuent.

Schéma développé du circuit de puissance

Schéma développé du circuit de commande

Fonctionnement

Une action sur le bouton poussoir S 1 permet d'exciter la bobine K 1M ce qui provoque :
- son auto-alimentation
- le verrouillage du contacteur K 4M
- l'alimentation du moteur
- l'excitation de la bobine du relais K 6T.

Le relais de courant K 5N détecte un courant dans le stator et ferme son contact.

Deux secondes après l'alimentation de la bobine K 6T, son contact se ferme excitant les bobines K 2Q et K 7T ; la résistance triphasée R 2 est court-circuitée par les contacts de puissance de K 2Q.

Deux secondes après l'alimentation de la bobine K 7T, son contact se ferme excitant la bobine K 3Q qui :
- s'auto-alimente
- élimine la résistance triphasée R 1 du circuit rotor
- désexcite les bobines K 2Q et K 7T après une temporisation de 0,5 seconde.

Le démarrage du moteur est terminé.

Une action sur le bouton poussoir arrêt S 2 provoque :
- la désexcitation de toutes les bobines du circuit de commande.

- l'excitation de la bobine K 4M qui :
  - s'auto-alimente
  - verrouille le circuit du contacteur K 1M
  - inverse l'alimentation du moteur en croisant deux phases
  - excite la bobine K 6T ce qui démarre le cycle d'élimination des résistances rotoriques décrit pendant le démarrage.

Le moteur est freiné.

Lorsque le relais de courant K5N détecte un courant minimum

dans le stator, il ouvre son contact ce qui entraîne la désexcitation de la bobine K 4M et la coupure de l'alimentation du moteur ; celui-ci ne tourne jamais en sens inverse.

Remarques :

- Lors du freinage, les résistances rotoriques limitent le courant dans le rotor.

- Il faut un verrouillage électrique et mécanique entre K 1M et K 4M pour éviter les courts-circuits entre phases dans le circuit de puissance.

- Pendant le freinage, le relais magnéto-thermique du moteur n'a aucune influence sur le fonctionnement ; il est hors circuit.

- En cas de fonctionnement du relais magnéto-thermique, le moteur n'est pas freiné afin de le protéger.

3.B Freinage par injection de courant continu

Principe

Pour freiner un moteur, on injecte dans les enroulements du stator un courant continu ; celui-ci crée un champ magnétique fixe qui freine le rotor.

Remarques :

- Il n'y a aucun risque d'inversion du sens de rotation du moteur après son arrêt complet.

- Le couple de freinage peut être réglé en faisant varier la tension continue qui est, en général, de l'ordre de 0,03 à 0,1 fois la tension nominale du moteur.

Le courant continu, nécessaire pour un freinage efficace, est de l'ordre de 1,2 à 2 fois le courant nominal du moteur.

a) Premier exemple :

Moteur asynchrone triphasé à cage d'écureuil.

Schéma développé du circuit de puissance

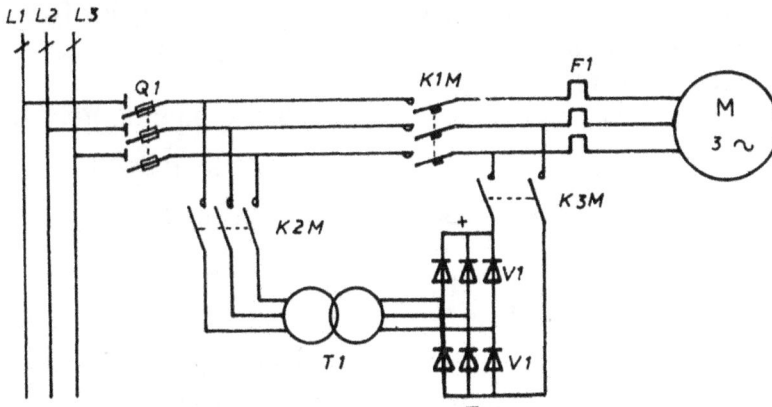

Légende :
Q 1   : fusible sectionneur
F 1   : relais thermique
S 1   : bouton poussoir marche
S 2   : bouton poussoir arrêt
B 1   : contact centrifuge fermé lorsque la vitesse est supérieure à zéro
T 1   : transformateur triphasé 400/24 V
V 1   : six diodes de redressement
K 1M : discontacteur d'alimentation
K 2M : contacteur de freinage (alternatif)
K 3M : contacteur de freinage (continu)
M   : moteur asynchrone triphasé

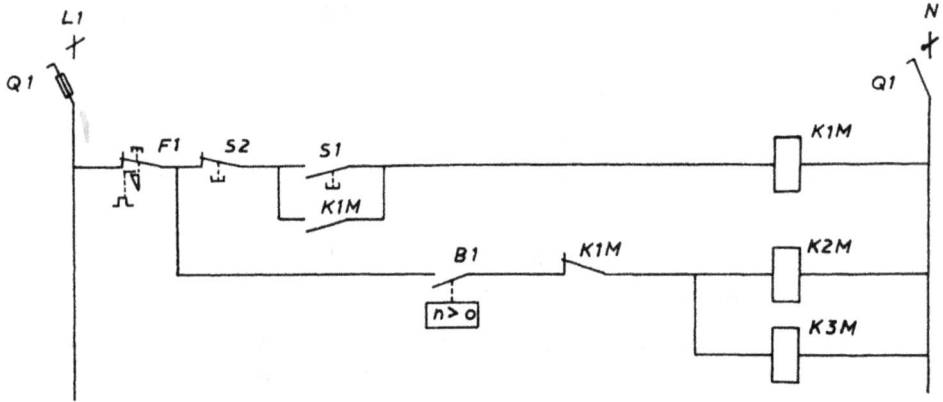

Fonctionnement

Une action sur le bouton poussoir marche (S 1) provoque l'excitation de la bobine K 1M qui :
- s'auto-alimente
- ouvre le circuit de commande des contacteurs de freinage.

Le moteur démarre et le contact centrifuge se ferme.

Une action sur le bouton poussoir arrêt (S 2) désexcite la bobine K 1M ce qui entraîne :
- la coupure de l'alimentation du moteur
- l'excitation des bobines K 2M et K 3M.

La fermeture des contacts de K 2M met sous tension le transformateur triphasé qui abaisse la tension d'alimentation à une valeur de 24 V. Celle-ci est redressée à travers un pont de diodes triphasé.

La fermeture des contacts de K 3M, permet d'injecter cette tension sur deux enroulements du moteur qui est freiné.

Lorsque celui-ci est arrêté, le contact centrifuge s'ouvre et désexcite les bobines des contacteurs de freinage K 2M et K 3M.

Remarque :

Si l'on appuie d'une façon continue sur le bouton poussoir (S 2), le moteur se trouve freiné.

Schéma développé rangé du montage

Lettre repère	Désignation	Schéma
W1	Alimentation triphasée	
Q1	Fusible sectionneur	
S2	Bouton poussoir arrêt	
S1	Bouton poussoir marche	
K1M	Discontacteur principal	
K2M	Contacteur de freinage (alternatif)	
T1	Transformateur 400/24 V	
V1	Diodes de redressement	
K3M	Contacteur de freinage (continu)	
F1	Relais thermique	
M	Moteur asynchrone triphasé avec contact centrifuge B1	

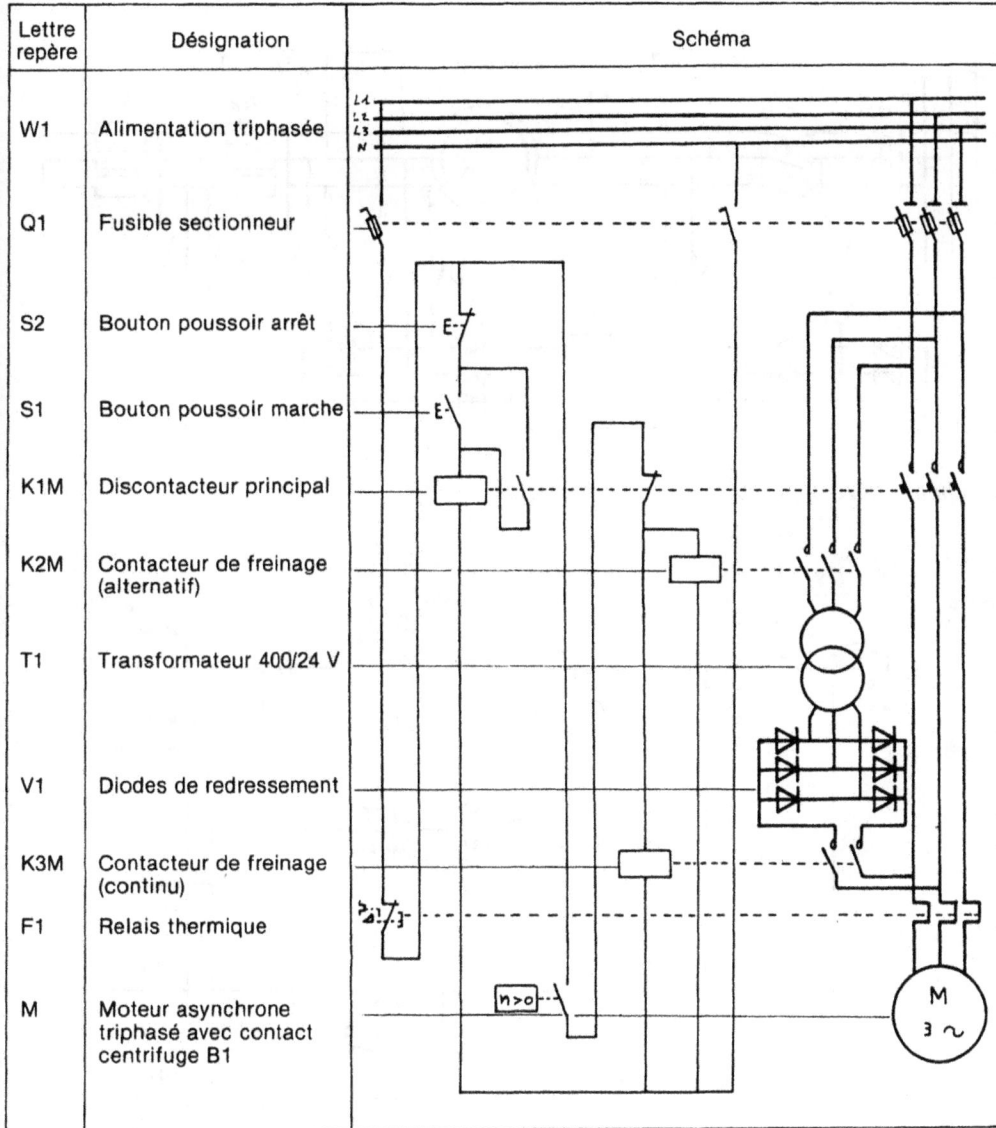

b) Deuxième exemple :

Moteur asynchrone triphasé à rotor bobiné.

Schéma développé du circuit de puissance

Schéma développé du circuit de commande

Légende :

Q 1	: fusible sectionneur
F 1	: relais thermique
S 1	: bouton poussoir marche
S 2	: bouton poussoir arrêt
T 1	: transformateur monophasé 400/24 V
V 1	: diode de redressement
K 1M	: discontacteur marche
K 2Q, K 3Q	: contacteur d'élimination de résistances rotoriques
K 4M	: contacteur d'amorçage du freinage
K 5M, K 6M	: contacteur de freinage
K 7N	: relais de mesure de la tension rotorique
K 8T, K 9T	: relais temporisé
R 1, R 2	: résistance triphasée rotorique
R 3	: résistance de limitation de courant
M	: moteur asynchrone triphasé à rotor bobiné

Fonctionnement

Une action sur le bouton poussoir S 1 excite les bobines K 1M et K 8T qui s'auto-alimentent. Le moteur démarre avec deux résistances triphasées insérées dans son circuit rotor.

Au bout de deux secondes, le contact temporisé de K 8T se ferme et excite les bobines K 2Q et K 9T ; la résistance triphasée R 1 est éliminée.

Après deux secondes, le contact temporisé de K 9T se ferme et excite la bobine K 3Q ce qui provoque :
- son auto-alimentation
- l'élimination de la résistance triphasée R 2 du circuit rotor
- après une temporisation de 0,2 seconde, la désexcitation des bobines K 2Q et K 9T.

Le démarrage du moteur est terminé.

Une action sur le bouton poussoir arrêt (S 2) provoque :
- la désexcitation de toutes les bobines de contacteurs
- la coupure de l'alimentation du moteur
- l'excitation des bobines K 4M, K 6M puis K 5M.

Les contacts du K 4M mettent sous tension le transformateur T 1 qui délivre au secondaire une tension monophasée de 24 V. Celle-ci est redressée puis injectée au niveau des bornes du stator. Le moteur, étant excité et entraîné par la charge, se transforme en génératrice. Il y a apparition d'une tension au niveau du rotor (excitation du relais de mesure K 7N et fermeture de son contact qui auto-alimente les bobines K 4M, K 5M, K 6M). Cette tension est redressée à travers un pont de diodes triphasé et réinjectée sur les bornes du stator. Le moteur est freiné.

Lorsque celui-ci s'arrête, le relais K 7N n'est plus alimenté (plus de tension au niveau du rotor) et ouvre son contact qui coupe l'alimentation des bobines K 4M, K 5M, K 6M.

Remarques :

- La résistance R 3 permet de limiter le courant continu délivré par tension du rotor.

- La source auxiliaire doit avoir une faible puissance puisqu'elle ne sert qu'à l'amorçage du moteur en génératrice.

- Plus la vitesse est importante, plus le courant continu est grand et plus le freinage devient efficace.

- Le relais de mesure peut être remplacé par un contact centrifuge.

- Si le relais thermique du moteur fonctionne, celui-ci n'est pas freiné afin de le protéger.

4 MOTEUR SYNCHRONE TRIPHASÉ

4.1 Généralités

4.1.1 Constitution

Il est composé du point de vue électrique :
— d'un stator (partie fixe) comprenant un circuit magnétique fixe en forme d'anneau dans lequel sont logés trois enroulements.
— d'un rotor (partie mobile) constitué d'un nombre de paire de pôles qui supportent une bobine inductrice.

4.1.2 Fonctionnement

Les enroulements du stator, alimentés par le réseau triphasé créent un champ magnétique tournant.

La bobine inductrice, alimentée en courant continu, crée un champ magnétique fixe au niveau des pôles qui s'accroche au champ tournant du stator si le rotor est lancé à une vitesse proche du synchronisme.

Remarque :

L'inversion du sens de rotation du moteur synchrone triphasé se réalise en inversant le champ magnétique tournant c'est-à-dire en croisant deux phases au niveau des enroulements du stator.

4.1.3 Caractéristiques électriques essentielles

— Tension d'alimentation
— Courant nominal
— Fréquence
— Puissance électrique

Remarque :

Il est possible de maintenir le facteur de puissance du moteur au voisinage de un en réglant le courant d'excitation (courant traversant le rotor).

4.1.4 Caractéristiques mécaniques essentielles

— Puissance mécanique : il s'agit de la puissance disponible sur l'arbre.

— Couple moteur : le couple au démarrage est nul ; il faut "lancer" le rotor pour obtenir un couple moteur.

— Vitesse de rotation : elle est égale à la vitesse de synchronisme, sans possibilité de réglage (3000, 1500, 1000, 750, 600, 500 tr/min.).

4.1.5 Utilisation

Ce moteur est utilisé sur des appareils tels que :
— Pompes
— Compresseurs
— Ventilations

4.2 Démarrage par un moteur auxiliaire

Le moteur synchrone triphasé est, dans un premier temps, entraîné par un moteur à courant continu solidaire du même arbre. Lorsque la vitesse de l'ensemble est proche de la vitesse de synchronisme, on excite la bobine placée sur son rotor. Le moteur synchrone devient un alternateur. On couple, avec toutes les précautions utiles, les enroulements du stator sur le réseau triphasé ; la machine synchrone triphasée peut alors fonctionner en moteur.

Remarque :

Le moteur à courant continu devient génératrice à courant continu pour alimenter le rotor du moteur synchrone.

Cette solution bien que possible technologiquement n'est pratiquement plus utilisée car elle est très onéreuse.

4.3 Démarrage en asynchrone

Le moteur synchrone démarre en asynchrone grâce à une cage d'écureuil située dans le rotor. Dès que sa vitesse approche de la vitesse de synchronisme souhaitée, il se transforme en moteur synchrone si son inducteur est alimenté en courant continu.

Schéma développé rangé du montage

Lettre repère	Désignation	Schéma
W1	Alimentation triphasée	
Q1	Fusible sectionneur	
K1M	Discontacteur marche	
K5T	Relais temporisé (3 s)	
K2Q	Contacteur d'élimination des résistances stator	
R1	Résistance triphasée	
K6T	Relais temporisé (1 s)	
F1	Relais thermique	
U1	Ensemble de redressement et de régulation	
S2	Bouton poussoir arrêt	
M	Moteur synchrone triphasé	
K4M	Contacteur d'injection	
S1	Bouton poussoir marche	
K3M	Contacteur rotorique	
R2	Résistance rotorique	

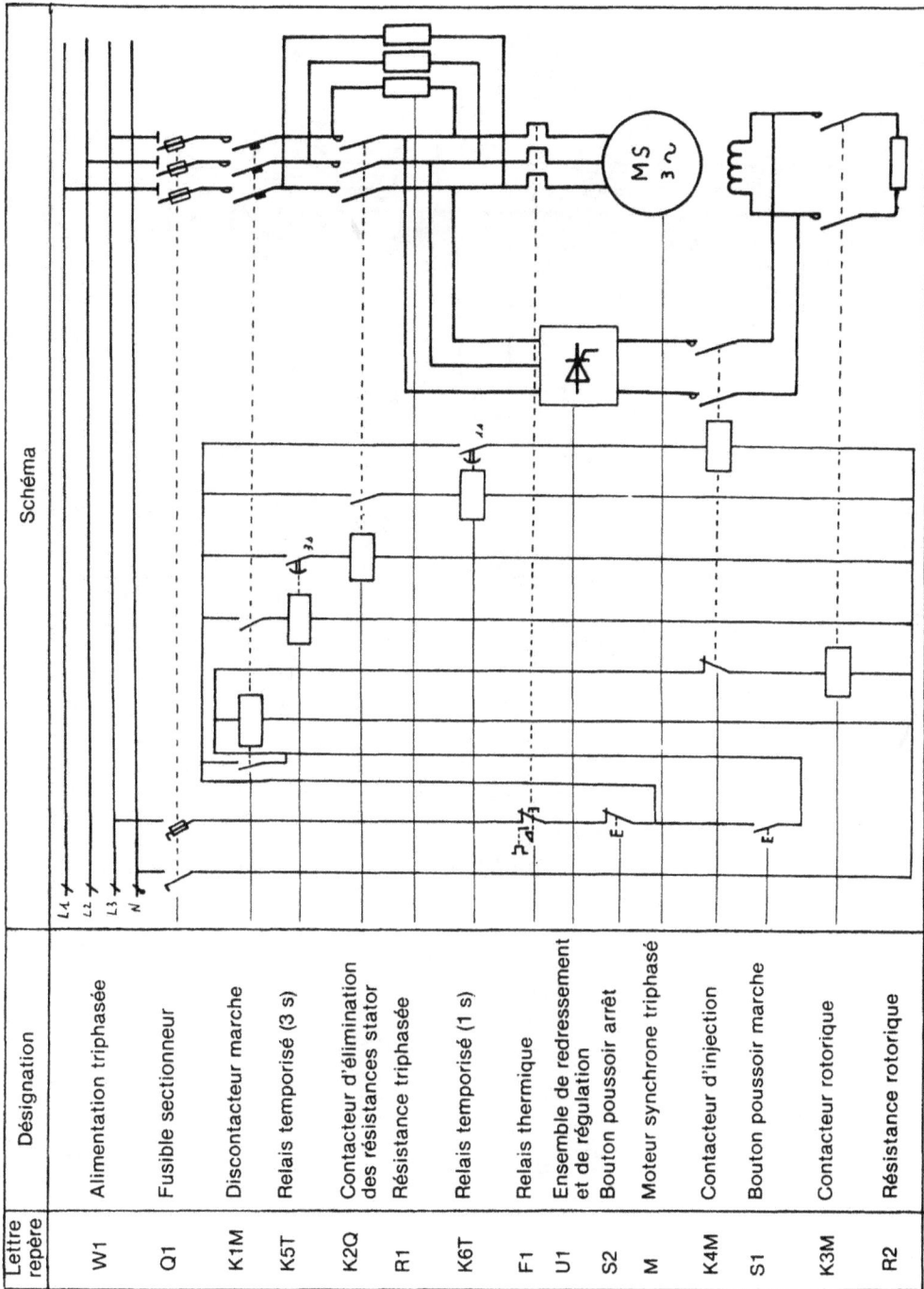

Schéma développé du circuit de puissance

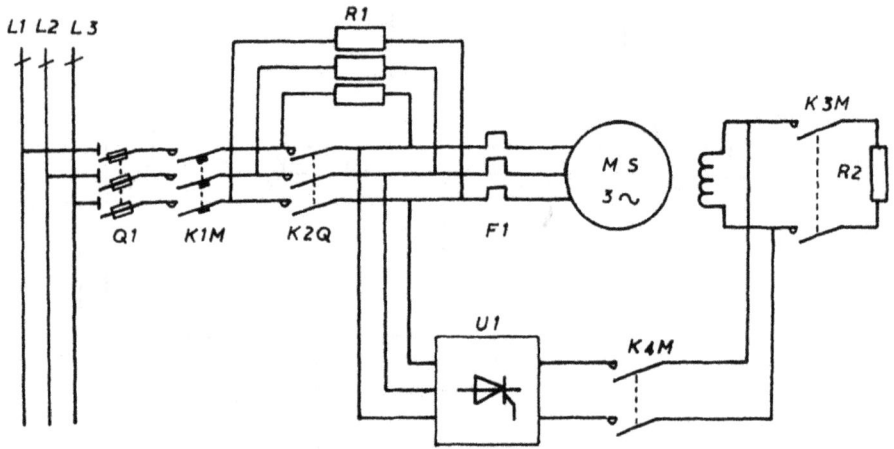

Schéma développé du circuit de commande

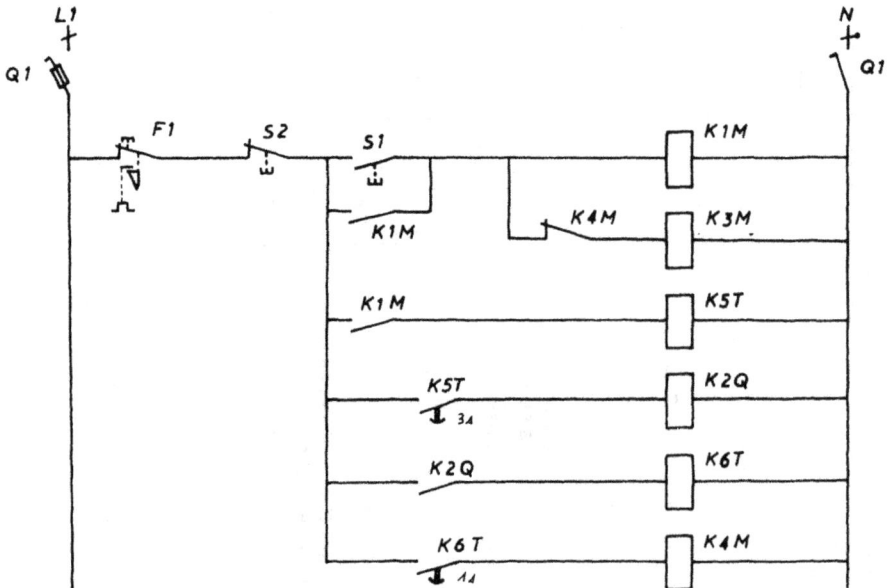

Fonctionnement

Une action sur le bouton poussoir S 1 provoque l'excitation des bobines K 1M, K 3M puis K 5T ce qui provoque :

— l'alimentation du moteur à travers les résistances statoriques.

— la fermeture du circuit rotor sur la résistance R 2 (elle a pour rôle de limiter le courant au démarrage).

Trois secondes après, les bobines K 2Q et K 6T s'excitent ; les résistances statoriques sont éliminées ; le moteur est alimenté sous sa tension nominale et fonctionne en moteur asynchrone.

Une seconde après cette phase, la bobine K 4M est excitée et la bobine K 3M est désexcitée ce qui provoque l'injection d'un courant continu dans l'enroulement du rotor. Le moteur se transforme en moteur synchrone.

Remarques :

En moteur asynchrone, le démarrage peut être :
— direct
— par élimination de résistances statoriques
— par autotransformateur.

Le réglage du courant continu permet de faire varier le facteur de puissance du moteur qui se rapproche de 1. C'est un des rôles de l'ensemble de redressement et de régulation.

Cet ensemble de redressement et de régulation peut être remplacé par une génératrice à courant continu solidaire de l'arbre moteur.

5 MOTEUR ASYNCHRONE MONOPHASÉ

5.1 Généralités

5.1.1 Constitution

Il est composé du point de vue électrique :

— d'un stator comprenant un circuit magnétique dans lequel sont logés un enroulement principal (en deux parties ou non) et un enroulement auxiliaire (celui-ci est souvent branché en série avec un condensateur et un contact centrifuge).

— d'un rotor à cage d'écureuil en court-circuit.

5.1.2 Fonctionnement

L'enroulement principal du stator, alimenté par un réseau mono-phasé, donne un champ magnétique alternatif et non tournant.

Pour que le moteur démarre seul, il faut créer un champ tournant en alimentant l'enroulement auxiliaire par une tension déphasée de 90 ° sur la tension du réseau. Ce déphasage de 90 ° s'obtient soit en insérant un condensateur en série avec l'enroulement auxiliaire, soit en construisant un enroulement auxiliaire très inductif.

Suivant les constructeurs, l'enroulement auxiliaire peut être supprimé après le démarrage.

5.1.3 Caractéristiques essentielles

La vitesse de rotation du moteur dépend, comme pour un moteur asynchrone triphasé de la fréquence du réseau d'alimentation et du nombre de paires de pôles du moteur. Elle n'atteint jamais la vitesse de synchronisme (3000, 1500, 1000, 750, 600, 500 tr/min).

On utilise toujours le démarrage direct car la puissance de ces moteurs est toujours inférieure à 1 kW et son courant d'appel est de l'ordre de deux à six fois le courant nominal.

5.1.4 Inversion du sens de rotation du moteur asynchrone mono-phasé

Pour changer le sens de rotation du moteur, il suffit de faire tourner le champ du stator dans le sens contraire. Pour cela, on inverse la tension aux bornes de l'enroulement auxiliaire.

5.1.5 Moteur bi-tension

L'enroulement principal du stator peut être composé de deux demi-enroulements ce qui permet d'obtenir des moteurs à deux tensions.

Exemple :

Moteur asynchrone monophasé 110/220 V.

Couplage des enroulements

Chaque demi-enroulement du stator et l'enroulement auxiliaire doivent être alimentés sous une tension de 110 V.

— Si le réseau a une tension monophasée de 110 V, il faut coupler les demi-enroulements et l'enroulement auxiliaire en parallèle.

— Si le réseau a une tension monophasée de 220 V, il faut coupler les demi-enroulements en série et brancher l'enroulement auxiliaire en parallèle sur un demi-enroulement.

Plaque à bornes du moteur

Cette plaque comprend six bornes (quatre pour les deux demi-enroulements et deux pour l'enroulement auxiliaire).

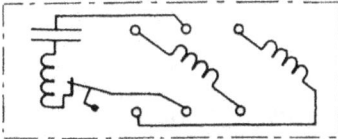

L'enroulement auxiliaire branché en série avec un condensateur et un contact centrifuge est raccordé sur les bornes du milieu.

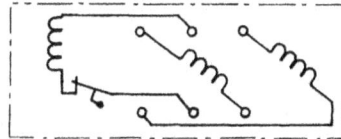

L'enroulement auxiliaire très inductif branché en série avec un contact centrifuge est raccordé sur les bornes du milieu.

Réalisation du couplage par barrettes

Pour coupler et choisir définitivement un sens de rotation du moteur, on utilise des barrettes que l'on branche de la façon suivante.

— Sur un réseau 110/220 V

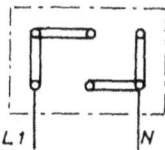

Moteur tournant dans un sens

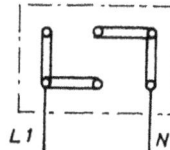

Moteur tournant dans le sens contraire

Tous les enroulements sont branchés en parallèle.

— Sur un réseau 220/380 V

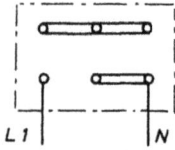

Moteur tournant dans un sens

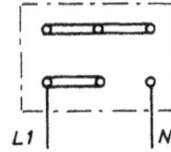

Moteur tournant dans le sens contraire

L'enroulement auxiliaire est branché en parallèle sur un demi-enroulement principal et le tout en série avec l'autre demi-enroulement principal.

Remarque :

Les barrettes peuvent être remplacées par des contacteurs afin de modifier automatiquement le sens de rotation du moteur.

5.2 Démarrage

Exemple :

Commande semi-automatique d'un moteur asynchrone monophasé à deux sens de rotation.

Schéma développé rangé du montage

Lettre repère	Désignation	Schéma
W1	Alimentation L1	
F1	Protection circuit commande	
S1	Bouton poussoir arrêt	
S3	Bouton poussoir marche avant	
S2	Bouton poussoir marche arrière	
F2	Protection moteur	
K3M	Contacteur marche avant	
K2M	Contacteur marche arrière	
K1M	Contacteur mise sous tension	
M	Moteur asynchrone monophasé possédant un contact centrifuge	
W2	Alimentation N	

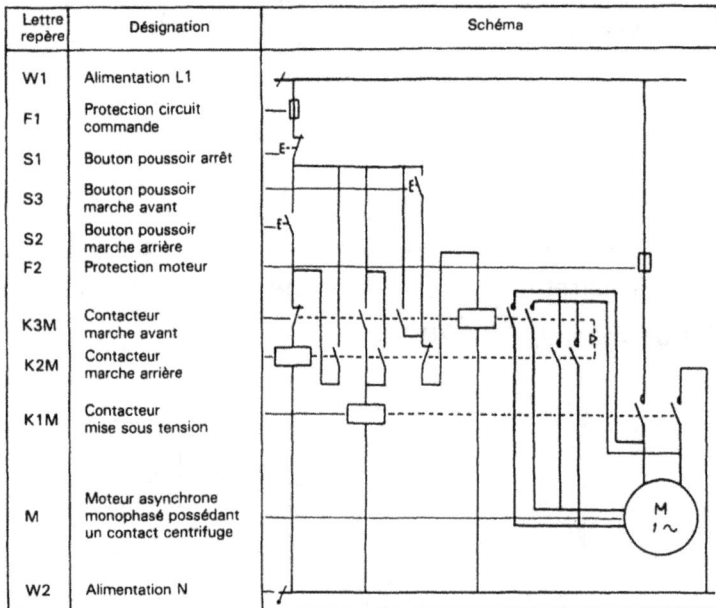

Fonctionnement

Une action sur le bouton poussoir S 3 excite les bobines K 3M puis K 1M ; leurs contacts mettent sous tension l'enroulement principal et l'enroulement auxiliaire du moteur. Celui-ci démarre. Le contact centrifuge coupe automatiquement l'alimentation de l'enroulement auxiliaire après avoir atteint une certaine vitesse. Pour inverser le sens de rotation du moteur, il faut appuyer sur le bouton poussoir arrêt (S 1) ; toutes les bobines se désexcitent et le moteur s'arrête. Une action sur le bouton poussoir S 2 excite les bobines K 2M puis K 1M. Leurs contacts mettent sous tension l'enroulement principal et inversent la tension de l'enroulement auxiliaire. Le moteur tourne en sens contraire.

Le contact centrifuge possède le même rôle que précédemment.

Remarques :

Il faut un verrouillage électrique et mécanique des contacteurs K 2M et K 3M pour éviter les courts-circuits.

Si le moteur ne comportait pas de contact centrifuge, il faudrait utiliser un relais temporisé pour couper l'alimentation de l'enroulement auxiliaire à moins que celui-ci soit prévu pour être toujours sous tension.

La protection du moteur se réalise par fusible car c'est un moteur de faible puissance.

6 MOTEURS A COURANT CONTINU

6.1 Généralités

6.1.1 Constitution

Il est composé du point de vue électrique :

— d'un inducteur (partie fixe) comprenant des pôles massifs, ou plus fréquemment feuilletés, solidaires d'une culasse, sur lesquels sont fixées des bobines inductrices.

— d'un induit (partie mobile) comprenant une partie magnétique en tôles feuilletées en forme de cylindre dans lequel sont logés des conducteurs actifs reliés à un collecteur. La liaison avec l'extérieur se réalise grâce à des balais qui frottent sur celui-ci.

6.1.2 Fonctionnement

Les bobines inductrices parcourues par un courant continu créent un champ magnétique fixe. Les conducteurs actifs situés dans celui-ci et parcourus par un courant continu sont soumis à des forces électro-magnétiques (loi de Laplace) qui entraînent en rotation l'induit du moteur.

6.1.3 Inversion du sens de rotation du moteur continu

Pour inverser le sens de rotation du moteur continu, il faut changer :

— soit le sens du champ magnétique fixe (inversion du courant traversant l'inducteur : courant d'excitation).

— soit le sens du courant dans les conducteurs actifs (inversion de la tension d'alimentation de l'induit).

Remarque :

Il est préférable de choisir la deuxième solution car une coupure d'inducteur amène des conséquences trop importantes (voir problèmes de fonctionnement).

6.1.4 Caractéristiques électriques essentielles d'un moteur à courant continu indiquées par le constructeur.

— Tension d'alimentation de l'inducteur.
— Courant nominal de l'inducteur.
— Tension d'alimentation de l'induit.
— Courant nominal de l'induit.
— Puissance électrique ou puissance absorbée par le moteur au point nominal.

6.1.5 Caractéristiques mécaniques essentielles

— Puissance mécanique.
— Couple nominal sur l'arbre.

Ces deux caractéristiques dépendent essentiellement :

– de la tension d'alimentation ou du courant dans l'induit.
– du courant dans l'inducteur (courant d'excitation).

— Vitesse de rotation ; elle dépend :
– de la tension d'alimentation de l'induit.
– du courant dans l'inducteur (courant d'excitation).

6.1.6 Problèmes de démarrage d'un moteur continu

Lors d'un démarrage de moteur, le courant dans l'induit n'est limité que par la résistance des conducteurs actifs qui est très faible.

Il faut donc réduire ce courant de démarrage en insérant, dans le circuit, des résistances que l'on élimine progressivement.

Pour démarrer, le moteur a besoin d'un flux inducteur très important qui s'obtient par un courant d'excitation très grand (résistance du cicuit inducteur la plus faible possible).

6.1.7 Problème de fonctionnement

Si le flux inducteur tend vers zéro ou s'annule (cas d'une coupure du circuit inducteur), la vitesse de rotation tend vers l'infini. Le moteur s'emballe. Il ne faut donc jamais alimenter l'induit d'un moteur sans avoir alimenté son inducteur.

6.1.8 Variation de vitesse

En règle générale et par rapport à la vitesse de rotation nominale, il est possible :

— d'augmenter cette vitesse en réduisant le courant passant dans le circuit inducteur.

— de diminuer cette vitesse en abaissant la tension d'alimentation de l'induit.

6.1.9 Freinage d'un moteur continu

Il existe deux types de freinage :

— le freinage mécanique ; on utilise un électro-frein qui permet l'arrêt du moteur.

— le freinage électrique qui n'existe que lorsque la charge entraîne le moteur ; celui-ci fonctionne alors en génératrice (ce système de freinage n'arrive pas à effectuer l'arrêt complet du moteur).

6.1.A Différents types de moteur continu

Suivant le branchement du circuit inducteur par rapport à l'induit, il existe quatre types de moteur à courant continu qui sont :

— Moteur à excitation indépendante.
— Moteur à excitation en dérivation.
— Moteur à excitation série.
— Moteur à excitation composée.

6.1.B Remarques générales

a) Moteur à excitation indépendante :

Les bobines inductrices sont raccordées à une source d'alimentation indépendante de celle alimentant l'induit.

Ce montage, d'un prix de revient onéreux (utilisation de deux sources d'alimentation) est employé dans des cas extrêmement rares. Nous ne l'étudierons pas car ses caractéristiques sont sensiblement identiques au moteur à excitation en dérivation.

b) Nous ne donnerons dans ce chapitre que les montages de base car des circuits électroniques permettent de modifier et de surveiller les caractéristiques et le fonctionnement des moteurs. L'emploi de combineurs, non traités, dans cette étude, peut aussi simplifier les schémas des circuits compliqués.

6.2 Moteur à excitation en dérivation
6.2.1 Généralités

Les bobines inductrices sont constituées d'un très grand nombre de spires en conducteur de faible section ; elles sont raccordées aux bornes de l'induit.

Caractéristiques du moteur à excitation en dérivation

— la vitesse de rotation dépend essentiellement de la tension d'alimentation.

— la vitesse de rotation est sensiblement constante quelle que soit la charge.

— Le couple moteur augmente lorsque la charge augmente.

— Le couple moteur diminue si la vitesse de rotation augmente.

Utilisation

Possédant une vitesse de rotation indépendante de la charge, ce moteur est employé sur les machines-outils par exemple.

6.2.2 Démarrage manuel

Ce démarrage est de nos jours très peu utilisé.

Schéma développé : moteur à un seul sens de rotation

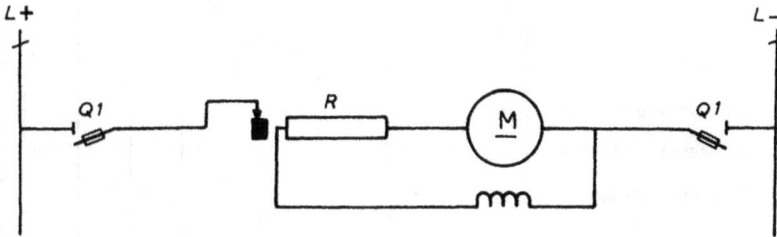

Légende :
Q1 : fusible sectionneur
R   : rhéostat de démarrage avec position de coupure
M   : moteur continu à excitation en dérivation.

Remarque :

Les inducteurs ne doivent jamais être coupés car le moteur s'emballerait. Au démarrage, le courant dans les inducteurs est maximum tandis que le courant dans l'induit est limité par le rhéostat de démarrage.

6.2.3 Démarrage semi-automatique

Le rhéostat de démarrage est remplacé par des résistances qui sont progressivement éliminées par des contacteurs.

a) Premier exemple :

Moteur à excitation dérivation à un seul sens de rotation.

Schéma développé rangé des circuits de commande et de puissance

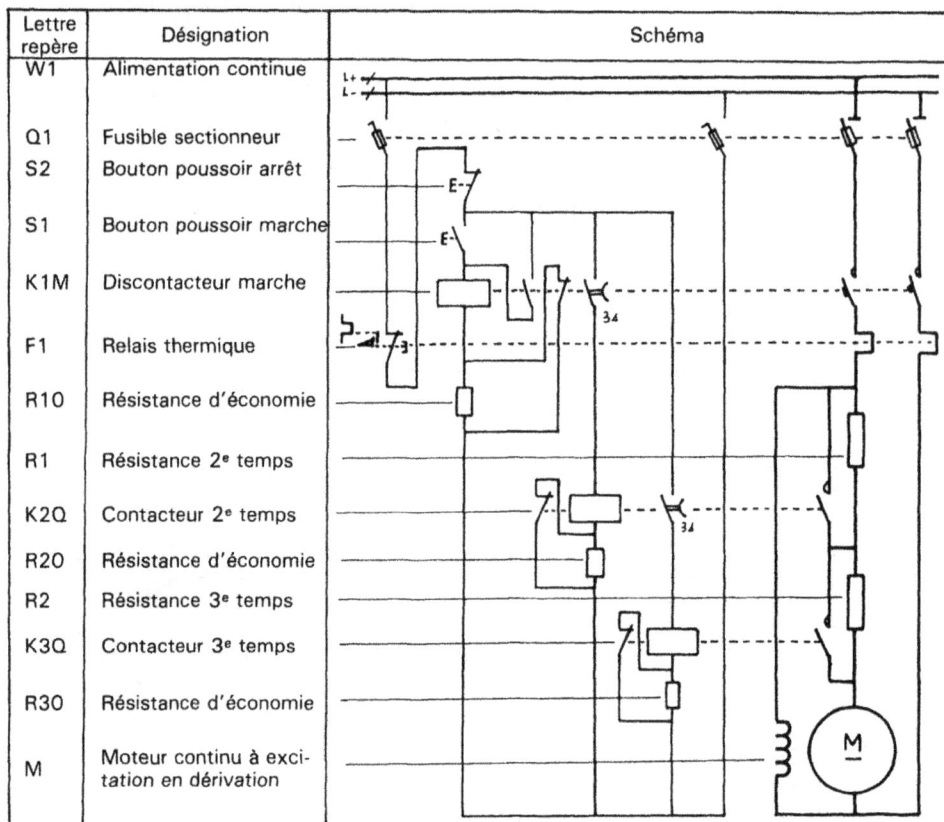

Lettre repère	Désignation	Schéma
W1	Alimentation continue	
Q1	Fusible sectionneur	
S2	Bouton poussoir arrêt	
S1	Bouton poussoir marche	
K1M	Discontacteur marche	
F1	Relais thermique	
R10	Résistance d'économie	
R1	Résistance 2ᵉ temps	
K2Q	Contacteur 2ᵉ temps	
R20	Résistance d'économie	
R2	Résistance 3ᵉ temps	
K3Q	Contacteur 3ᵉ temps	
R30	Résistance d'économie	
M	Moteur continu à excitation en dérivation	

Nota : *Les contacteurs possèdent des contacts temporisés.*

Fonctionnement

Une action sur le bouton poussoir marche (S 1) excite la bobine K 1M qui :
— s'auto-alimente.
— alimente l'inducteur du moteur.
— alimente son induit à travers les résistances de limitation du courant de démarrage (R 1 et R 2).

Le moteur démarre.

Au bout de trois secondes, le contact temporisé de K 1M se ferme ce qui provoque l'excitation de la bobine K 2Q et le shuntage de la résistance R 1.

Le moteur augmente sa vitesse de rotation.

Trois secondes après cette phase, le contact temporisé de K 2Q se ferme et excite la bobine K 3Q qui court-circuite la résistance R 2. Le moteur est alors alimenté sous sa tension nominale et le démarrage est terminé.

Une action sur le bouton poussoir arrêt (S 2) ou un fonctionnement du relais thermique (F 1) désexcite toutes les bobines.

Le moteur s'arrête.

b) Deuxième exemple :

Moteur à excitation dérivation à deux sens de rotation.

Schéma développé du circuit de puissance

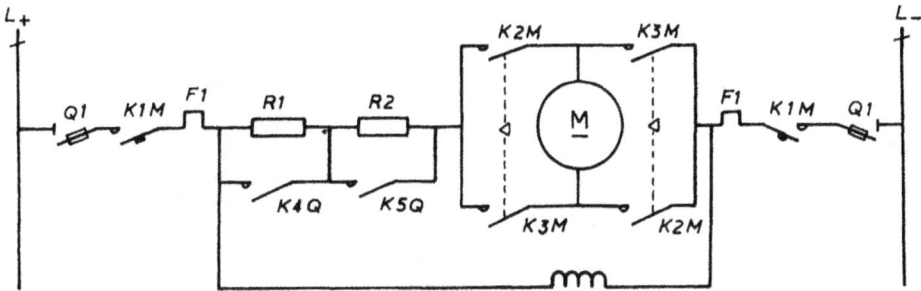

Schéma développé du circuit de commande

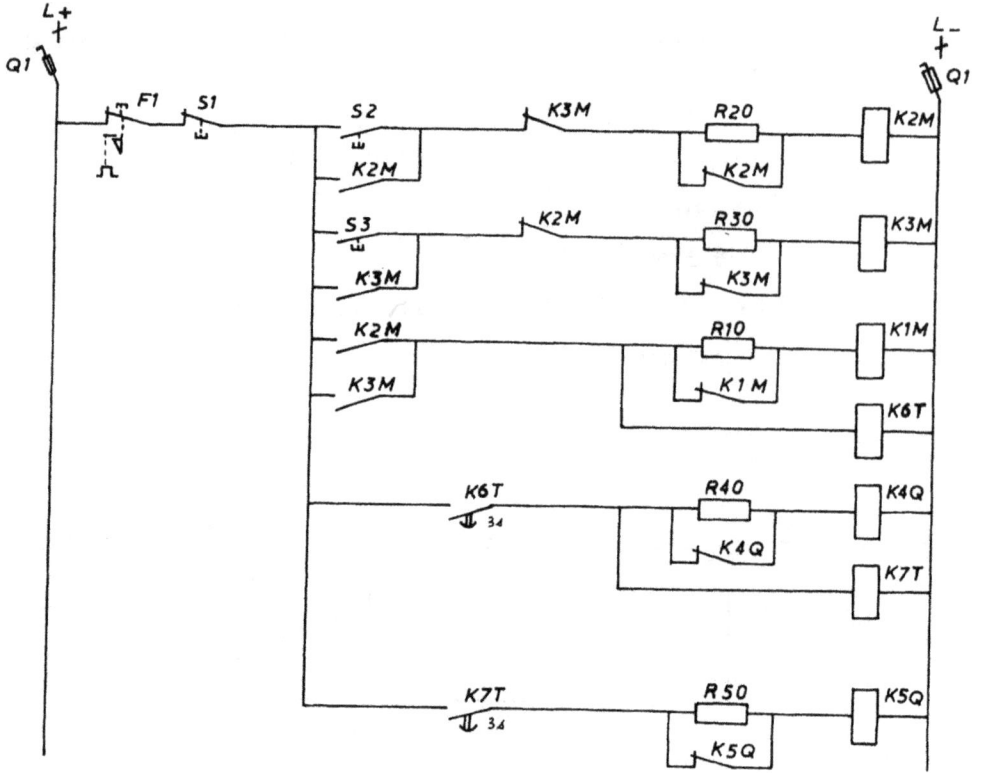

Légende :
- Q1 : fusible sectionneur
- F1 : relais thermique
- S1 : bouton poussoir arrêt
- S2 : bouton poussoir marche avant
- S3 : bouton poussoir marche arrière
- K1M : discontacteur principal
- K2M : contacteur marche avant
- K3M : contacteur marche arrière
- K4Q : contacteur deuxième temps
- K5Q : contacteur troisième temps
- K6T : relais temporisé deuxième temps
- K7T : relais temporisé troisième temps
- R10, R20,
- R30, R40,
- R50 : résistances d'économie
- R1 : résistance deuxième temps
- R2 : résistance troisième temps
- M : moteur continu à excitation en dérivation

Fonctionnement

Une action sur le bouton poussoir S 2 excite la bobine K 2M qui :
— s'auto-alimente
— excite les bobines K 1M et K 6T
— permet l'alimentation du moteur à travers les deux résistances R 1 et R 2.

Le moteur démarre.

Au bout de trois secondes, le contact de K 6T se ferme et alimente les bobines K 4Q et K 7T ce qui provoque le shuntage de la résistance R 1 ; la vitesse du moteur augmente.

Trois secondes après cette phase, le contact de K 7T se ferme et alimente la bobine K 5Q. La résistance R 2 est alors court-circuitée et le démarrage du moteur est terminé.

Une action sur le bouton poussoir arrêt (S 1) ou un fonctionnement du relais thermique (F 1) coupe l'alimentation de toutes les bobines et le moteur s'arrête.

Une action sur le bouton poussoir S 3 excite la bobine K 3M qui exécute le même cycle que précédemment. Ce contacteur alimente l'induit en tension inverse ce qui provoque le changement de sens de rotation du moteur.

Remarques :

— Tous les contacteurs possèdent leur propre résistance d'économie.

— Les contacteurs K 2M et K 3M ont un verrouillage électrique et mécanique afin d'éviter de court-circuiter l'induit.

6.2.4 Démarrage automatique

Les boutons poussoirs sont remplacés par des organes de commande automatique.

6.2.5 Réglage de la vitesse du moteur

a) Premier exemple :

Augmentation de la vitesse par rapport à celle dite nominale en diminuant le courant dans le circuit inducteur.

Lorsque le moteur tourne à la vitesse nominale, on insère dans le circuit inducteur des résistances qui limitent le courant dans celui-ci.

Schéma développé du circuit de puissance

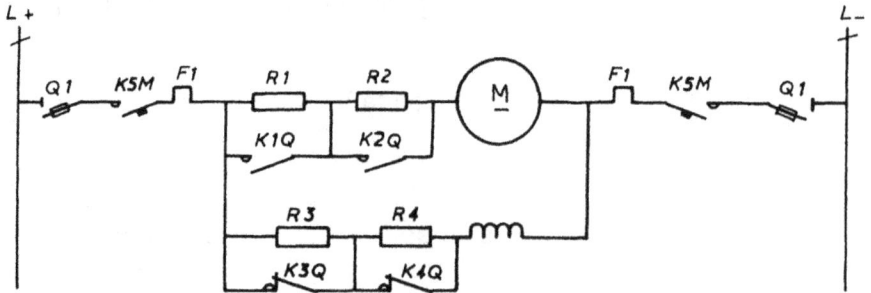

Schéma développé du circuit de commande

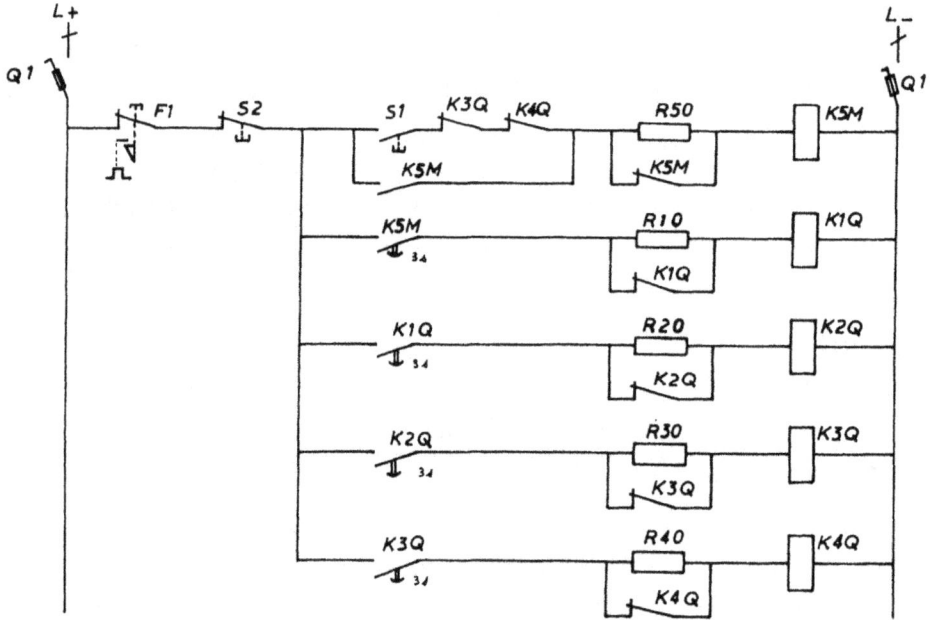

Nota : Les contacteurs et rupteurs possèdent des contacts temporisés.

Légende :
Q 1   : fusible sectionneur
F 1   : relais thermique
S 1   : bouton poussoir marche
S 2   : bouton poussoir arrêt
K 5M : discontacteur principal
K 1Q : contacteur deuxième temps
K 2Q : contacteur troisième temps
K 3Q : rupteur quatrième temps

K 4Q : rupteur cinquième temps
R 10, R 20,
R 30, R 40,
R 50 : résistances d'économie
R 1   : résistance deuxième temps
R 2   : résistance troisième temps
R 3   : résistance quatrième temps
R 4   : résistance cinquième temps
M   : moteur continu à excitation en dérivation

Fonctionnement

Une action sur le bouton poussoir marche (S 1) excite, si les rupteurs K 3Q et K 4Q sont au repos, la bobine K 5M qui :
— s'auto-alimente
— alimente directement l'inducteur du moteur
— alimente l'induit du moteur à travers les résistances R 1 et R 2.

Le moteur démarre.

Au bout de trois secondes, le contact temporisé de K 5M se ferme et alimente la bobine K 1Q ; la résistance R 1 est court-circuitée ; le moteur augmente sa vitesse de rotation.

Trois secondes après cette phase, le contact temporisé de K 1Q se ferme et alimente la bobine K 2Q ; la résistance R 2 est court-circuitée. La vitesse nominale du moteur est atteinte.

Trois secondes après ces opérations, le contact temporisé de K 2Q se ferme et alimente la bobine K 3Q ; la résistance R 3 est insérée dans le circuit inducteur du moteur ; sa vitesse de rotation augmente.

Après trois secondes, le contact temporisé de K 3Q se ferme et alimente la bobine K 4Q ; la résistance R 4 est insérée dans le circuit inducteur. Le moteur atteint la vitesse de rotation désirée.

Une action sur le bouton poussoir arrêt (S 2) ou un fonctionnement du relais thermique (F 1) coupe l'alimentation de toutes les bobines ce qui entraîne l'arrêt du moteur.

Remarques :

Au démarrage, il faut le courant maximum dans le circuit inducteur ; le moteur ne peut pas démarrer si les résistances R 3 et R 4 ne sont pas court-circuitées.

Chaque contacteur et rupteur possède sa propre résistance d'économie.

Avantages et inconvénients

Lors d'une augmentation de la vitesse de rotation d'un moteur par action sur le flux (diminution du courant inducteur), la puissance maximale est constante mais le couple moteur diminue.

b) Deuxième exemple :

Diminution de la vitesse de rotation du moteur en agissant sur la tension d'alimentation de l'induit.

Pour atteindre une vitesse moyenne inférieure à la vitesse nominale du moteur, on insère dans le circuit de l'induit des résistances qui limitent la tension à ses bornes.

Schéma développé du circuit de puissance

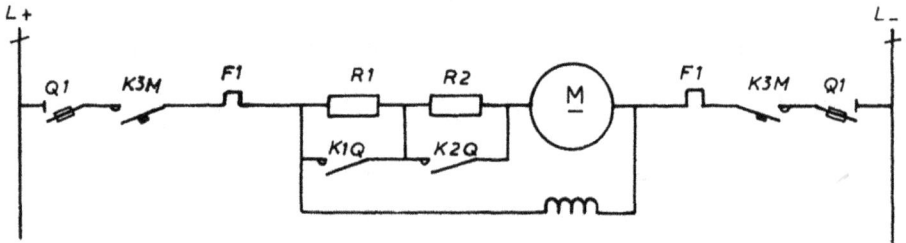

L+ Q1 K3M F1 R1 R2 M F1 K3M Q1 L_
K1Q K2Q

Schéma développé du circuit de commande

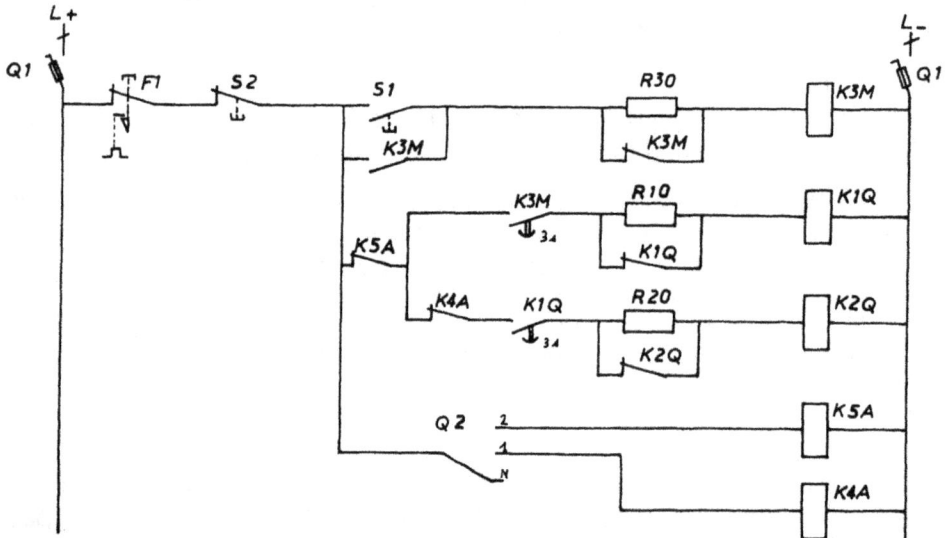

L+ Q1 F1 S2 S1 R30 K3M L_ Q1
K3M K3M
K3M R10 K1Q
K5A K1Q
K4A K1Q R20 K2Q
K2Q
Q2 2 K5A
1
N K4A

Légende :
Q1 : fusible sectionneur
F1 : relais thermique
S1 : bouton poussoir marche
S2 : bouton poussoir arrêt
Q2 : commutateur N : vitesse nominale, 1 : vitesse moyenne, 2 : vitesse très moyenne
K1Q : contacteur deuxième temps
K2Q : contacteur troisième temps
K3M : discontacteur principal
K4A : relais auxiliaire, vitesse moyenne
K5A : relais auxiliaire, vitesse très moyenne
R10, R20,
R30 : résistances d'économie
R1 : résistance deuxième temps
R2 : résistance troisième temps
M : moteur continu à excitation en dérivation

Nota : Les contacteurs possèdent des contacts temporisés.

Fonctionnement

Commutateur Q 2 sur la position N :

Une action sur le bouton poussoir marche (S 1) excite la bobine K 3M qui :
- s'auto-alimente
- alimente l'inducteur du moteur
- alimente l'induit du moteur à travers les résistances R 1 et R 2 ; le moteur démarre.

Au bout de trois secondes, le contact temporisé de K 3M se ferme ce qui provoque l'excitation de la bobine K 1Q et le shuntage de la résistance R 1 ; la vitesse de rotation du moteur augmente.

Trois secondes après cette phase, le contact temporisé de K 1Q se ferme et excite la bobine K 2Q qui permet de court-circuiter la résistance R 2. Le moteur, alimenté sous sa tension normale, atteint sa vitesse de rotation nominale.

Commutateur Q 2 sur la position 1 :

La bobine K 4A s'excite et coupe l'alimentation de la bobine K 2Q ; l'induit du moteur est alimenté à travers la résistance R 2 ; sa vitesse de rotation diminue.

Commutateur Q 2 sur la position 2 :

La bobine K 5A s'excite et coupe l'alimentation des deux bobines K 1Q et K 2Q ; l'induit du moteur est alimenté à travers les résistances R 1 et R 2 ; sa vitesse de rotation diminue encore plus.

Une action sur le bouton poussoir arrêt (S 2) ou un fonctionnement du relais thermique (F 1) coupe l'alimentation du circuit de commande et le moteur s'arrête.

Remarques :

Au démarrage, le commutateur peut être sur n'importe quelle position.

Le commutateur Q 2 est une commande manuelle ; elle peut être remplacée par une commande automatique en utilisant des capteurs.

Avantages et inconvénients :

Lors de la diminution de la vitesse de rotation d'un moteur par action sur la tension d'alimentation de l'induit, le couple moteur est constant mais sa puissance diminue proportionnellement avec sa vitesse. En outre, l'énergie perdue sous forme de chaleur dans les résistances utilisées est très importante.

6.2.6 Freinage du moteur

6.2.6.1 *Freinage mécanique par électro-frein*

Lorsque l'installation se trouve à l'arrêt, l'électro-aimant n'est pas excité et ses mâchoires serrent le disque. Dès que le moteur est alimenté, les mâchoires de l'électro-frein relâchent le disque (électro-aimant excité).

Schéma développé du circuit de puissance

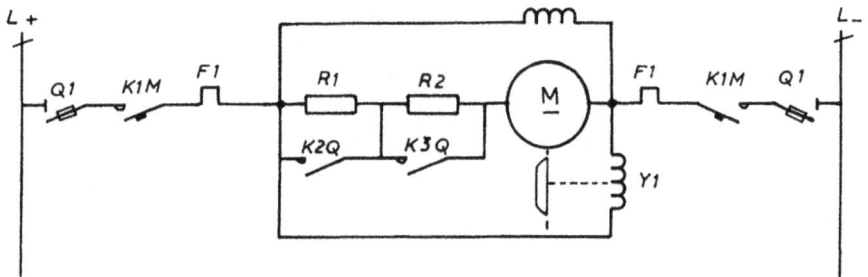

Schéma développé du circuit de commande

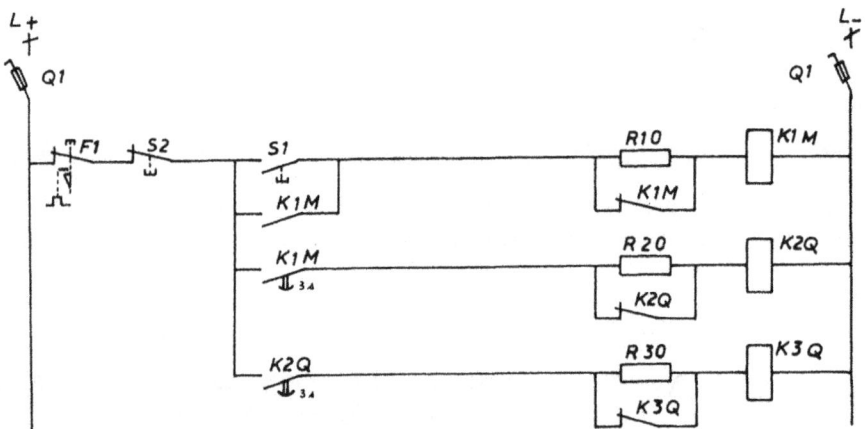

Légende :
Q 1   : fusible sectionneur
F 1   : relais thermique
S 1   : bouton poussoir marche
S 2   : bouton poussoir arrêt
K 1M : discontacteur principal
K 2Q : contacteur deuxième temps
K 3Q : contacteur troisième temps
R 10, R 20,
R 30 : résistances d'économie
R 1   : résistance deuxième temps
R 2   : résistance troisième temps
Y 1   : électro-frein
M   : moteur continu à excitation dérivation

Fonctionnement

Une action sur le bouton poussoir marche (S 1) excite la bobine K 1M qui :
— s'auto-alimente
— alimente l'inducteur du moteur
— alimente l'induit du moteur à travers les résistances R 1 et R 2.
— excite l'électro-frein qui relâche ses mâchoires.
Le moteur démarre.

Au bout de trois secondes, le contact temporisé de K 1M se ferme ce qui provoque l'excitation de la bobine K 2Q et le shuntage de la résistance R 1 ; le moteur augmente sa vitesse de rotation.

Trois secondes après la phase décrite ci-dessus, le contact temporisé de K 2Q se ferme et excite la bobine K 3Q qui court-circuite la résistance R 2. Le moteur, étant alimenté sous sa tension normale, atteint sa vitesse de rotation nominale.

Une action sur le bouton poussoir arrêt (S 2) ou un fonctionnement du relais thermique (F 1) désexcite toutes les bobines ce qui entraîne :
— la coupure de l'alimentation du moteur
— la désexcitation de l'électro-frein ; ses mâchoires serrent le disque et le moteur est freiné jusqu'à l'arrêt complet.

Remarque :

Ce freinage est utilisé lorsque l'on veut immobiliser l'arbre moteur.

6.2.6.2 Freinage électrique

a) Premier exemple :

Pour freiner le moteur continu, il suffit de réduire sa vitesse en diminuant la tension d'alimentation aux bornes de l'induit.

Ce montage est utilisé lorsque l'on veut arrêter le moteur.

Schéma développé du circuit de puissance

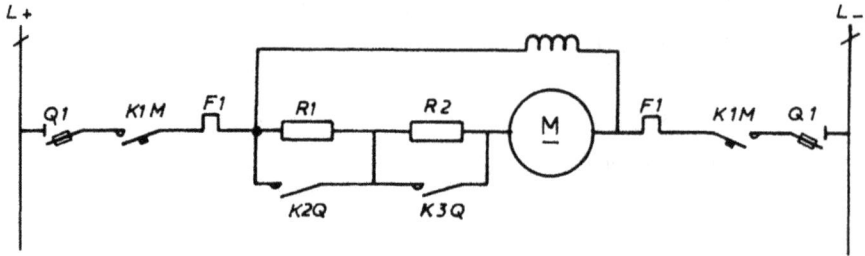

Schéma développé du circuit de commande

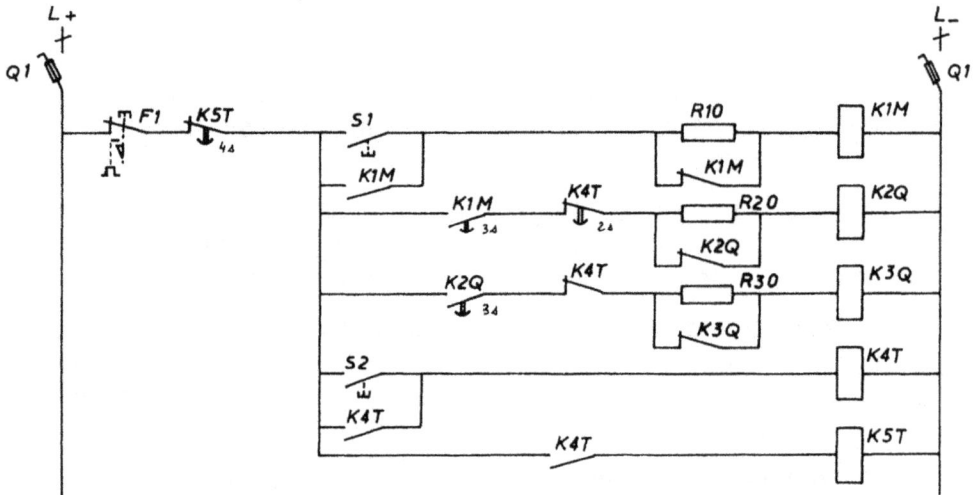

Légende :

Q 1 : fusible sectionneur
F 1 : relais thermique
S 1 : bouton poussoir marche
S 2 : bouton poussoir arrêt
K 1M : discontacteur principal
K 2Q : contacteur deuxième temps
K 3Q : contacteur troisième temps
K 4T : relais temporisé arrêt progressif
K 5T : relais temporisé arrêt définitif
R 10, R 20,
R 30 : résistances d'économie
R 1 : résistance deuxième temps
R 2 : résistance troisième temps
M : moteur continu à excitation en dérivation

Nota : Les contacteurs possèdent des contacts temporisés.

Fonctionnement

Démarrage du moteur :

Une action sur le bouton poussoir marche (S 1) excite la bobine K 1M qui :
— s'auto-alimente
— alimente l'inducteur du moteur
— alimente l'induit du moteur à travers les résistances R 1 et R 2.

Le moteur démarre.

Au bout de trois secondes, le contact temporisé de K 1M se ferme provoquant l'excitation de la bobine K 2Q et le shuntage de la résistance R 1.

Le moteur augmente sa vitesse de rotation.

Trois secondes après cette phase, le contact temporisé de K 2Q se ferme et excite la bobine K 3Q qui court-circuite la résistance R 2.

Le moteur, étant alimenté sous sa tension normale, atteint sa vitesse de rotation nominale.

Arrêt du moteur :

Une action sur le bouton poussoir S 2 excite la bobine K 4T qui :
— s'auto-alimente
— coupe l'alimentation de la bobine K 3Q : l'induit du moteur est alimenté à travers la résistance R 2 ce qui provoque une diminution de vitesse.
— excite la bobine K 5T.

Au bout de deux secondes, le contact temporisé de K 4T s'ouvre et désexcite la bobine K 2Q ; l'induit du moteur est alimenté à travers les résistances R 1 et R 2 ; sa vitesse décroît encore.

Deux secondes après la phase décrite ci-dessus, le contact temporisé K 5T s'ouvre et désexcite toutes les bobines. Le moteur n'est plus alimenté et s'arrête.

Un fonctionnement du relais thermique (F 1) coupe l'alimentation du circuit de commande ; le moteur s'arrête sans freinage.

b) Deuxième exemple :

Le moteur est transformé en génératrice à courant continu :
— en alimentant le circuit inducteur.
— en coupant l'alimentation du circuit induit.
— en raccordant une ou plusieurs résistances aux bornes de celui-ci.

Cette génératrice débite un courant dans ces résistances.

Schéma développé du circuit de puissance

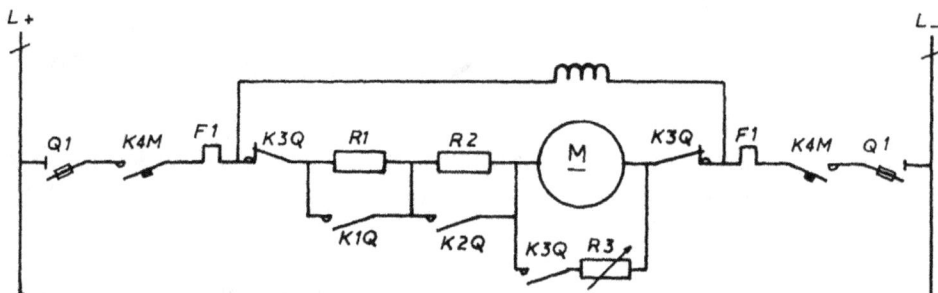

Schéma développé du circuit de commande

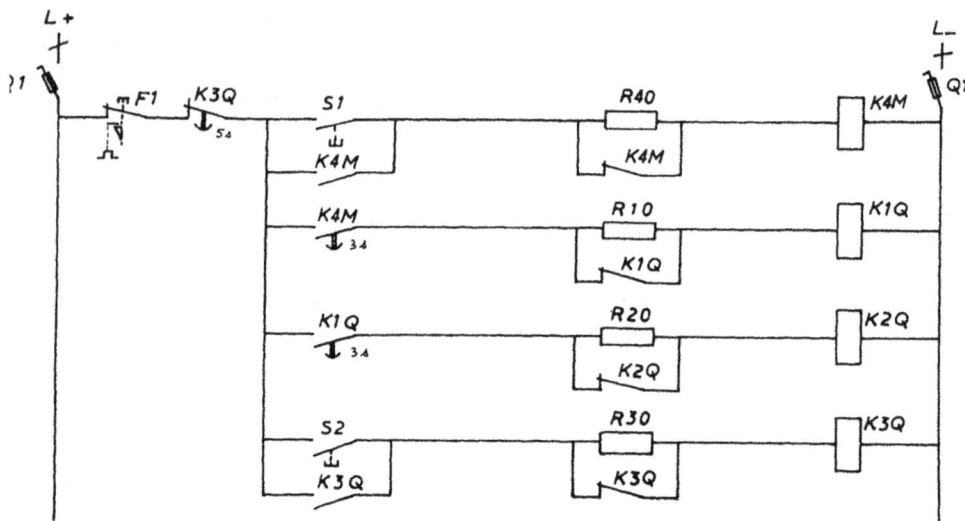

Légende :
Q1   : fusible sectionneur
F1   : relais thermique
S1   : bouton poussoir marche
S2   : bouton poussoir arrêt
K1Q : contacteur deuxième temps
K2Q : contacteur troisième temps
K3Q : contacteur de freinage
K4M : discontacteur principal
R10, R20,
R30, R40 : résistances d'économie
R1   : résistance deuxième temps
R2   : résistance troisième temps
R3   : résistance de freinage
M   : moteur continu à excitation en dérivation

Nota : Les contacteurs possèdent des contacts temporisés.

268

Fonctionnement

Démarrage du moteur :

Une action sur le bouton poussoir marche (S 1) excite la bobine K 4M qui :
- s'auto-alimente
- alimente l'inducteur du moteur
- alimente l'induit du moteur à travers les résistances R 1 et R 2.

Le moteur démarre.

Au bout de trois secondes, le contact temporisé de K 4M se ferme provoquant l'excitation de la bobine K 1Q et le shuntage de la résistance R 1.

Le moteur augmente sa vitesse de rotation.

Trois secondes après cette phase, le contact temporisé de K 1Q se ferme et excite la bobine K 2Q qui permet le shuntage de la résistance R 2. Le moteur, étant alimenté sous sa tension normale, atteint sa vitesse de rotation nominale.

Arrêt du moteur :

Une action sur le bouton poussoir arrêt (S 2) excite la bobine K 3Q qui :
- s'auto-alimente
- coupe l'alimentation de l'induit du moteur
- raccorde la résistance de charge aux bornes de cet induit.

Le moteur devient génératrice et débite dans la résistance R 3 ; il perd peu à peu de la vitesse.

Au bout de cinq secondes, le contact temporisé de K 3Q s'ouvre ce qui provoque la désexcitation de toutes les bobines ; le contacteur K 4M s'ouvre et l'inducteur du moteur se trouve désalimenté.

Un fonctionnement du relais thermique (F 1) désexcite toutes les bobines des contacteurs ; le moteur s'arrête sans freinage.

Remarque :

Ce freinage est utilisé fréquemment lorsque le moteur est entraîné par sa charge à la coupure de l'alimentation.

6.3 Moteur à excitation en série

6.3.1 Généralités

Les bobines inductrices sont constituées d'un nombre très faible de spires, en conducteur de grosse section ; elles sont raccordées en série avec l'induit.

Caractéristiques du moteur à excitation en série

- La vitesse de rotation dépend de la charge (elle diminue lorsque la charge augmente).

- Le couple moteur augmente lorsque la charge augmente.

- Le couple moteur diminue lorsque la vitesse de rotation augmente (au démarrage ce couple moteur est maximal).

- Ce moteur n'est absolument pas sensible à une variation de la tension d'alimentation.

- Il ne doit jamais démarrer à vide car il s'emballe.

Utilisation

Ce moteur est très bien adapté aux problèmes de traction électrique et aux appareils de levage qui, d'une part, démarrent toujours en charge et d'autre part ont besoin d'un très grand couple à la mise en service.

6.3.2 Démarrage manuel

Ce démarrage est de nos jours peu utilisé.

Schéma développé d'un moteur à un seul sens de rotation

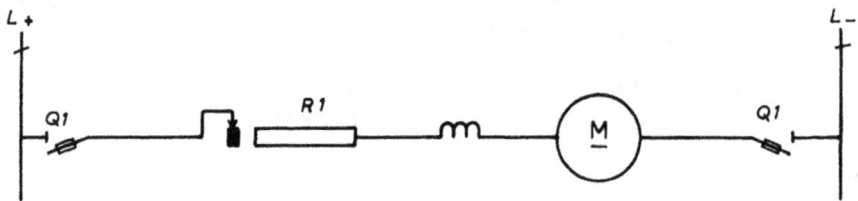

Légende :
Q 1 : fusible sectionneur
R 1 : rhéostat de démarrage avec position de coupure
M   : moteur continu à excitation en série

6.3.3 Démarrage semi-automatique

Le rhéostat de démarrage est remplacé par des résistances fixes qui sont progressivement éliminées par des contacteurs.

a) Premier exemple :

Moteur à excitation en série avec un seul sens de rotation.

Schéma développé rangé des circuits de puissance et de commande

Lettre repère	Désignation	Schéma
W	Alimentation continue	
Q1	Fusible sectionneur	
S2	Bouton poussoir arrêt	
S1	Bouton poussoir marche	
K3M	Discontacteur marche	
F1	Relais thermique	
R30	Résistance d'économie	
R1	Résistance 2e temps	
K1Q	Contacteur 2e temps	
R10	Résistance d'économie	
R2	Résistance 3e temps	
K2Q	Contacteur 3e temps	
R20	Résistance d'économie	
M	Moteur continu à excitation en série	

Nota : *Les contacteurs possèdent des contacts temporisés.*

Schéma développé du circuit de commande

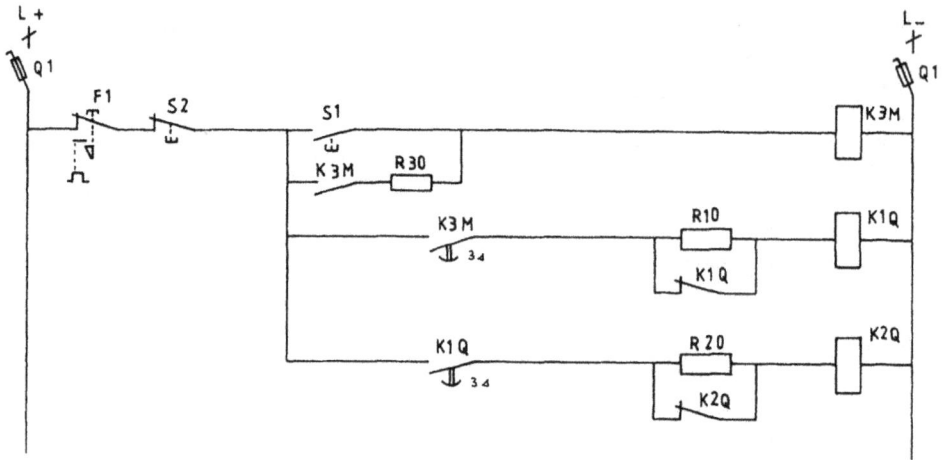

Schéma développé du circuit de puissance

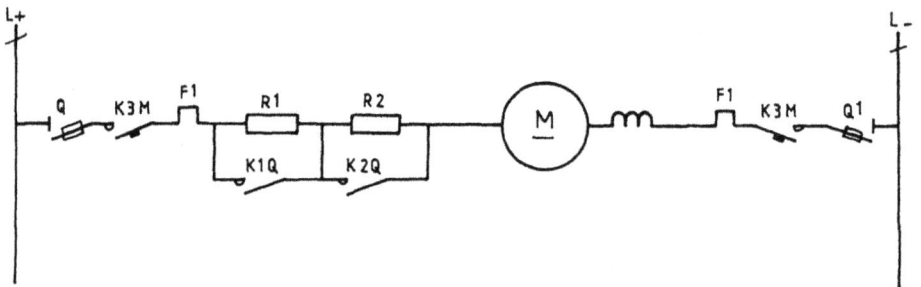

Légende :

Q1	: fusible sectionneur
F1	: relais thermique
S1	: bouton poussoir marche
S2	: bouton poussoir arrêt
K3M	: discontacteur marche
K1Q	: contacteur 2e temps
K2Q	: contacteur 3e temps
R10, R20	
R30	: résistance d'économie
R1	: résistance 2e temps
R2	: résistance 3e temps
M	: moteur continu excitation série

Fonctionnement

Une action sur le bouton poussoir marche (S 1) excite la bobine K 3M qui :
- s'auto-alimente
- alimente l'inducteur et l'induit du moteur à travers les résistances de limitation du courant de démarrage (R 1 et R 2) ; le moteur démarre.

Au bout de trois secondes, le contact temporisé de K 3M se ferme ce qui provoque l'excitation de la bobine K 1Q et le shuntage de la résistance R 1.

Le moteur augmente sa vitesse de rotation.

Trois secondes après cette phase, le contact temporisé de K 1Q se ferme et excite la bobine K 2Q qui court-circuite la résistance R 2. Le moteur est alors alimenté sous sa tension nominale et le démarrage est terminé.

Une action sur le bouton poussoir arrêt (S 2) ou un fonctionnement du relais thermique (F 1) désexcite toutes les bobines. Le moteur s'arrête.

b) Deuxième exemple :

Moteur à excitation en série à deux sens de rotation.

Schéma développé du circuit de puissance

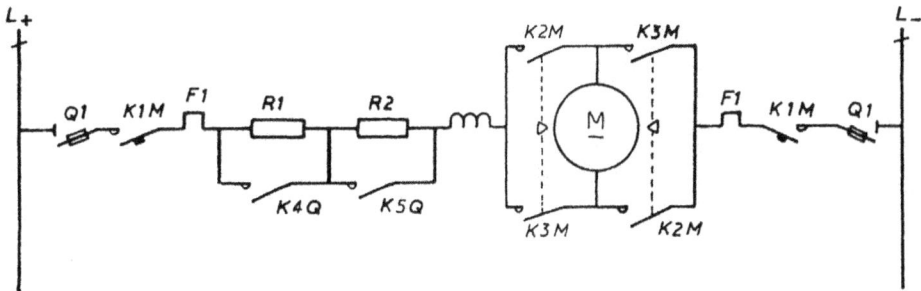

Schéma développé du circuit de commande

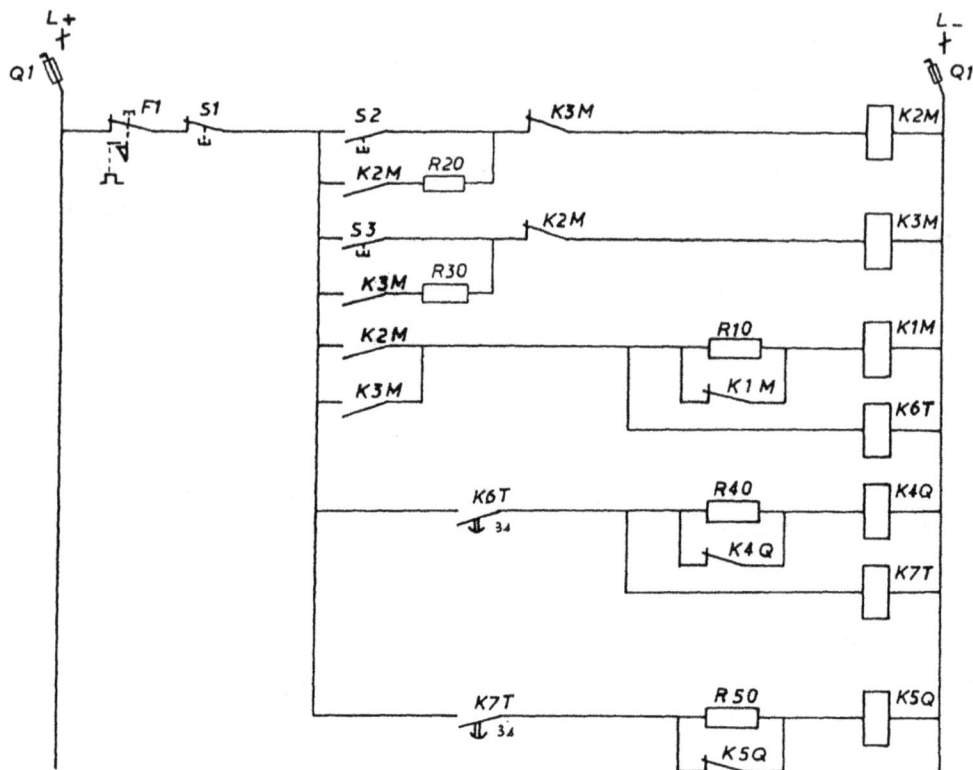

Légende :
Q1   : fusible sectionneur
F1   : relais thermique
S1   : bouton poussoir arrêt
S2   : bouton poussoir marche avant
S3   : bouton poussoir marche arrière
K1M : discontacteur principal
K2M : contacteur marche avant
K3M : contacteur marche arrière
K4Q : contacteur deuxième temps
K5Q : contacteur troisième temps
K6T : relais temporisé deuxième temps
K7T : relais temporisé troisième temps
R10, R20,
R30, R40,
R50 : résistances d'économie
R1   : résistance deuxième temps
R2   : résistance troisième temps
M   : moteur continu à excitation en série

274

Fonctionnement

Une action sur le bouton poussoir S 2 excite la bobine K 2M qui :
— s'auto-alimente
— excite les bobines K 1M et K 6T
— permet l'alimentation du moteur à travers les deux résistances R 1 et R 2.

Le moteur démarre.

Au bout de trois secondes, le contact de K 6T se ferme et alimente les bobines K 4Q et K 7T ce qui provoque le shuntage de la résistance R 1 ; la vitesse de rotation du moteur augmente.

Trois secondes après cette phase, le contact de K 7T se ferme et alimente la bobine K 5Q ; la résistance R 2 est alors court-circuitée et le démarrage du moteur est terminé.

Une action sur le bouton possoir arrêt (S 1) ou un fonctionnement du relais thermique (F 1) coupe l'alimentation de toutes les bobines et le moteur s'arrête.

Une action sur le bouton poussoir S 3 excite la bobine K 3M qui décrit le même cycle que précédemment. Le contacteur alimente l'induit en tension inverse ce qui provoque le changement du sens de rotation du moteur.

Remarques :

Tous les contacteurs possèdent leur propre résistance d'économie.

Les contacteurs K 2M et K 3M ont un verrouillage électrique et mécanique afin d'éviter de court-circuiter l'induit.

6.3.4 Démarrage automatique

Les boutons poussoirs sont remplacés par des organes de commande automatique.

6.3.5 Réglage de la vitesse du moteur

a) Premier exemple :

Augmentation de la vitesse par rapport à celle dite nominale en diminuant le courant inducteur.

Lorsque le moteur tourne à la vitesse nominale, on raccorde en parallèle sur l'inducteur des résistances qui dérivent une partie du courant.

Schéma développé du circuit de puissance

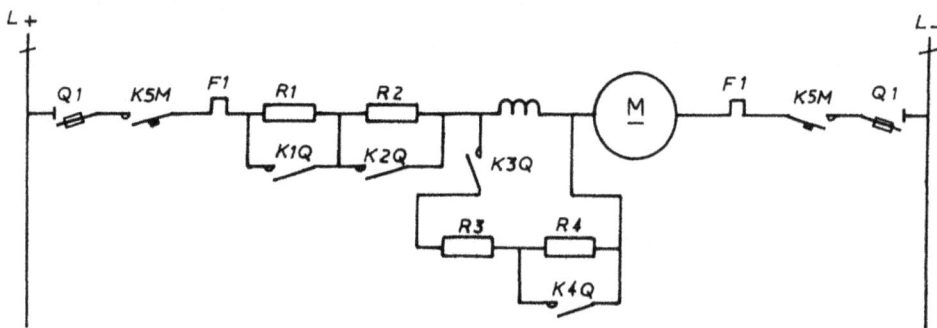

Schéma développé du circuit de commande

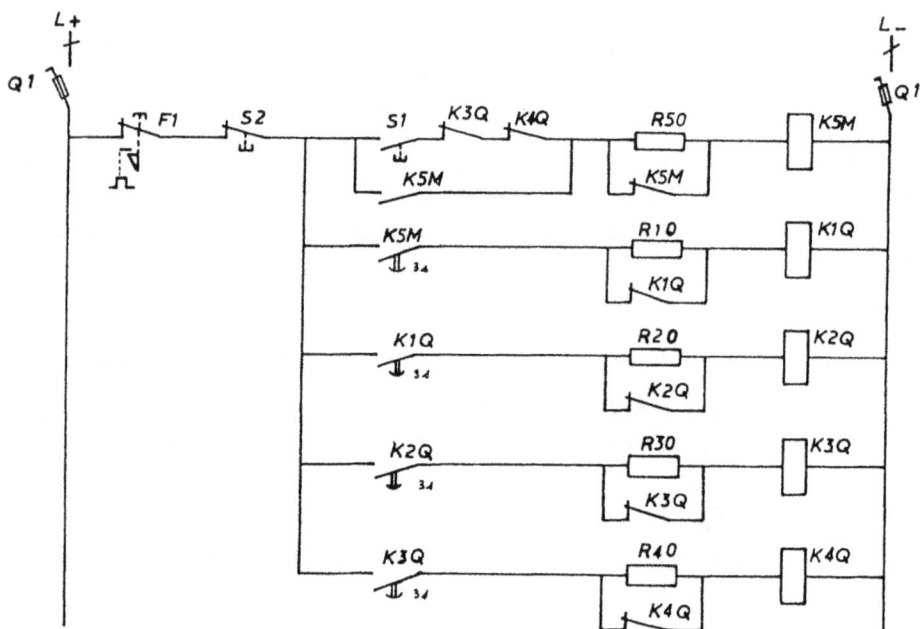

Nota : *Les contacteurs possèdent des contacts temporisés.*

Légende :

Q 1	: fusible sectionneur
F 1	: relais thermique
S 1	: bouton poussoir marche
S 2	: bouton poussoir arrêt
K 5M	: discontacteur principal
K 1Q	: contacteur deuxième temps
K 2Q	: contacteur troisième temps
K 3Q	: contacteur quatrième temps

K 4Q	: contacteur cinquième temps
R 10, R 20,	
R 30, R 40,	
R 50	: résistances d'économie
R 1	: résistance deuxième temps
R 2	: résistance troisième temps
R 3	: résistance quatrième temps
R 4	: résistance cinquième temps
M	: moteur continu à excitation en série

Fonctionnement

Une action sur le bouton poussoir marche (S 1) excite, si les contacteurs K 3Q et K 4Q sont au repos, la bobine K 5M qui :
— s'auto-alimente
— alimente l'inducteur et l'induit du moteur à travers les résistances R 1 et R 2.

Le moteur démarre.

Au bout de trois secondes, le contact temporisé de K 5M se ferme et alimente la bobine K 1Q ; la résistance R1 est court-circuitée ; la vitesse de rotation du moteur augmente.

Trois secondes après cette phase, le contact temporisé de K 1Q se ferme et alimente la bobine K 2Q ; la résistance R 2 est court-circuitée. Le moteur tourne à sa vitesse nominale.

Après trois secondes, le contact temporisé de K 2Q se ferme et alimente la bobine K 3Q ; les résistances R 3 et R 4 sont raccordées en parallèle sur l'inducteur du moteur ; sa vitesse de rotation augmente.

Trois secondes après ces opérations, le contact temporisé de K 3Q se ferme et alimente la bobine de K 4Q ; la résistance R 4 est shuntée.

Le moteur atteint la vitesse de rotation désirée.

Une action sur le bouton poussoir arrêt (S 2) ou un fonctionnement du relais thermique (F 1) coupe l'alimentation de toutes les bobines et le moteur s'arrête.

Remarques :

— Au démarrage, il faut le courant maximum dans le circuit inducteur ; le moteur ne peut pas démarrer si les résistances R 3 et R 4 sont en service.

— Le choix des résistances R 3 et R 4 est très important car le courant qui traverse l'inducteur ne doit pas être trop faible (risque d'emballement du moteur).

— Chaque contacteur possède sa propre résistance d'économie.

Avantages et inconvénients

Lors d'une augmentation de la vitesse de rotation d'un moteur par action sur le flux (diminution du courant inducteur), la puissance maximale est constante mais le couple moteur diminue.

b) *Deuxième exemple* :

Diminution de la vitesse de rotation du moteur en agissant sur sa tension d'alimentation.

Pour atteindre une vitesse de rotation inférieure à celle dite nominale, on insère dans le circuit du moteur des résistances qui limitent la tension à ses bornes.

Schéma développé du circuit de puissance

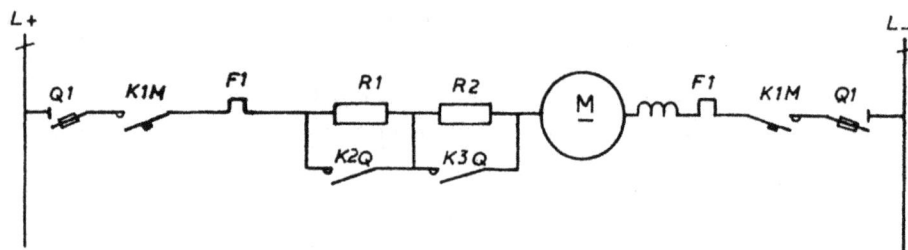

Schéma développé du circuit de commande

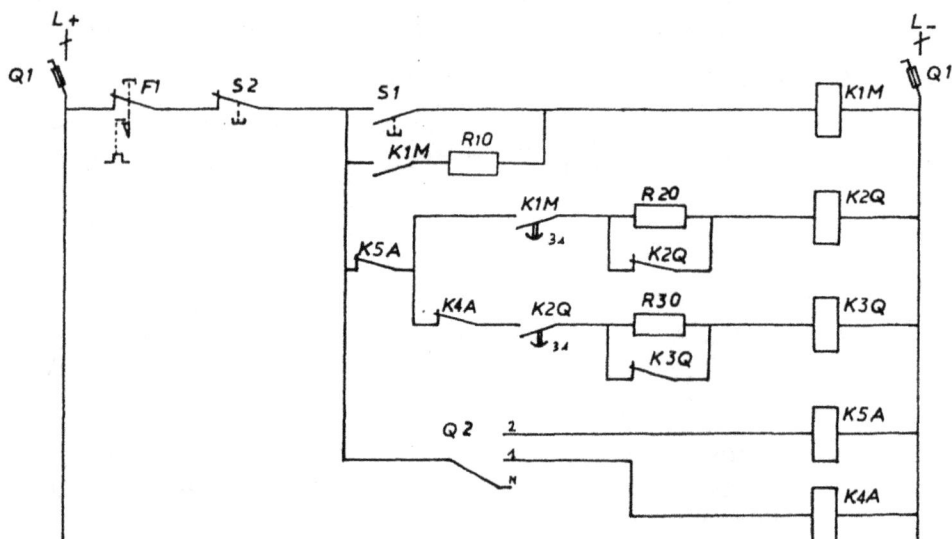

Légende :
Q1   : *fusible sectionneur*
F1   : *relais thermique*
S1   : *bouton poussoir marche*
S2   : *bouton poussoir arrêt*
Q2   : *commutateur N : vitesse nominale, 1 : vitesse moyenne, 2 : vitesse très moyenne*
K4A : *relais auxiliaire, vitesse moyenne*
K5A : *relais auxiliaire, vitesse très moyenne*

K 1M : *discontacteur principal*
K 2Q : *contacteur deuxième temps*
K 3Q : *contacteur troisième temps*
R 10, R 20,
R 30 : *résistances d'économie*
R 1 : *résistance deuxième temps*
R 2 : *résistance troisième temps*
M : *moteur continu à excitation en série*

Nota : *Les contacteurs possèdent des contacts temporisés.*

Fonctionnement

Commutateur Q 2 sur la position N :

Une action sur le bouton poussoir marche (S 1) excite la bobine K 1M qui :
— s'auto-alimente
— alimente l'inducteur et l'induit du moteur à travers les résistances R 1 et R 2.

Le moteur démarre.

Au bout de trois secondes, le contact temporisé de K 1M se ferme ce qui provoque l'excitation de la bobine K 2Q et le shuntage de la résistance R 1 ; le moteur augmente sa vitesse.

Trois secondes après, le contact temporisé de K 2Q se ferme et excite la bobine K 3Q qui court-circuite la résistance R 2 ; le moteur est alors alimenté sous sa tension nominale et le démarrage est terminé.

Commutateur Q 2 sur la position 1 :

La bobine K 4A s'excite et coupe l'alimentation de la bobine K 3Q ; le moteur est alimenté à travers la résistance R 2 ; sa vitesse de rotation diminue.

Commutateur Q 2 sur la position 2 :

La bobine K 5A s'excite et coupe l'alimentation des deux bobines K 2Q et K 3Q. Le moteur est alimenté à travers les résistances R 1 et R 2 ; sa vitesse de rotation diminue encore plus.

Une action sur le bouton poussoir arrêt (S 2) ou un fonctionnement du relais thermique (F 1) coupe l'alimentation du circuit de commande et le moteur s'arrête.

Remarques :

Le commutateur Q 2 est une commande manuelle ; elle peut être remplacée par une commande automatique en utilisant des capteurs.

Au démarrage, le commutateur peut être sur n'importe quelle position.

Avantages et inconvénients

Lors de la diminution de la vitesse de rotation d'un moteur par action sur sa tension d'alimentation, le couple moteur est constant mais sa puissance diminue proportionnellement à sa vitesse.

En outre l'énergie perdue sous forme de chaleur dans les résistances utilisées est très importante.

6.3.6 Freinage du moteur

6.3.6.1 *Freinage par électro-frein*

Lorsque l'installation se trouve à l'arrêt, l'électro-aimant n'est pas excité et les mâchoires serrent le disque accouplé au moteur. Dès que celui-ci est alimenté, les mâchoires relâchent le disque (électro-aimant excité).

Schéma développé du circuit de puissance

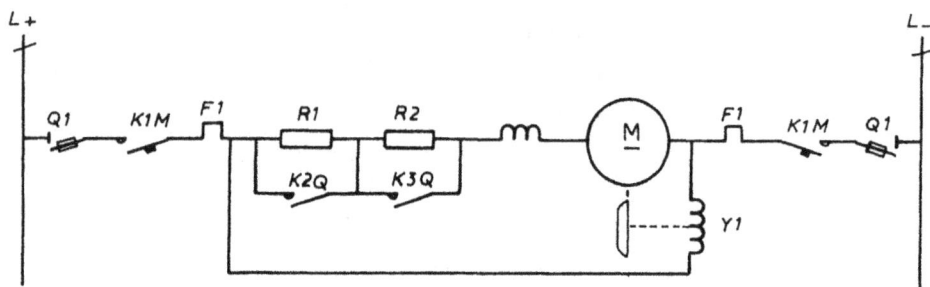

Schéma développé du circuit de commande

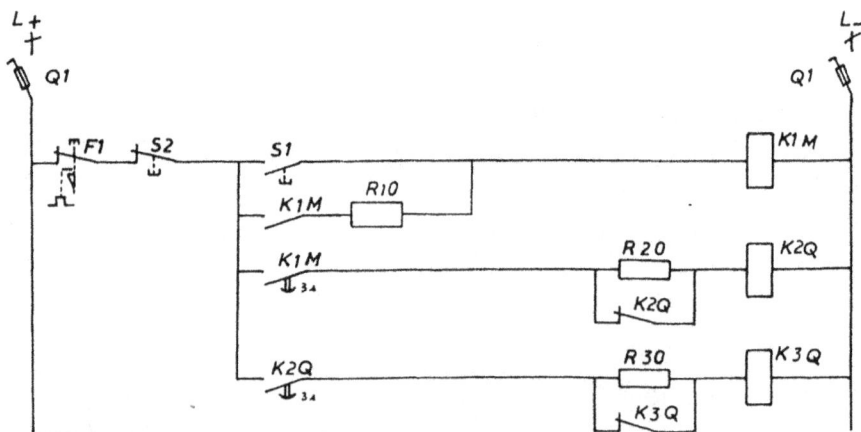

Légende :
Q 1 : *fusible sectionneur*
F 1 : *relais thermique*
S 1 : *bouton poussoir marche*
S 2 : *bouton poussoir arrêt*
K 1M : *discontacteur principal*
K 2Q : *contacteur deuxième temps*
K 3Q : *contacteur troisième temps*
R 10, R 20,
R 30 : *résistances d'économie*
R 1 : *résistance deuxième temps*
R 2 : *résistance troisième temps*
Y 1 : *électro-frein*
M : *moteur continu à excitation en série*

Fonctionnement

Une action sur le bouton poussoir marche (S 1) excite la bobine K 1M qui :
— s'auto-alimente
— alimente l'inducteur et l'induit du moteur à travers les résistances R 1 et R 2.

— excite l'électro-frein qui relâche ses mâchoires ; le moteur démarre.

Au bout de trois secondes, le contact temporisé de K 1M se ferme ce qui provoque l'excitation de la bobine K 2Q et le shuntage de la résistance R 1 ; le moteur augmente sa vitesse de rotation.

Trois secondes après, le contact temporisé de K 2Q se ferme et excite la bobine K 3Q qui court-circuite la résistance R 2 ; le moteur, alimenté sous sa tension d'utilisation, atteint sa vitesse nominale.

Une action sur la bouton poussoir arrêt (S 2) ou un fonctionnement du relais thermique (F 1) désexcite toutes les bobines ce qui entraîne :

— la coupure de l'alimentation du moteur
— la désexcitation de l'électro-frein ; ses mâchoires resserrent le disque et le moteur est freiné jusqu'à l'arrêt complet.

Remarque :

Ce freinage est utilisé lorsque l'on veut immobiliser l'arbre moteur.

6.3.6.2 Freinage électrique

a) Premier exemple :

Pour freiner le moteur continu, il suffit de réduire sa vitesse en diminuant la tension d'alimentation à ses bornes ; pour cela, il faut insérer des résistances dans le circuit de puissance.

Schéma développé du circuit de puissance

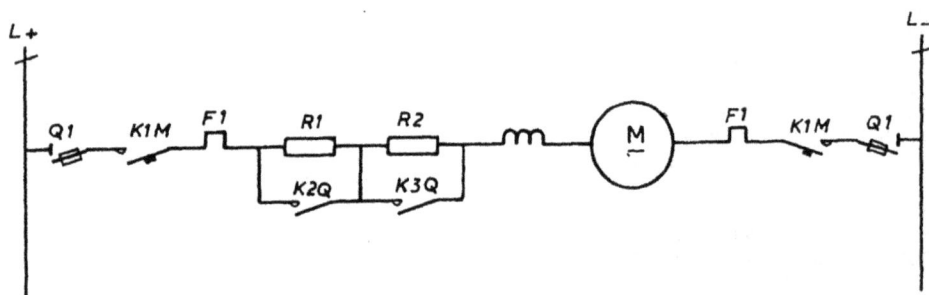

Schéma développé du circuit de commande

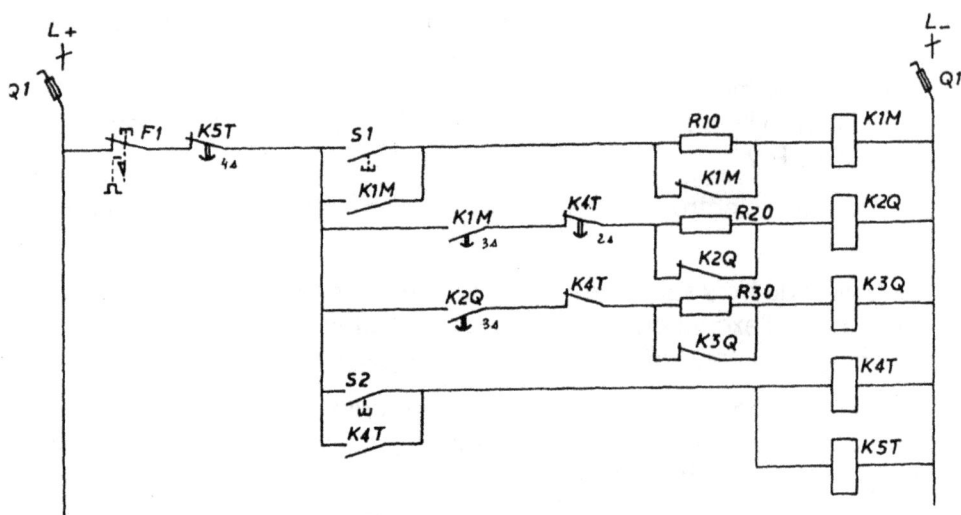

Légende :
Q1   : fusible sectionneur
F1   : relais thermique
S1   : bouton poussoir marche
S2   : bouton poussoir arrêt
K2Q : contacteur deuxième temps
K3Q : contacteur troisième temps
K1M : discontacteur principal
K4T : relais temporisé, arrêt progressif
K5T : relais temporisé, arrêt définitif
R10, R20,
        R30 : résistances d'économie
R1   : résistance deuxième temps
R2   : résistance troisième temps
M   : moteur continu à excitation en série

Nota : Les contacteurs possèdent des contacts temporisés.

282

Fonctionnement

Démarrage du moteur :

Une action sur le bouton poussoir marche (S 1) excite la bobine K 1M qui :
- s'auto-alimente
- alimente l'inducteur et l'induit du moteur à travers les résistances R 1 et R 2 ; le moteur démarre.

Au bout de trois secondes, le contact temporisé de K 1M se ferme ce qui provoque l'excitation de la bobine K 2Q et le shuntage de la résistance R 1 ; le moteur augmente sa vitesse de rotation.

Trois secondes après cette phase, le contact temporisé de K 2Q se ferme et excite la bobine K 3Q qui court-circuite la résistance R 2 ; le moteur atteint sa vitesse de rotation nominale.

Arrêt du moteur :

Une action sur le bouton poussoir S 2 excite les bobines K 4T et K 5T qui :
- s'auto-alimentent
- coupent l'alimentation de la bobine K 3Q : le moteur est alimenté à travers la résistance R 2 ce qui provoque une diminution de vitesse.

Au bout de deux secondes, le contact temporisé de K 4T s'ouvre et désexcite la bobine K 2Q ; le moteur est alimenté à travers les résistances R 1 et R 2 ; sa vitesse décroît encore.

Deux secondes après cette phase, le contact temporisé K 5T s'ouvre et désexcite toutes les bobines. Le moteur n'est plus alimenté et s'arrête.

Un fonctionnement du relais thermique (F 1) coupe l'alimentation du circuit de commande ; le moteur s'arrête sans freinage.

b) Deuxième exemple :

Pour freiner le moteur à courant continu, il suffit d'inverser le circuit inducteur de façon à pouvoir l'amorcer en génératrice.

Schéma développé du circuit de puissance

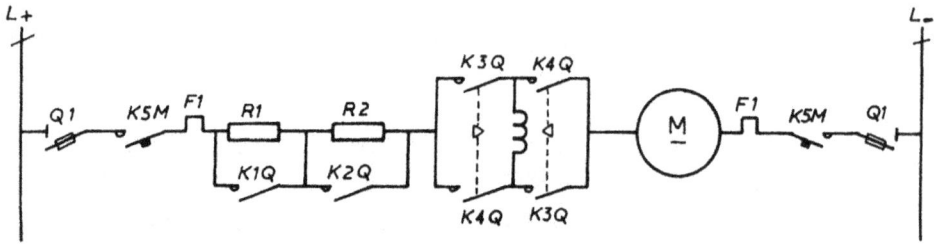

Schéma développé du circuit de commande

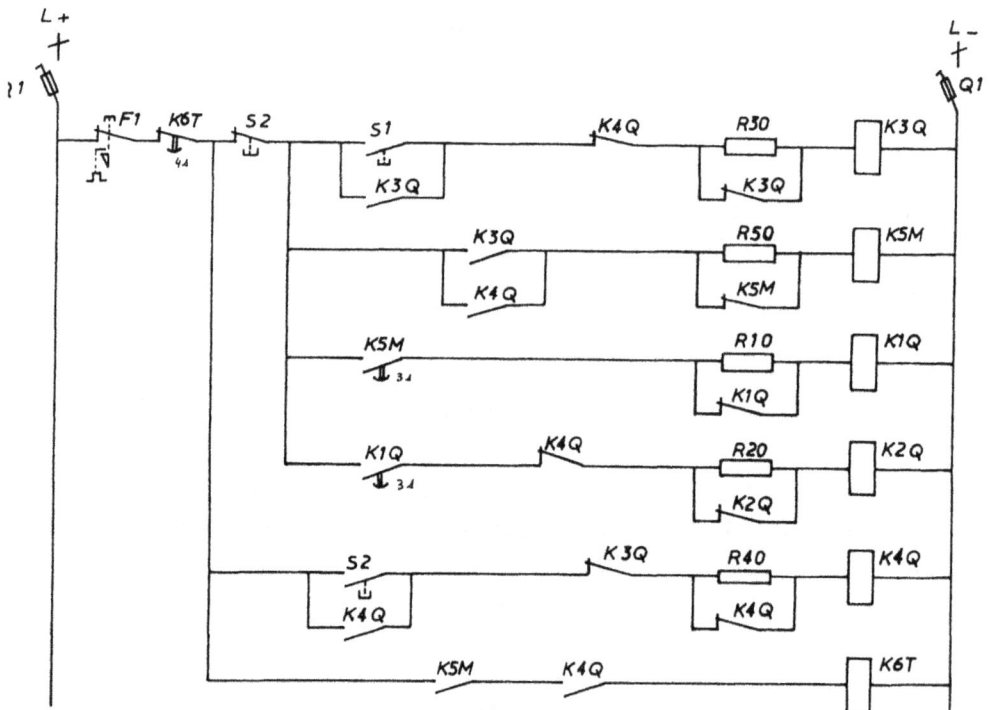

Nota : *les contacteurs possèdent des contacts temporisés.*

Légende :

Q 1 : fusible sectionneur
F 1 : relais thermique
S 1 : bouton poussoir marche
S 2 : bouton poussoir arrêt
K 1Q : contacteur deuxième temps
K 2Q : contacteur troisième temps
K 3Q : contacteur marche moteur
K 4Q : contacteur freinage

K 5M : discontacteur principal
K 6T : relais temporisé arrêt
R 10, R 20,
R 30, R 40,
R 50 : résistances d'économie
R 1 : résistance deuxième temps
R 2 : résistance troisième temps
M : moteur continu à excitation en série

Fonctionnement

Démarrage du moteur :

Une action sur le bouton poussoir marche (S 1) excite la bobine K 3Q qui :
- s'auto-alimente
- raccorde l'inducteur série dans le circuit
- alimente la bobine K 5M.

Le moteur démarre.

Au bout de trois secondes, le contact temporisé de K 5M se ferme et alimente la bobine K 1Q ; la résistance R 1 est court-circuitée ; la vitesse de rotation du moteur augmente.

Trois secondes après cette phase, le contact temporisé de K 1Q se ferme et alimente la bobine K 2Q. La résistance R 2 est court-circuitée.

Le démarrage est terminé ; le moteur tourne à la vitesse nominale.

Arrêt et freinage du moteur :

Une action sur le bouton poussoir arrêt (S 2) coupe l'alimentation de toutes les bobines mais, excite la bobine K 4Q qui :
- s'auto-alimente
- inverse le branchement de l'inducteur série
- réalimente la bobine K 5M lorsque le bouton poussoir est relâché
- excite la bobine K 6T
- empêche la réalimentation de la bobine K 2Q pendant le cycle d'élimination de résistances.

Le moteur est freiné pendant quatre secondes ; le contact temporisé de K 6T s'ouvre et désalimente toutes les bobines.

Remarques :
- Il faut un verrouillage électrique et mécanique entre K 3Q et K 4Q pour éviter le court-circuitage de l'inducteur.

- Au début du freinage, il faut réalimenter le moteur à travers les résistances de limitation de courant R 1 et R 2.

- Pendant le freinage, ces résistances seront éliminées avec le même cycle qu'au démarrage sauf pour la dernière résistance.

- L'alimentation du moteur sera interrompu avant l'arrêt complet du moteur (risque d'inversion de son sens de rotation).

- Le moteur, devenu génératrice, doit toujours débiter sur une résistance (ici la résistance R 2).

c) Troisième exemple :

Cas particulier d'un monte-charge :

— Dans le sens montée, le moteur tourne dans un sens de rotation.

— Dans le sens descente, le sens de rotation est inversé ; le moteur fonctionne en génératrice qui s'amorce sans modifier le branchement du circuit inducteur grâce au flux rémanent.

Schéma développé du circuit de puissance

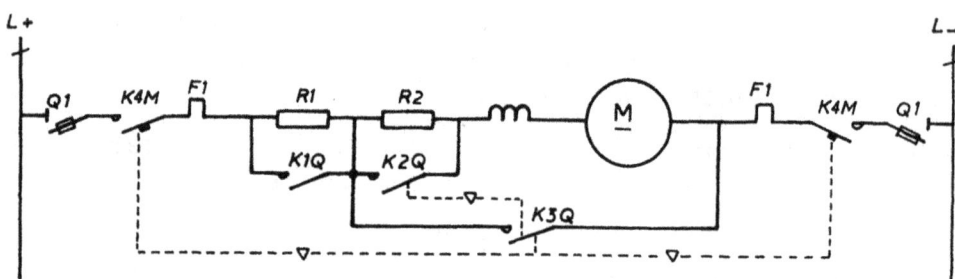

Légende :
Q1   : fusible sectionneur
F1   : relais thermique
K4M : discontacteur principal
K1Q : contacteur deuxième temps
K2Q : contacteur troisième temps
K3Q : contacteur de freinage
R1   : résistance deuxième temps
R2   : résistance troisième temps
M   : moteur continu à excitation en série

Fonctionnement

Sens montée : c'est le démarrage et le fonctionnement classique d'un moteur continu à excitation en série.

Sens descente : seul, le contacteur K3Q est fermé. La charge entraîne le moteur en sens inverse ; celui-ci s'amorce et devient génératrice qui débite dans la résistance R2.

Remarque :

Il faut absolument un verrouillage électrique et mécanique entre :
— K4M et K3Q pour éviter les courts-circuits
— K3Q et K2Q pour éviter que le moteur devenu génératrice débite sur un court-circuit.

6.4 Moteur à excitation composée

6.4.1 Généralités

Les bobines inductrices sont constituées :

— d'une part, d'un très grande nombre de spires en conducteur de faible section, raccordées aux bornes de l'induit.

— d'autre part, d'un très faible nombre de spires en conducteur de forte section, raccordées en série avec l'induit.

Un moteur à excitation composée possède donc un inducteur dérivation et un inducteur série. Lorsque les effets de ces excitations vont dans le même sens, le moteur est dit à flux additif.

Caractéristiques du moteur à excitation composé à flux additif

Ces caractéristiques se situent entre celles d'un moteur à excitation dérivation et celles d'un moteur à excitation en série ; elles combinent les avantages de ces deux moteurs sur les points suivants :

— Le couple moteur est plus fort au démarrage que celui d'un moteur à excitation en dérivation.

— Ce moteur ne s'emballe pas à vide.

— Ce moteur n'est pas trop sensible aux chutes ou aux baisses de tension.

Utilisation

Suivant la prépondérance de l'enroulement en série ou en dérivation, il est employé dans les machines-outils, dans les appareils de levage, en traction électrique.

6.4.2 Démarrage manuel

Ce démarrage est de nos jours très peu utilisé.

Schéma développé : Moteur à un seul sens de rotation.

a) Premier cas :

BRANCHEMENT EN LONGUE DÉRIVATION

Le courant traversant l'inducteur série est égal à celui qui circule dans l'induit du moteur.

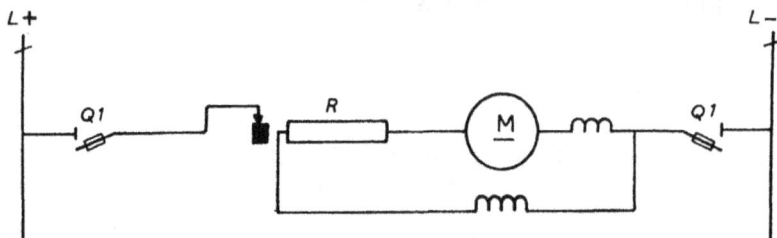

b) Deuxième cas :

BRANCHEMENT EN COURTE DÉRIVATION

Le courant traversant l'inducteur série est égal à la somme des courants traversant l'induit et l'inducteur dérivation.

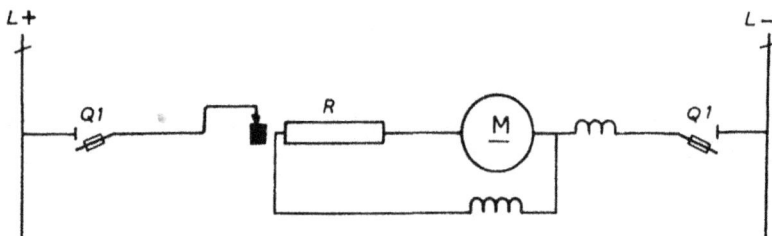

Remarque :

A la mise sous tension, le courant dans l'inducteur dérivation est maximum tandis que le courant dans l'induit est limité par le rhéostat de démarrage.

6.4.3 Démarrage semi-automatique

Le rhéostat de démarrage est remplacé par des résistances qui sont progressivement éliminées par des contacteurs.

a) Premier exemple :

Moteur à excitation composée avec un seul sens de rotation.

Schéma développé rangé du montage courte dérivation

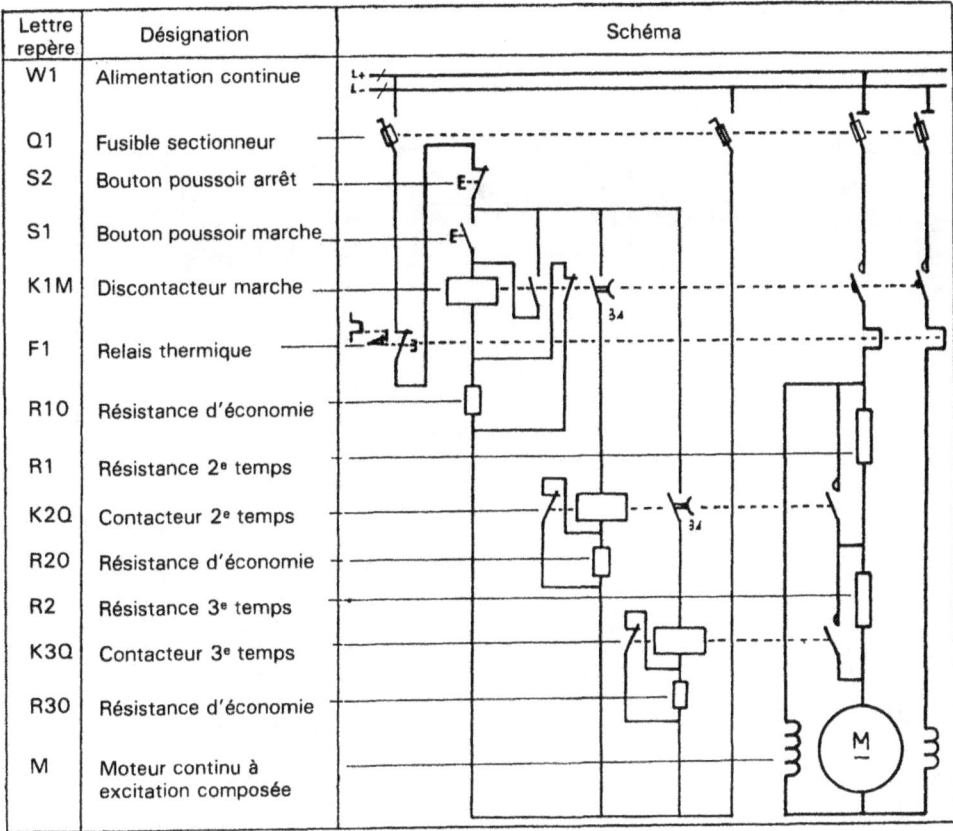

Lettre repère	Désignation	Schéma
W1	Alimentation continue	
Q1	Fusible sectionneur	
S2	Bouton poussoir arrêt	
S1	Bouton poussoir marche	
K1M	Discontacteur marche	
F1	Relais thermique	
R10	Résistance d'économie	
R1	Résistance 2e temps	
K2Q	Contacteur 2e temps	
R20	Résistance d'économie	
R2	Résistance 3e temps	
K3Q	Contacteur 3e temps	
R30	Résistance d'économie	
M	Moteur continu à excitation composée	

Nota : *Les contacteurs possèdent des contacts temporisés.*

Schéma développé du circuit de puissance : montage longue dérivation

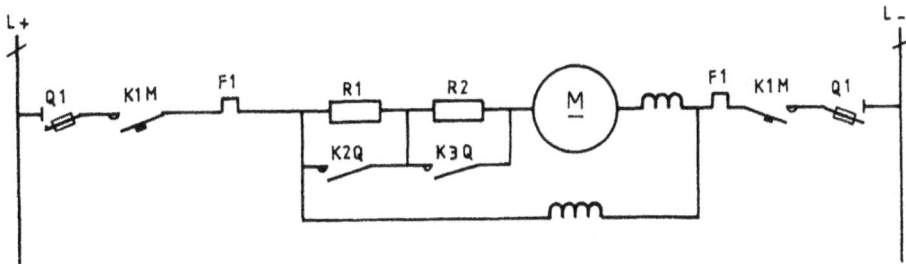

Schéma développé du circuit de puissance : montage courte dérivation

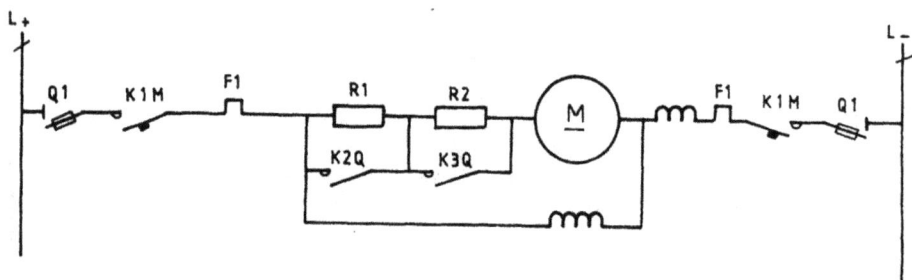

Schéma développé du circuit de commande

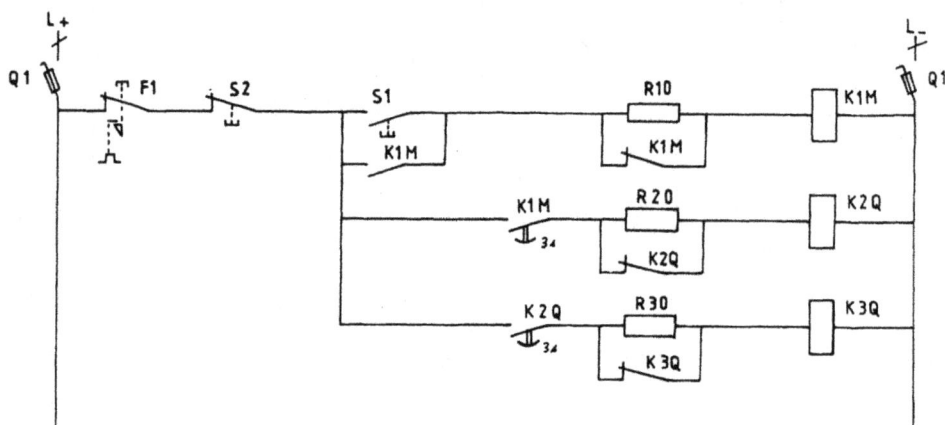

Légende :

Q1	: fusible sectionneur
F1	: relais thermique
S1	: bouton poussoir marche
S2	: bouton poussoir arrêt
K1M	: discontacteur marche
K2Q	: contacteur 2e temps
K3Q	: contacteur 3e temps
R10, R20	
R30	: résistance d'économie
R1	: résistance 2e temps
R2	: résistance 3e temps
M	: moteur continu à excitation composée

290

Fonctionnement

Une action sur le bouton poussoir marche (S 1) excite la bobine K 1M qui :
— s'auto-alimente
— alimente l'inducteur dérivation du moteur
— alimente l'induit à travers les résistances de limitation du courant de démarrage (R 1 et R 2) et l'inducteur série ;

Le moteur démarre.

Au bout de trois secondes, le contact temporisé de K 1M se ferme ce qui provoque l'excitation de la bobine K 2Q et le shuntage de la résistance R 1 ; la vitesse du moteur augmente.

Trois secondes après cette phase, le contact temporisé de K 2Q se ferme et excite la bobine K 3Q qui court-circuite la résistance R 2 ; le moteur est alors alimenté sous sa tension nominale et le démarrage est terminé.

Une action sur le bouton poussoir arrêt (S 2) ou un fonctionnement du relais thermique (F 1) désexcite toutes les bobines. Le moteur s'arrête.

b) Deuxième exemple :

Moteur à excitation composée à deux sens de rotation.

Schéma développé du circuit de puissance

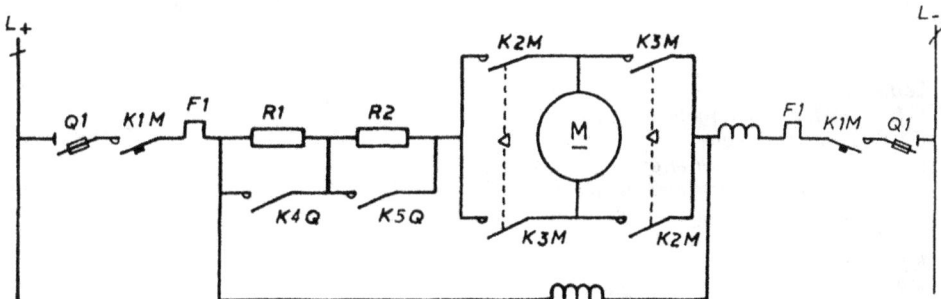

Schéma développé du circuit de commande

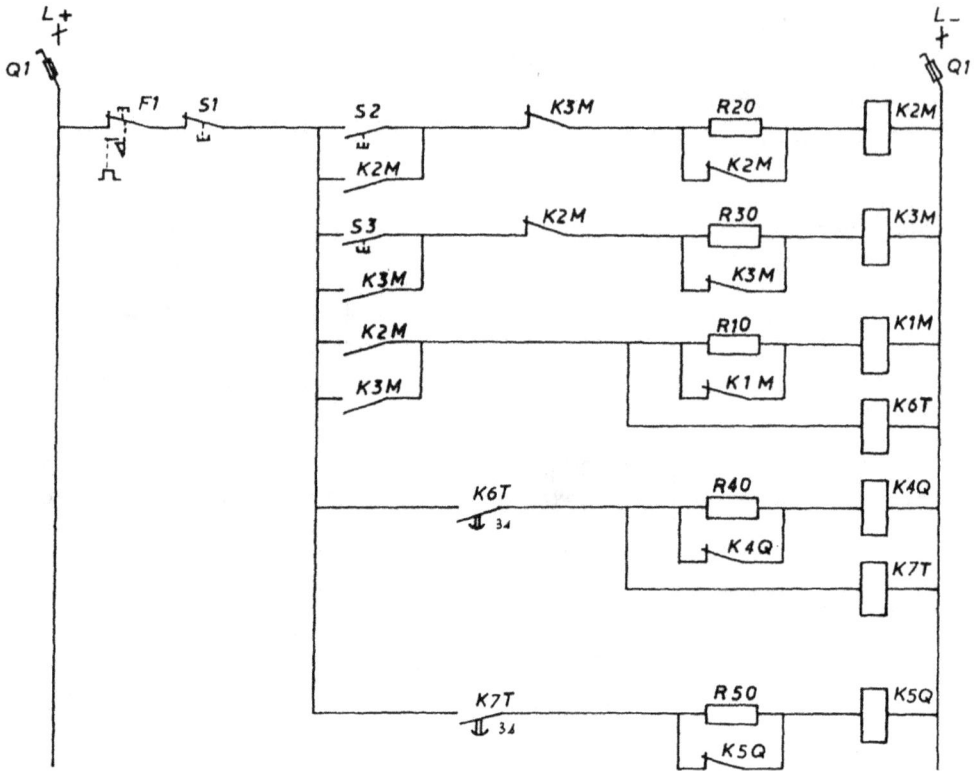

Légende :
Q1 : fusible sectionneur
F1 : relais thermique
S1 : bouton poussoir arrêt
S2 : bouton poussoir marche avant
S3 : bouton poussoir marche arrière
K1M : discontacteur principal
K2M : contacteur marche avant
K3M : contacteur marche arrière
K4Q : contacteur deuxième temps
K5Q : contacteur troisième temps
K6T : relais temporisé deuxième temps
K7T : relais temporisé troisième temps
R10, R20,
R30, R40,
R50 : résistances d'économie
R1 : résistance deuxième temps
R2 : résistance troisième temps
M : moteur continu à excitation composée

Fonctionnement

Une action sur le bouton poussoir S 2 excite la bobine K 2M qui :
— s'auto-alimente
— excite les bobines K 1M et K 6T
— permet l'alimentation du moteur à travers les deux résistances R 1 et R 2.

Le moteur démarre.

Au bout de trois secondes, le contact de K 6T se ferme et alimente les bobines K 4Q et K 7T ce qui provoque le shuntage de la résistance R 1 ; la vitesse du moteur augmente.

Trois secondes après, le contact de K 7T se ferme et alimente la bobine K 5Q. La résistance R 2 est alors court-circuitée et le démarrage du moteur est terminé.

Une action sur le bouton poussoir arrêt (S 1) ou un fonctionnement du relais thermique (F 1) coupe l'alimentation de toutes les bobines et le moteur s'arrête.

Une action sur le bouton poussoir S 3 excite la bobine K 3M qui décrit le même cycle que précédemment. Ce contacteur alimente l'induit en tension inverse ce qui provoque le changement du sens de rotation du moteur.

Remarques :

— Tous les contacteurs possèdent leur propre résistance d'économie.

— Les contacteurs K 2M et K 3M ont un verrouillage électrique et mécanique pour éviter le court-circuitage de l'induit.

6.4.4 Démarrage automatique

Les boutons poussoirs sont remplacés par des organes de commande automatique.

6.4.5 Réglage de la vitesse du moteur

a) Premier exemple :

Augmentation de la vitesse par rapport à celle dite nominale en diminuant le courant dans le circuit inducteur dérivation.

Lorsque le moteur tourne à la vitesse nominale, on insère dans le circuit inducteur dérivation des résistances qui limitent le courant dans celui-ci.

Schéma développé du circuit de puissance

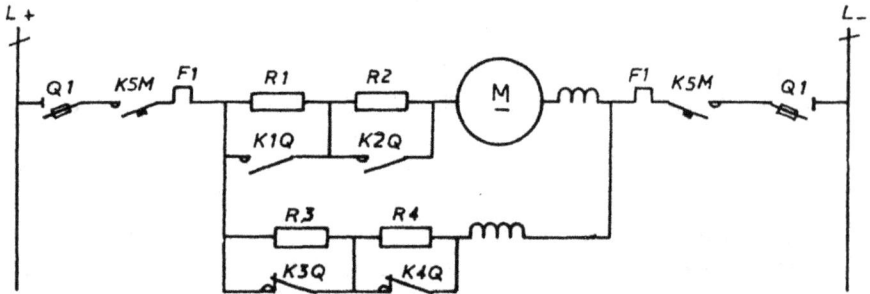

Schéma développé du circuit de commande

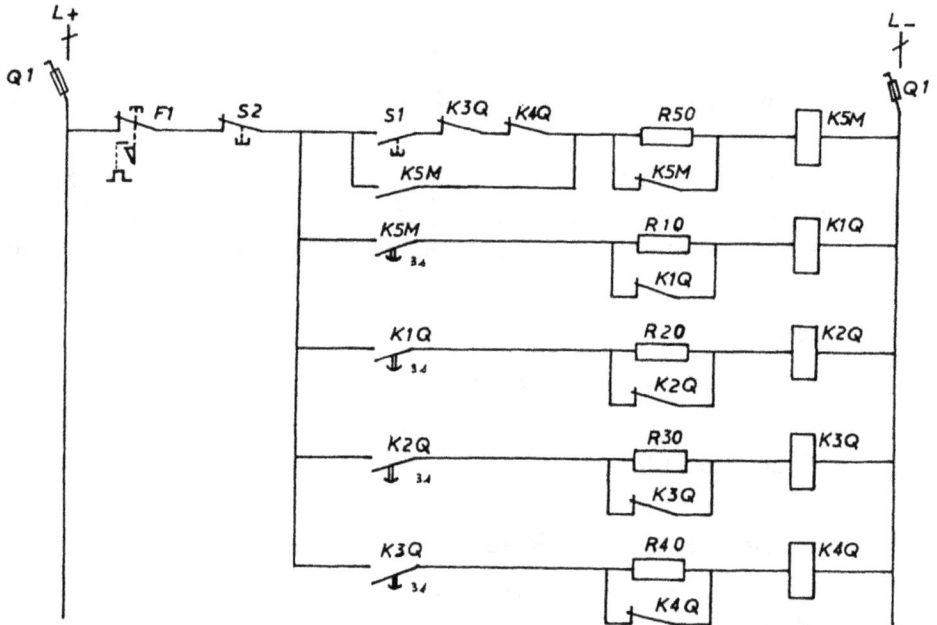

Nota : Les contacteurs possèdent des contacts temporisés.

Légende :

Q1 : fusible sectionneur
F1 : relais thermique
S1 : bouton poussoir marche
S2 : bouton poussoir arrêt
K5M : discontacteur principal
K1Q : contacteur deuxième temps
K2Q : contacteur troisième temps
K3Q : rupteur quatrième temps
K4Q : rupteur cinquième temps

R10, R20,
R30, R40,
R50 : résistances d'économie
R1 : résistance deuxième temps
R2 : résistance troisième temps
R3 : résistance quatrième temps
R4 : résistance cinquième temps
M : moteur continu à excitation composée

Fonctionnement

Une action sur le bouton poussoir marche (S 1) excite, si les rupteurs K 3Q et K 4Q sont au repos, la bobine K 5M qui :
- s'auto-alimente
- alimente directement l'inducteur dérivation du moteur
- alimente l'induit et l'inducteur série du moteur à travers les résistances R 1 et R 2.

Le moteur démarre.

Au bout de trois secondes, le contact temporisé de K 5M se ferme et alimente la bobine K 1Q ; la résistance R 1 est court-circuitée ; la vitesse de rotation du moteur augmente.

Trois secondes après cette phase, le contact temporisé de K 1Q se ferme et alimente la bobine K 2Q ; la résistance R 2 est court-circuitée.

Le moteur tourne à sa vitesse nominale.

Après trois secondes, le contact temporisé de K 2Q se ferme et alimente la bobine K 3Q ; la résistance R 3 est insérée dans le circuit inducteur dérivation du moteur ; sa vitesse de rotation augmente.

Trois secondes après ces opérations, le contact temporisé de K 3Q se ferme et alimente la bobine de K 4Q ; la résistance R 4 est insérée dans le circuit inducteur dérivation ; le moteur atteint la vitesse de rotation désirée.

Une action sur le bouton poussoir arrêt (S 2) ou un fonctionnement du relais thermique (F 1) coupe l'alimentation de toutes les bobines et le moteur s'arrête.

Remarques :
- Au démarrage, il faut le courant maximum dans le circuit inducteur dérivation ; le moteur ne peut pas démarrer si les résistances R 3 et R 4 ne sont pas court-circuitées.
- Chaque contacteur et rupteur possède sa propre résistance d'économie.

Avantages et inconvénients

Lors d'une augmentation de la vitesse de rotation d'un moteur par action sur le flux (diminution du courant inducteur), la puissance maximale est constante mais le couple moteur diminue.

b) Deuxième exemple :

Diminution de la vitesse de rotation du moteur par action sur la tension d'alimentation de l'induit.

Pour atteindre une vitesse de rotation inférieure à celle dite nominale, on insère dans le circuit de l'induit du moteur des résistances qui limitent la tension à ses bornes.

Schéma développé du circuit de puissance

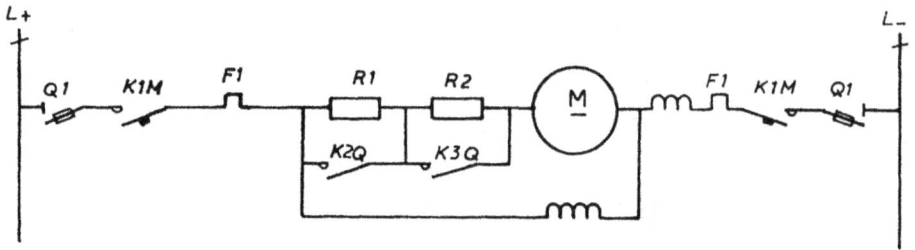

Schéma développé du circuit de commande

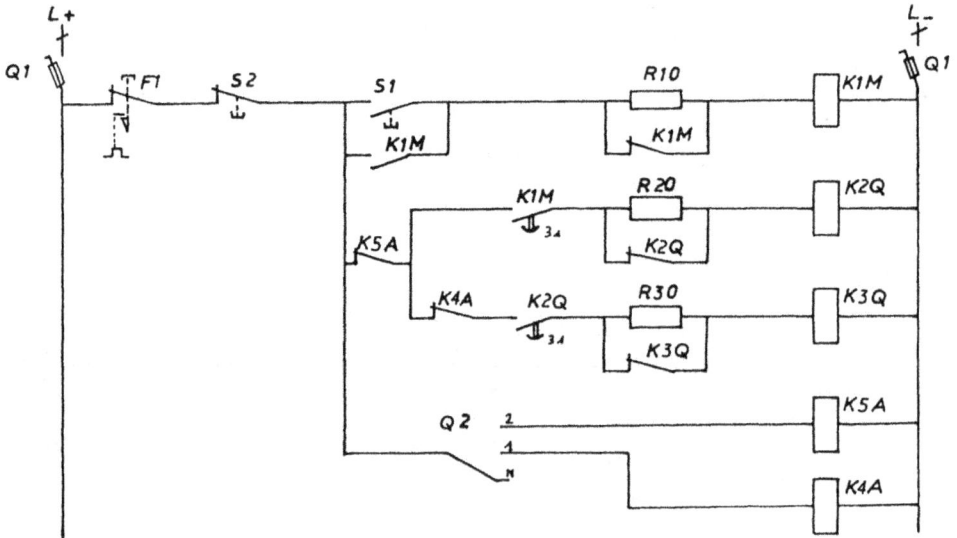

Légende :
Q1   : fusible sectionneur
F 1   : relais thermique
S 1   : bouton poussoir marche
S 2   : bouton poussoir arrêt

Q2   : commutateur
        N : vitesse nominale
        1 : vitesse moyenne
        2 : vitesse très moyenne
K4A : relais auxiliaire, vitesse moyenne
K5A : relais auxiliaire, vitesse très moyenne
K1M : discontacteur principal
K2Q : contacteur deuxième temps
K3Q : contacteur troisième temps
R10, R20,
R30 : résistances d'économie
R1   : résistance deuxième temps
R2   : résistance troisième temps
M   : moteur continu à excitation composée

Nota : Les contacteurs possèdent des contacts temporisés.

Fonctionnement

Commutateur Q2 sur la position N :

Une action sur le bouton poussoir (S1) excite la bobine K1M qui :
— s'auto-alimente
— alimente l'inducteur dérivation du moteur
— alimente l'induit à travers les résistances R1 et R2 ainsi que l'inducteur série.

Le moteur démarre.

Au bout de trois secondes, le contact temporisé de K1M se ferme ce qui provoque l'excitation de la bobine K2Q et le shuntage de la résistance R1.

La vitesse du moteur augmente.

Trois secondes après cette phase, le contact temporisé de K2Q se ferme et excite la bobine K3Q qui court-circuite la résistance R2. Le moteur est alors alimenté sous sa tension nominale et le démarrage est terminé.

Commutateur Q2 sur la position 1 :

La bobine K4A s'excite et coupe l'alimentation de la bobine K3Q ; l'induit du moteur est alimenté à travers la résistance R2 ; sa vitesse de rotation diminue.

Commutateur Q2 sur la position 2 :

La bobine K5A s'excite et coupe l'alimentation des deux bobines K2Q et K3Q ; l'induit du moteur est alimenté à travers les résistances R1 et R2 ; sa vitesse de rotation diminue encore plus.

Une action sur le bouton poussoir arrêt (S 2) ou un fonctionnement du relais thermique (F 1) coupe l'alimentation du circuit de commande et le moteur s'arrête.

Remarques :

— Le commutateur Q 2 est une commande manuelle ; elle peut être remplacée par une commande automatique en utilisant des capteurs.

— Au démarrage le commutateur peut être sur n'importe quelle position.

Avantages et inconvénients

Lors de la diminution de la vitesse de rotation d'un moteur par action sur la tension d'alimentation de l'induit, le couple moteur est constant mais sa puissance diminue proportionnellement à sa vitesse.

En outre l'énergie perdue sous forme de chaleur dans les résistances utilisées est très importante.

6.4.6 Freinage du moteur

6.4.6.1 *Freinage mécanique par électro-frein*

Lorsque l'installation est à l'arrêt, l'électro-aimant n'est pas excité et les mâchoires serrent le disque. Dès que le moteur est alimenté, les mâchoires relâchent le disque (électro-aimant excité).

Schéma développé du circuit de puissance

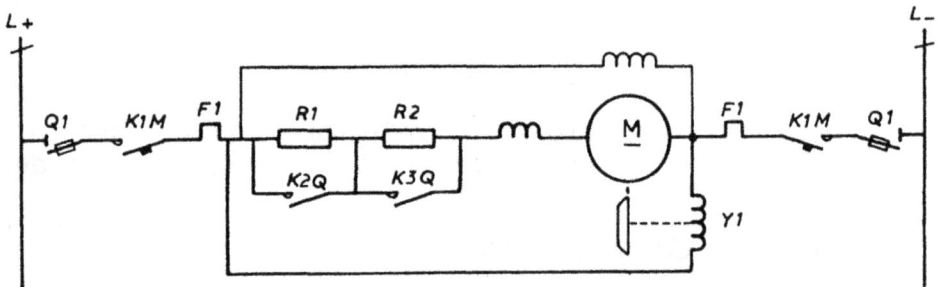

Schéma développé du circuit de commande

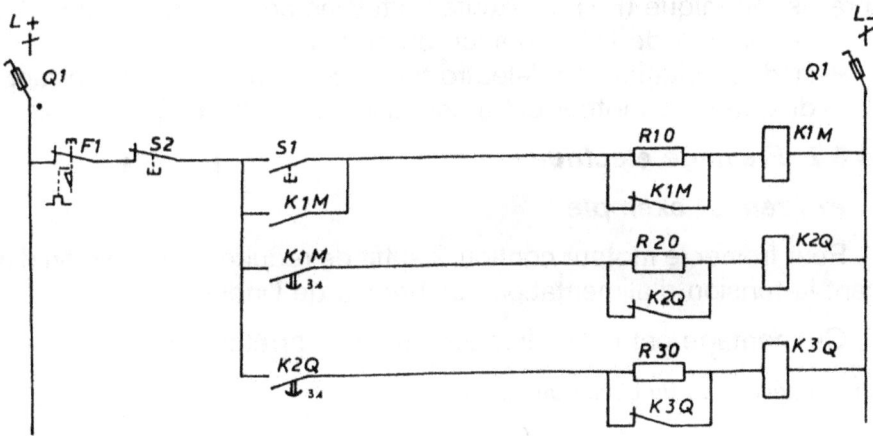

L+

Q1

F1 S2 S1 R10 K1M
K1M K1M
K1M R20 K2Q
3,4 K2Q
K2Q R30 K3Q
3,4 K3Q

L-

Q1

Légende :
Q 1 : fusible sectionneur
F 1 : relais thermique
S 1 : bouton poussoir marche
S 2 : bouton poussoir arrêt
K 1M : discontacteur principal
K 2Q : contacteur deuxième temps
K 3Q : contacteur troisième temps
R 10, R 20,
R 30 : résistances d'économie
R 1 : résistance deuxième temps
R 2 : résistance troisième temps
Y 1 : électro-frein
M : moteur continu à excitation composée

Fonctionnement

Une action sur le bouton poussoir marche S 1 excite la bobine K 1M qui :

— s'auto-alimente
— alimente l'inducteur dérivation
— alimente l'induit et l'inducteur série du moteur à travers les résistances R 1 et R 2.

— excite l'électro-frein qui desserre ses mâchoires.

Le moteur démarre.

Au bout de trois secondes, le contact temporisé de K 1M se ferme ce qui provoque l'excitation de la bobine K 2Q et le shuntage de la résistance R 1 ; la vitesse de rotation du moteur augmente.

Trois secondes après cette phase, le contact temporisé de K 2Q se ferme et excite la bobine K 3Q qui court-circuite la résistance R 2 ; le moteur atteint sa vitesse de rotation nominale.

Une action sur le bouton poussoir arrêt (S 2) ou un fonctionnément du relais thermique (F 1) désexcite toutes les bobines ce qui entraîne :
 — la coupure de l'alimentation du moteur
 — la désexcitation de l'électro-frein ; ses mâchoires resserrent le disque et le moteur est freiné jusqu'à l'arrêt complet.

6.4.6.2 *Freinage électrique*

a) Premier exemple :

Pour freiner le moteur continu, il suffit de réduire sa vitesse en diminuant la tension d'alimentation aux bornes de l'induit.

Ce montage est utilisé lorsque l'on veut arrêter le moteur.

Schéma développé du circuit de puissance

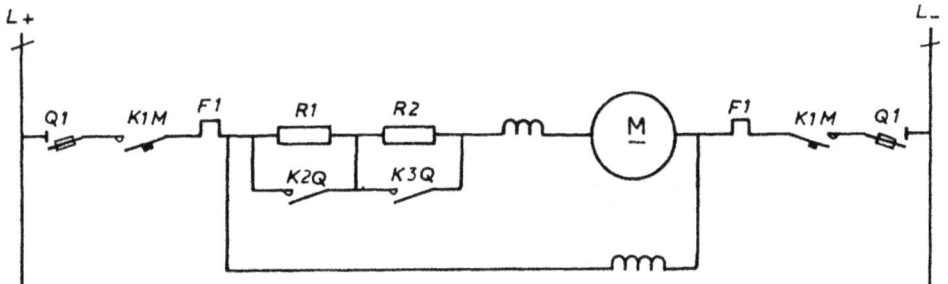

Schéma développé du circuit de commande

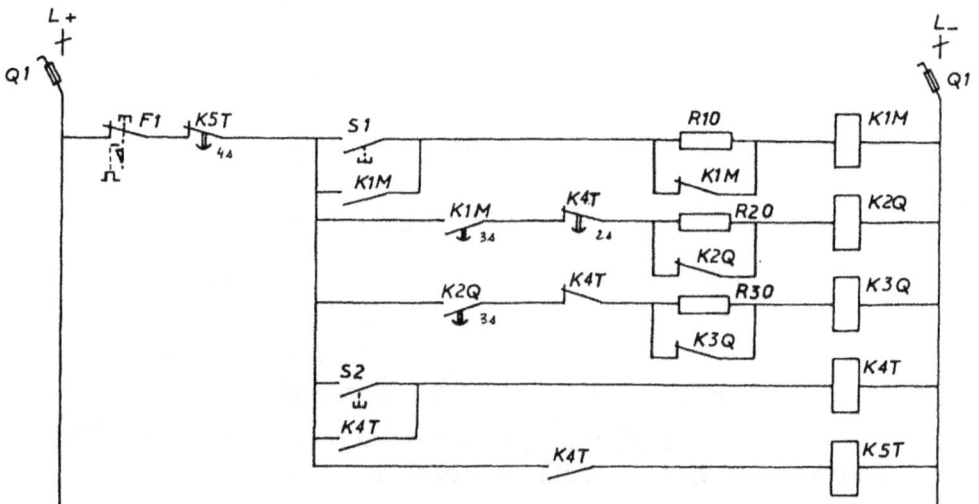

Fonctionnement

Démarrage du moteur :

Une action sur le bouton poussoir marche (S 1) excite la bobine K 1M qui :
— s'auto-alimente
— alimente l'inducteur dérivation du moteur
— alimente l'induit et l'inducteur série à travers les résistances R 1 et R 2.

Le moteur démarre.

Au bout de trois secondes, le contact temporisé de K 1M se ferme ce qui provoque l'excitation de la bobine K 2Q et le shuntage de la résistance R 1 ; la vitesse de rotation du moteur augmente.

Trois secondes après cette phase, le contact temporisé de K 2Q se ferme et excite la bobine K 3Q qui court-circuite la résistance R 2 ; le démarrage du moteur est terminé.

Arrêt du moteur :

Une action sur le bouton poussoir S 2 excite la bobine K 4T qui :
— s'auto-alimente
— coupe l'alimentation de la bobine K 3Q : l'induit et l'inducteur série du moteur sont alimentés à travers la résistance R 2 ce qui provoque une diminution de vitesse
— excite la bobine K 5T.

Au bout de deux secondes, le contact temporisé de K 4T s'ouvre et désexcite la bobine K 2Q ; l'induit du moteur est alimenté à travers les résistances R 1 et R 2 ; sa vitesse décroît encore.

Deux secondes après cette phase, le contact temporisé K5T s'ouvre et désexcite toutes les bobines. Le moteur n'est plus alimenté et s'arrête.

Un fonctionnement du relais thermique (F1) coupe l'alimentation du circuit de commande ; le moteur s'arrête sans freinage.

b) Deuxième exemple :

Le moteur est transformé en génératrice à courant continu en :
— alimentant le circuit inducteur
— coupant l'alimentation du circuit induit et en raccordant une ou plusieurs résistances à ses bornes.

Cette génératrice débite un courant dans ces résistances.

Schéma développé du circuit de puissance

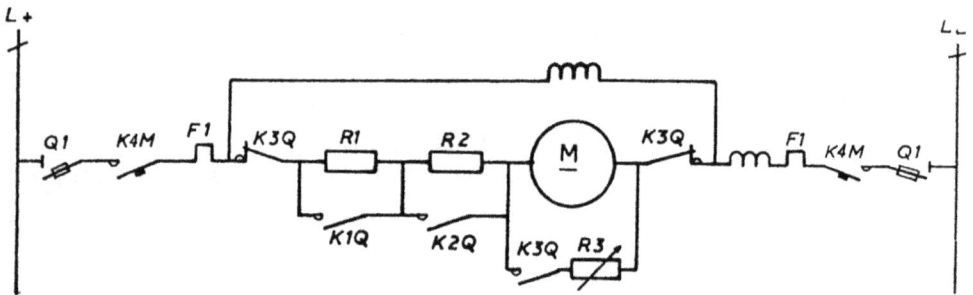

Schéma développé du circuit de commande

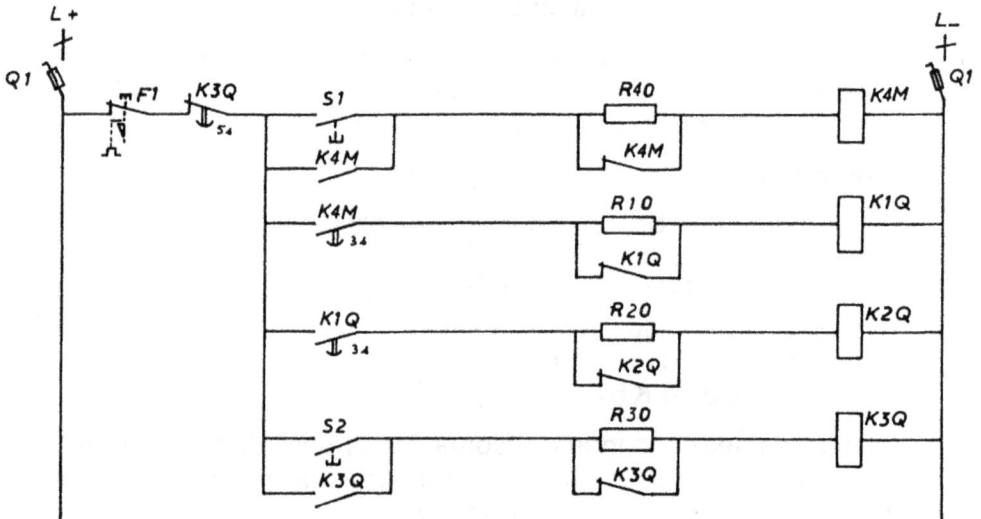

Fonctionnement

Démarrage du moteur

Une action sur le bouton poussoir marche (S 1) excite la bobine K 4M qui :

— s'auto-alimente
— alimente les inducteurs du moteur
— alimente l'induit du moteur à travers les résistances R 1 et R 2.

Le moteur démarre.

Au bout de trois secondes, le contact temporisé de K 4M se ferme provoquant l'excitation de la bobine K 1Q et le shuntage de la résistance R 1 ; la vitesse de rotation du moteur augmente.

Trois secondes après cette phase, le contact temporisé de K 1Q se ferme et excite la bobine K 2Q qui permet le shuntage de la résistance R 2 ; le moteur atteint sa vitesse de rotation nominale.

Arrêt du moteur

Une action sur le bouton poussoir arrêt (S 2) excite la bobine K 3Q qui :

— s'auto-alimente
— coupe l'alimentation de l'induit du moteur
— raccorde la résistance de charge aux bornes de cet induit.

Le moteur devient génératrice et débite dans la résistance R 3 ; il perd peu à peu de la vitesse.

Au bout de cinq secondes, le contact temporisé de K 3Q s'ouvre ce qui provoque la désexcitation de toutes les bobines ; le contacteur K 4M s'ouvre et l'inducteur du moteur se trouve désalimenté.

Un fonctionnement du relais thermique (F 1) coupe l'alimentation du circuit de commande ; le moteur s'arrête sans freinage.

Remarque :

Ce freinage est souvent utilisé lorsque le moteur est entraîné par sa charge à la coupure de l'alimentation.

7 EXEMPLES DE SCHÉMAS

7.1 Commande d'une électrovanne

Une électrovanne est commandée
— soit manuellement par un tourner pousser à deux positions
— soit automatiquement par des pressostats.

Si la pression devient supérieure à cinq bar, l'électrovanne s'ouvre ; lorsque la pression revient au-dessous de deux bar, l'électrovanne se ferme.

Nota : L'électrovanne excitée est en position ouverte.
L'électrovanne désexcitée est en position fermée.

Schéma développé de l'ensemble

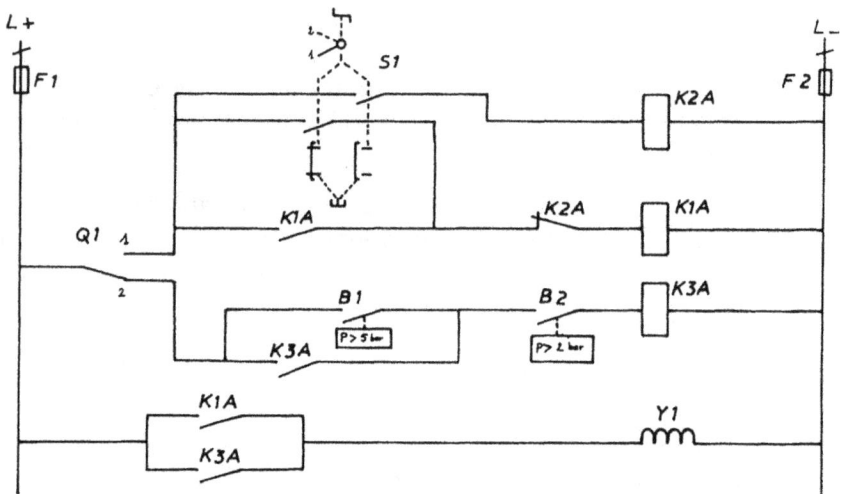

Nota : Schéma représenté à la pression atmosphérique.

Légende :
F 1, F 2 : fusible de protection
Q 1   : commutateur deux positions : 1 manuel ; 2 automatique
S 1   : tourner pousser deux positions : 1 manuel ; 2 arrêt
K 1A   : relais marche manuelle
K 2A   : relais arrêt
K 3A   : relais marche automatique
B 1   : capteur de pression fermé lorsque P > 5 bar
B 2   : capteur de pression fermé lorsque P > 2 bar
Y 1   : électrovanne

Fonctionnement

— Marche manuelle : commutateur Q1 sur la position 1

Lorsque le tourner pousser (S 1) est sur la position marche (position 1) et lorsque l'on réalise l'action pousser, la bobine K1A est mise sous tension. Elle s'auto-alimente et excite l'électrovanne ; celle-ci s'ouvre.

Lorsque l'on met le commutateur S 1 sur la position arrêt (position 2) et lorsque l'on réalise l'action pousser, la bobine K 2A est mise sous tension ce qui provoque la désexcitation de la bobine K 1A et la fermeture de l'électrovanne.

— Marche automatique : commutateur Q 1 sur la position 2

Lorsque la pression est supérieure à 5 bar, le contact de B 1 se ferme et excite la bobine K 3A (contact de B 2 fermé à 2 bar) qui s'auto-alimente et ouvre l'électrovanne.

Lorsque la pression redevient inférieure à 2 bar, le contact de B 2 s'ouvre et désexcite la bobine K 3A. Celle-ci coupe l'alimentation de l'électrovanne qui se ferme.

Schéma développé rangé de l'ensemble

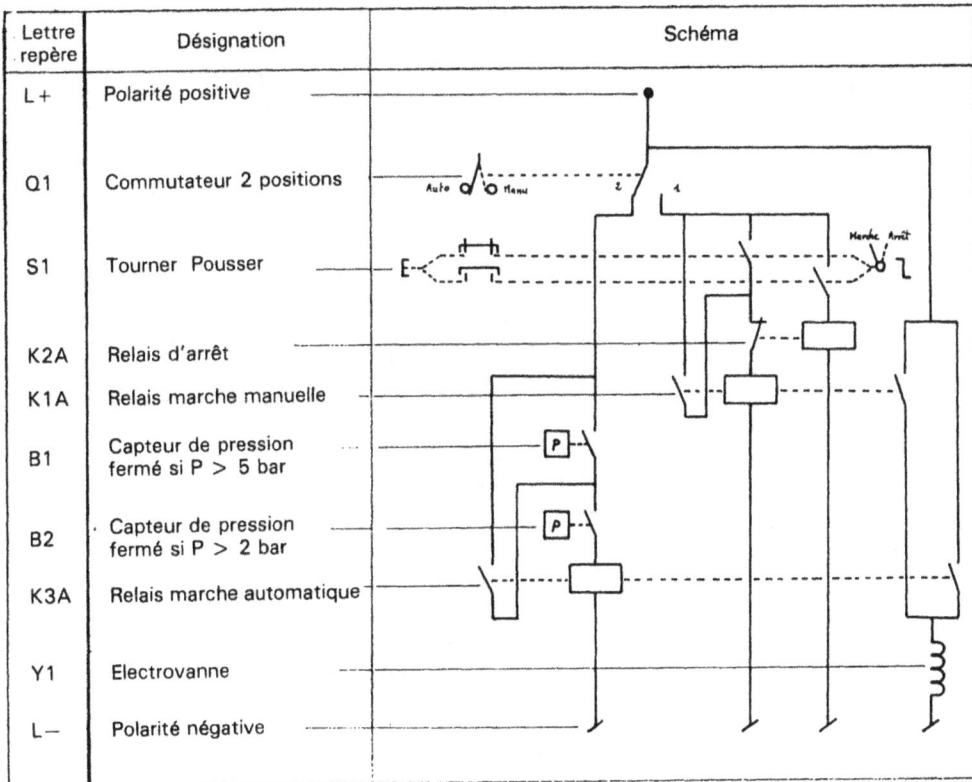

Lettre repère	Désignation	Schéma
L +	Polarité positive	
Q1	Commutateur 2 positions	
S1	Tourner Pousser	
K2A	Relais d'arrêt	
K1A	Relais marche manuelle	
B1	Capteur de pression fermé si P > 5 bar	
B2	Capteur de pression fermé si P > 2 bar	
K3A	Relais marche automatique	
Y1	Electrovanne	
L—	Polarité négative	

Schéma multifilaire de l'ensemble

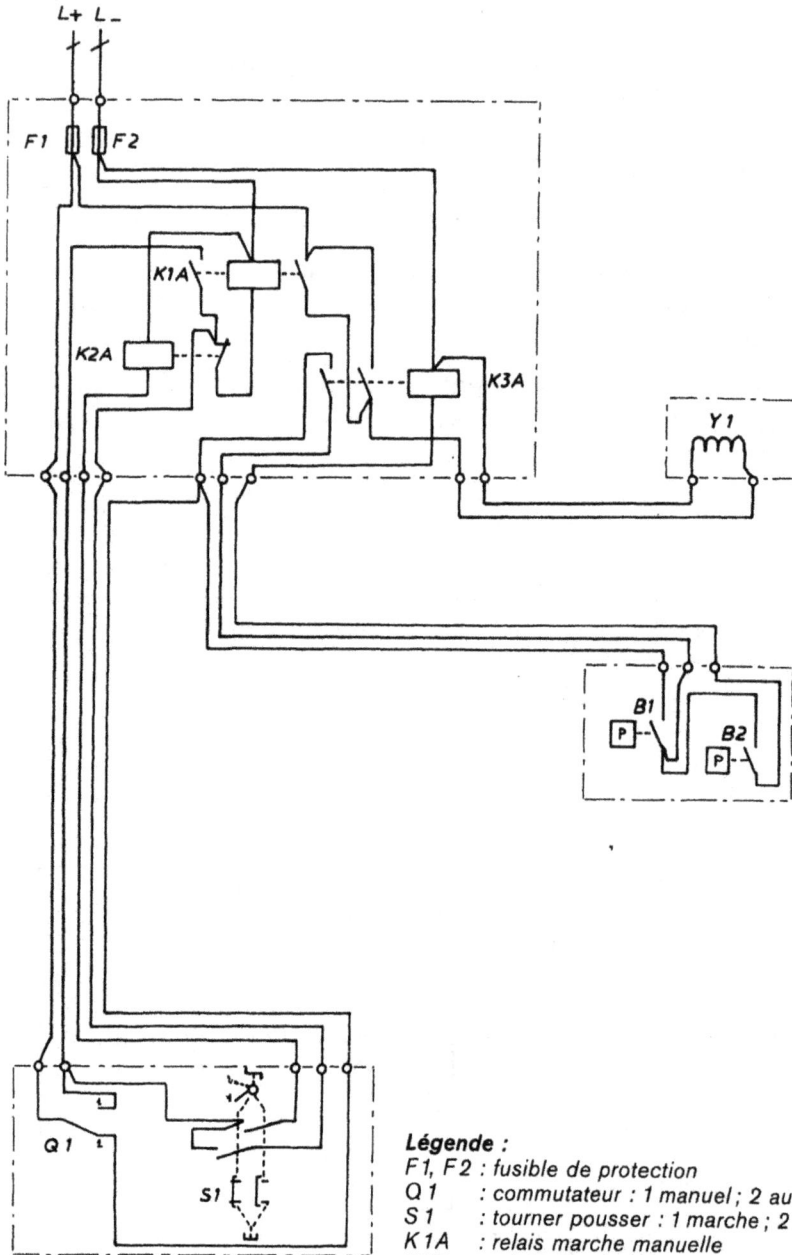

Légende :
F1, F2 : fusible de protection
Q1   : commutateur : 1 manuel ; 2 automatique
S1   : tourner pousser : 1 marche ; 2 arrêt
K1A   : relais marche manuelle
K2A   : relais d'arrêt
K3A   : relais marche automatique
B1   : capteur de pression fermé si P > 5 bar
B2   : capteur de pression fermé si P > 2 bar
Y1   : électrovanne

7.2 Commande d'une vanne

Une vanne est commandée par un commutateur "tourner pousser" à trois positions qui sont :

— position fermée

— position mi-ouverte

— position ouverte entièrement.

La vanne est entraînée par un moteur asynchrone triphasé à cage d'écureuil possédant une protection interne par isotherme.

Schéma développé rangé du montage

↑ : + 125 V   ⊥ : − 125 V

Lettre repère	Désignation	Schéma vanne en position fermée
W1	Alimentation triphasée	
Q1	Fusible sectionneur	
S4	Tourner Pousser	
S1	Contact de position vanne fermée O/f	
S2	Contact de position vanne mi-ouverte O/mo	
S3	Contact de position vanne ouverte o/o	
K1A	Relais commande fermeture	
K2A	Relais commande mi-fermeture	
K3A	Relais commande ouverture	
R2	Résistance d'économie	
K5M	Discontacteur ouverture	
K6M	Discontacteur fermeture	
R1	Résistance d'économie	
F1	Protection magnéto-thermique	
M1	Moteur asynchrone	
B4	Protection isotherme	
K4A	Relais de protection interne	

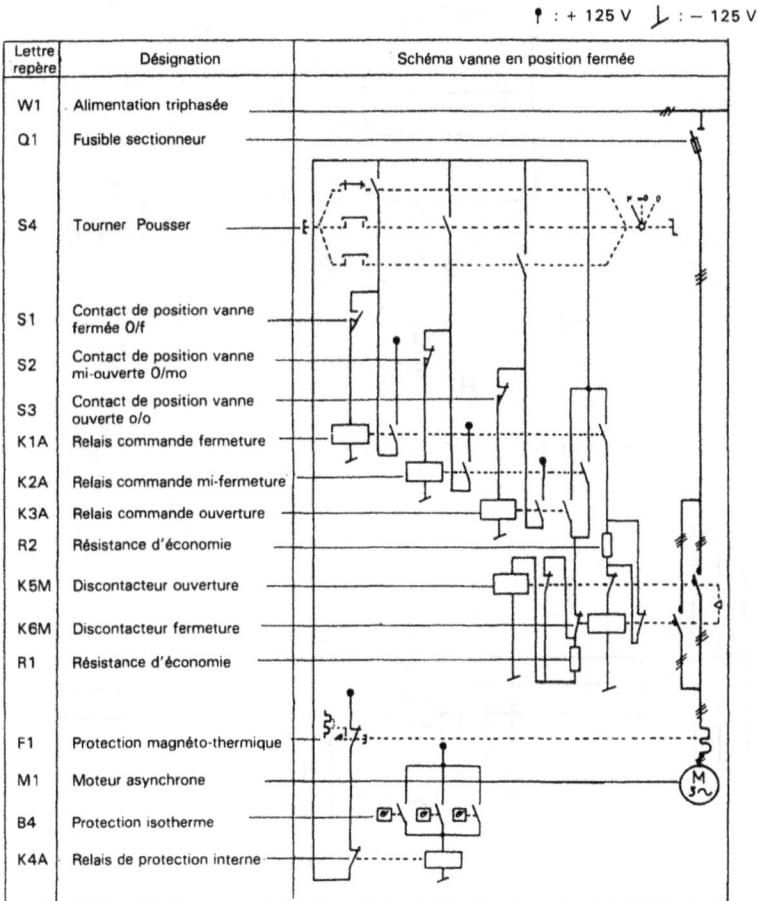

Schéma développé du circuit de commande (vanne fermée)

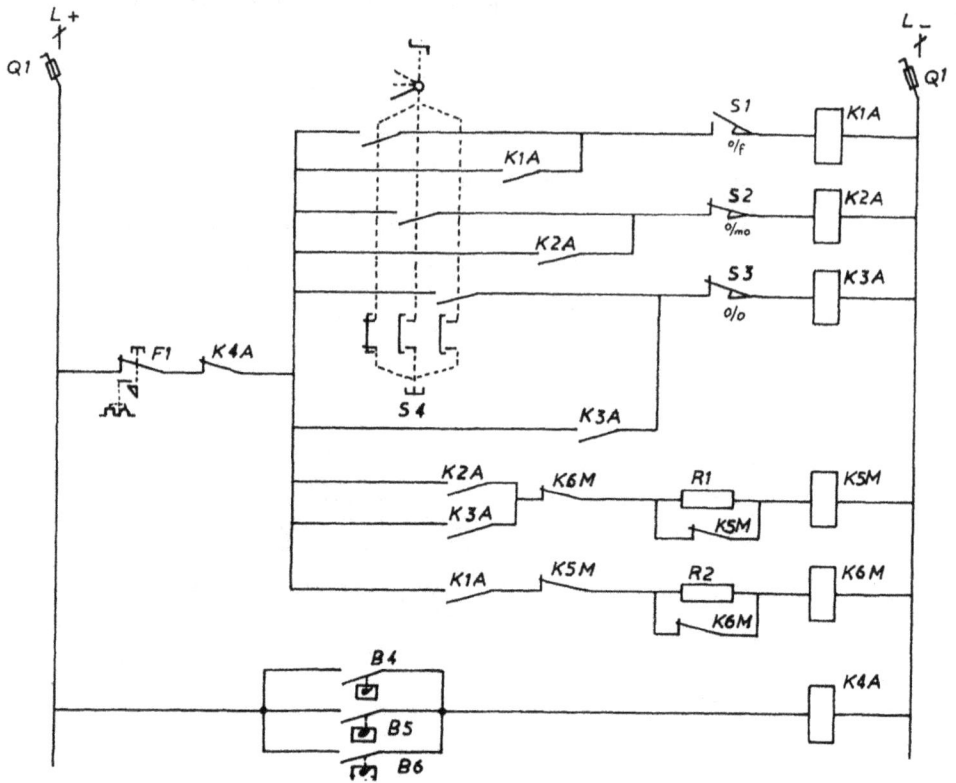

Schéma développé du circuit de puissance

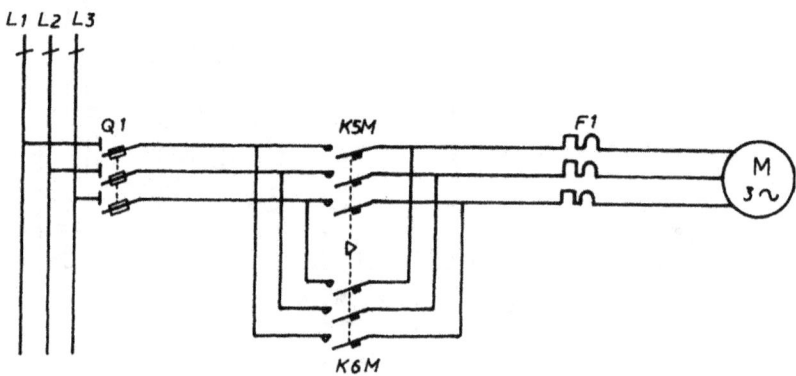

Légende :

F 1	: protection magnéto-thermique
B 4, B 5, B 6	: protection isotherme
Q 1	: fusible sectionneur
S 1	: contact de position ouvert lorsque la vanne est fermée
S 2	: contact de position ouvert lorsque la vanne est mi-ouverte
S 3	: contact de position ouvert lorsque la vanne est ouverte
S 4	: tourner pousser trois positions : fermé ; mi-ouvert ; ouvert
K 1A	: relais de commande fermeture
K 2A	: relais de commande mi-ouverture
K 3A	: relais de commande ouverture
K 4A	: relais de protection interne
K 5M	: discontacteur ouverture
K 6M	: discontacteur fermeture
R 1, R 2	: résistances d'économie
M 1	: moteur asynchrone triphasé à cage d'écureuil

Fonctionnement

    — Commande mi-ouverture : le "tourner" du commutateur S 4 étant sur la position mi-ouverture, une action "pousser" provoque l'excitation de la bobine K 2A qui :
    — s'auto-alimente
    — alimente le bobine K 5M ; le moteur ouvre la vanne.
Lorsque le contact de position S 2 est actionné, il coupe l'alimentation de la bobine K 2A puis K 5M ; le moteur s'arrête ; la vanne est mi-ouverte.

    — Commande ouverture : le "tourner" du commutateur S 4 étant sur la position ouverture, une action "pousser" provoque l'excitation de la bobine K 3A qui :
    — s'auto-alimente
    — alimente la bobine K 5M ; le moteur ouvre la vanne.
Lorsque le contact de position S 3 est actionné, il coupe l'alimentation de la bobine K 3A et K 5M. Le moteur s'arrête ; la vanne est ouverte.

    — Commande fermeture : le "tourner" du commutateur S 4 étant sur la position fermeture, une action "pousser" provoque l'excitation de la bobine K 1A qui :
    — s'auto-alimente
    — alimente la bobine K 6M. Le moteur ferme la vanne.
Lorsque le contact de position S 1 est actionné, il coupe l'alimentation des bobines K 1A et K 6M. Le moteur s'arrête ; la vanne est fermée.

    Un fonctionnement de la protection isotherme (contact B 4, B 5 ou B 6 fermé) excite la bobine K 4A qui coupe l'alimentation du circuit de commande. C'est l'arrêt immédiat du moteur.

    Un fonctionnement du relais magnéto-thermique désexcite toutes les bobines et met le moteur à l'arrêt.

Schéma multifilaire

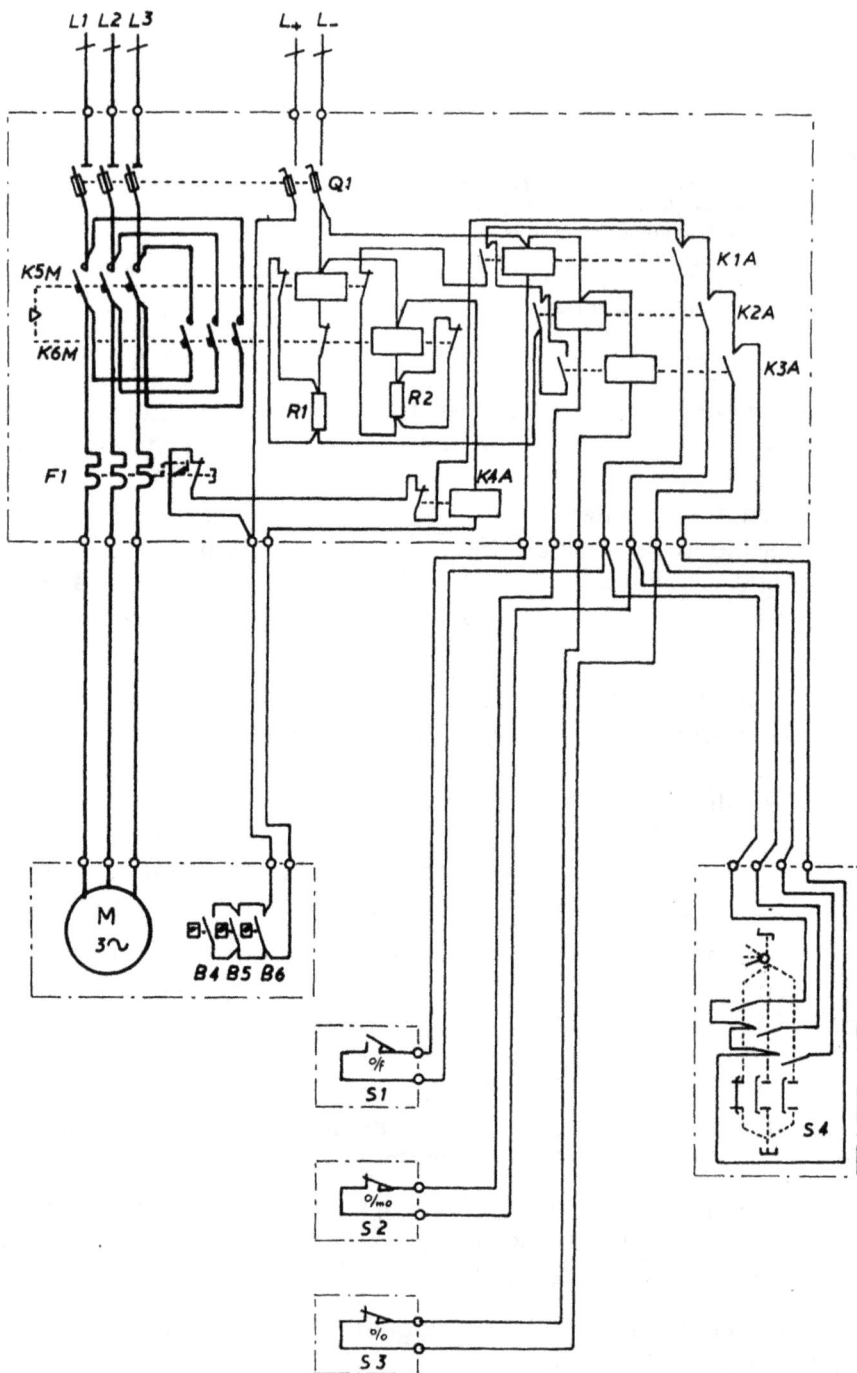

7.3 Commande de deux pompes

Cette commande s'effectue de deux façons différentes.

— Manuelle : la pompe 1 ou la pompe 2 est sélectionnée par un bouton poussoir à accrochage.

— Automatique : la pompe 1 est mise en route par un niveau haut du réservoir ; elle est arrêtée par le niveau bas de ce même réservoir. Si au bout de cinq minutes de fonctionnement de la pompe 1, le niveau n'est pas descendu en dessous du niveau moyen, la pompe 2 se met en service.

Schéma développé rangé du montage

Nota : $\uparrow$ + 125 V
$\perp$ − 125 V

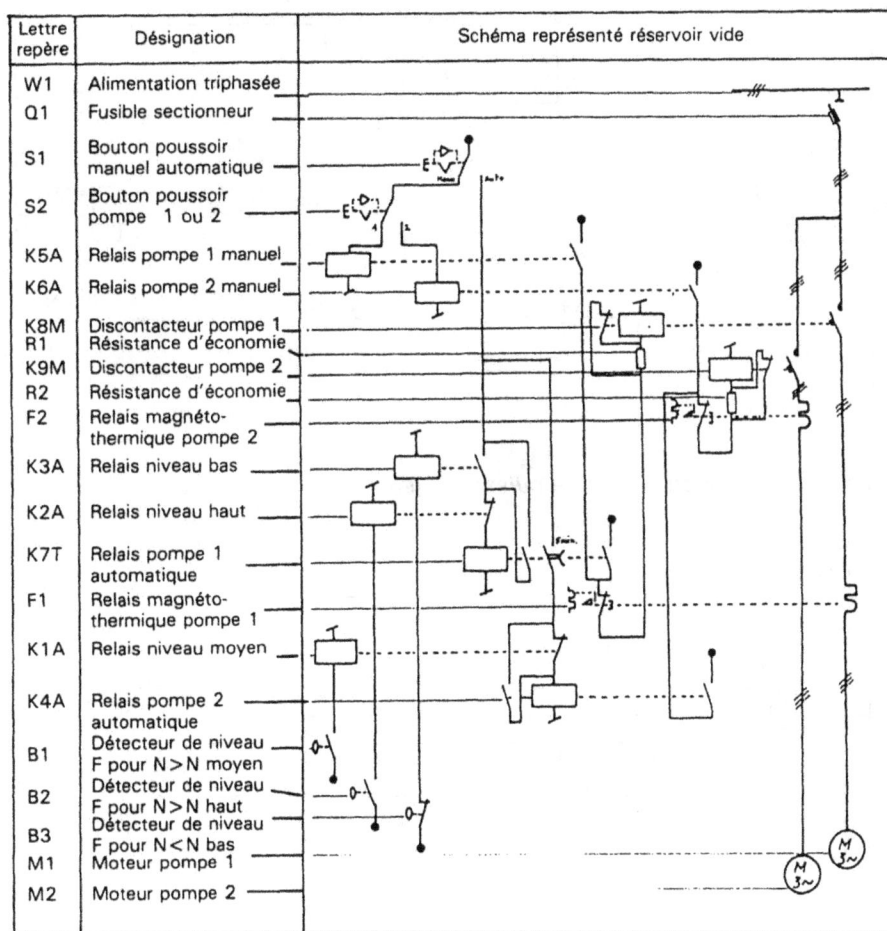

Lettre repère	Désignation	Schéma représenté réservoir vide
W1	Alimentation triphasée	
Q1	Fusible sectionneur	
S1	Bouton poussoir manuel automatique	
S2	Bouton poussoir pompe 1 ou 2	
K5A	Relais pompe 1 manuel	
K6A	Relais pompe 2 manuel	
K8M R1	Discontacteur pompe 1 Résistance d'économie	
K9M R2	Discontacteur pompe 2 Résistance d'économie	
F2	Relais magnéto-thermique pompe 2	
K3A	Relais niveau bas	
K2A	Relais niveau haut	
K7T	Relais pompe 1 automatique	
F1	Relais magnéto-thermique pompe 1	
K1A	Relais niveau moyen	
K4A	Relais pompe 2 automatique	
B1	Détecteur de niveau F pour N > N moyen	
B2	Détecteur de niveau F pour N > N haut	
B3	Détecteur de niveau F pour N < N bas	
M1	Moteur pompe 1	
M2	Moteur pompe 2	

Schéma développé du circuit de commande

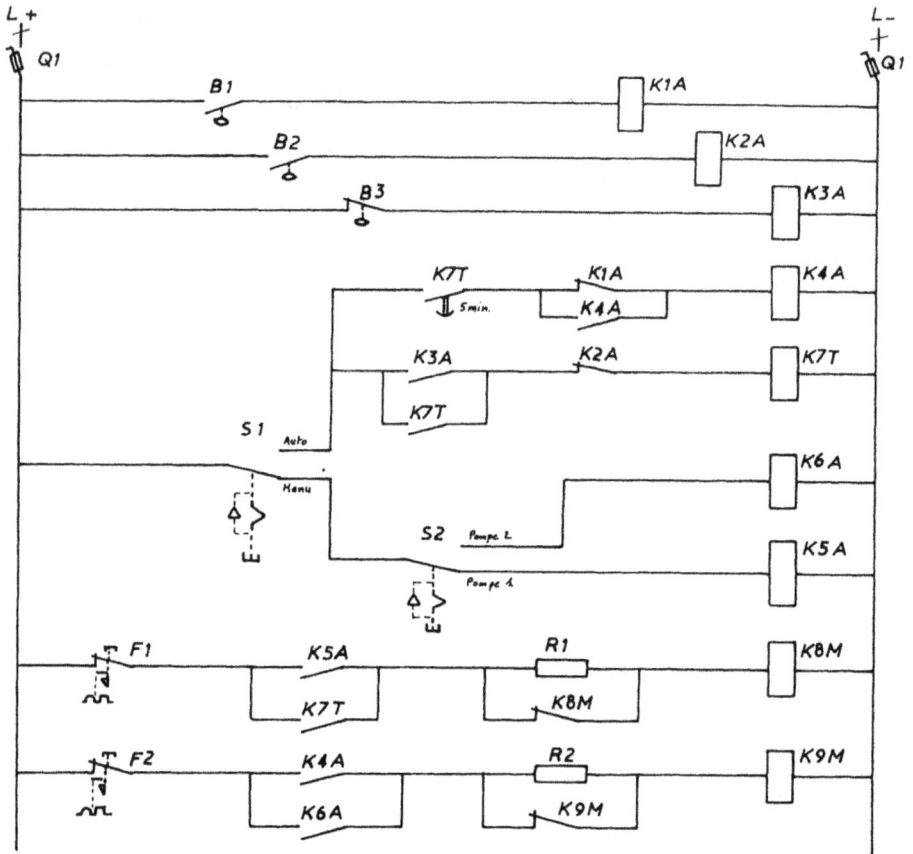

Schéma développé du circuit de puissance (en multifilaire)

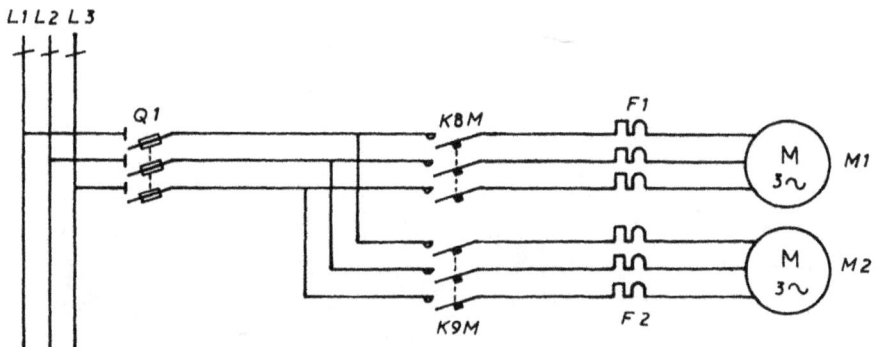

F 1 : *relais magnéto-thermique pompe 1*
F 2 : *relais magnéto-thermique pompe 2*
Q 1 : *fusible sectionneur*
B 1 : *détecteur de niveau moyen : fermé pour niveau > niveau moyen*
B 2 : *détecteur de niveau haut : fermé pour niveau > niveau haut*
B 3 : *détecteur de niveau bas : fermé pour niveau < niveau bas*
S 1 : *bouton poussoir (pousser à accrochage et à retour automatique) manuel automatique*
S 2 : *bouton poussoir (pousser à accrochage et à retour automatique) pompe 1 – pompe 2*
K 1A : *relais auxiliaire niveau moyen*
K 2A : *relais auxiliaire niveau haut*
K 3A : *relais auxiliaire niveau bas*
K 4A : *relais pompe 2 en automatique*
K 5A : *relais pompe 1 manuel*
K 6A : *relais pompe 2 manuel*
K 7T : *relais pompe 1 en automatique*
K 8M : *discontacteur pompe 1*
K 9M : *discontacteur pompe 2*
R 1 : *résistance d'économie discontacteur K 8M*
R 2 : *résistance d'économie discontacteur K 9M*
M 1 : *moteur pompe 1*
M 2 : *moteur pompe 2*

Fonctionnement

Commutateur S 1 en position manuelle :

Si le commutateur S 2 est sur la position pompe 1, la bobine K 5A s'excite ; la bobine K 8M est alors alimentée et la pompe 1 démarre.

Si le commutateur S 2 est sur la position pompe 2, la bobine K 6A s'excite ; la bobine K 9M est alors alimentée et la pompe 2 démarre.

Commutateur S 1 en position automatique :

Lorsque le niveau d'eau est en dessous du niveau bas, le contact de B 3 se ferme et excite la bobine K 3A ; celle-ci alimente la bobine K 7T qui s'auto-alimente. La bobine K 8M étant excitée, la pompe 1 démarre.

Au bout de cinq minutes de fonctionnement, le contact temporisé de K 7T se ferme. Si le niveau moyen du réservoir est atteint, le contact de B 1 s'est fermé (excitation de K 1A) ce qui empêche l'alimentation de K 4A (mise en service pompe 2).

Si le niveau moyen n'est pas atteint, le relais K 4A s'excite et s'auto-alimente ; la bobine de K 9M étant alimentée, la pompe 2 démarre.

Lorsque le niveau d'eau devient supérieur au niveau haut, le contact B 2 se ferme et excite la bobine K 2A ; le relais K 7T n'est plus alimenté ainsi que K 4A. Les bobines K 8M et K 9M sont désexcitées et les deux pompes s'arrêtent.

Remarques :

- — Chaque pompe est protégée par un relais magnéto-thermique.
- — L'arrêt de chaque pompe en fonctionnement manuel se réalise par le passage du commutateur S1 en automatique.
- — Si la pompe 1 ne démarre pas, au bout de cinq minutes, la pompe 2 se met en service (Secours).

Le schéma est représenté réservoir vide.

7.4 Commande d'un portail coulissant

Un portail, mobile sur un rail, est entraîné par un moteur asynchrone triphasé. La commande d'ouverture, de fermeture et d'arrêt d'urgence est réalisée par boutons poussoirs.

Schéma développé du circuit de commande

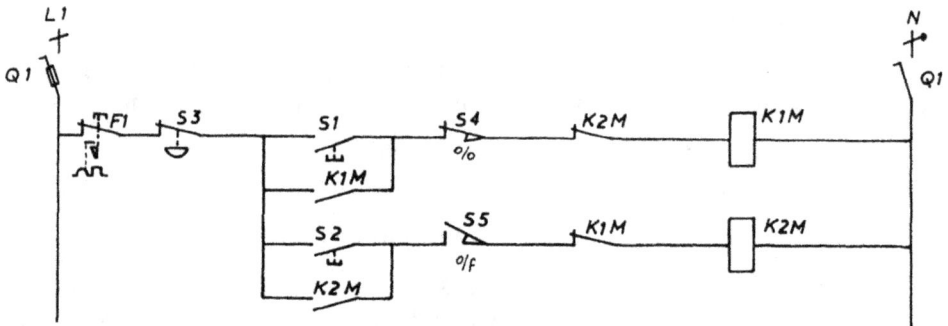

Schéma développé du circuit de puissance en multifilaire

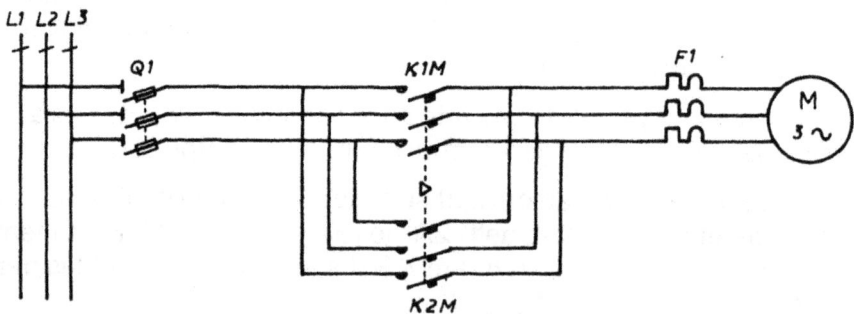

Schéma développé du circuit de puissance en unifilaire

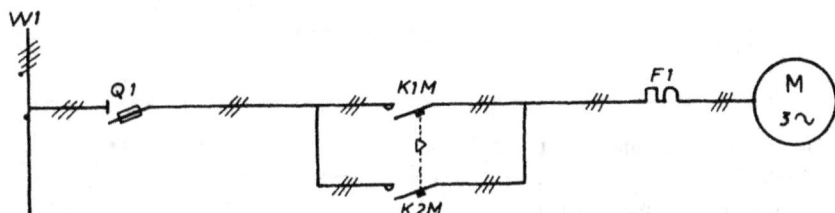

Légende :

Q 1	: fusible sectionneur
F 1	: relais de protection magnéto-thermique
S 1	: bouton poussoir ouverture
S 2	: bouton poussoir fermeture
S 3	: bouton poussoir arrêt d'urgence

S 4	: contact fin de course ouverture
S 5	: contact fin de course fermeture
K 1M	: discontacteur ouverture
K 2M	: discontacteur fermeture
M	: moteur asynchrone triphasé

Fonctionnement

Une impulsion sur le bouton poussoir ouverture (S 1) provoque l'excitation de la bobine K 1M qui :
— s'auto-alimente
— alimente le stator du moteur ; le portail s'ouvre.

Lorsque le portail est totalement ouvert, celui-ci actionne le contact de fin de course S 4 qui s'ouvre. Cela provoque la désexcitation de la bobine K 1M et l'arrêt du moteur.

Une impulsion sur le bouton poussoir fermeture S 2 provoque l'excitation de la bobine K 2M qui :
— s'auto-alimente
— alimente le stator du moteur (en croisant deux phases) ; le portail se ferme (inversion du sens de rotation du moteur).

Lorsque le portail est totalement fermé, celui-ci actionne le contact de fin de course S 5 qui s'ouvre ; cela provoque la désexcitation de la bobine K 2M et l'arrêt du moteur.

Remarques :

— Il faut absolument un verrouillage mécanique et électrique entre les contacteurs K 1M et K 2M pour éviter les courts-circuits entre phases.

— Le portail est fermé : le contact de fin de course S 5 est actionné.

— Une impulsion sur le bouton poussoir arrêt d'urgence ou un fonctionnement du relais magnéto-thermique provoque la désexcitation de la bobine sous tension et l'arrêt du moteur.

Schéma développé rangé du montage

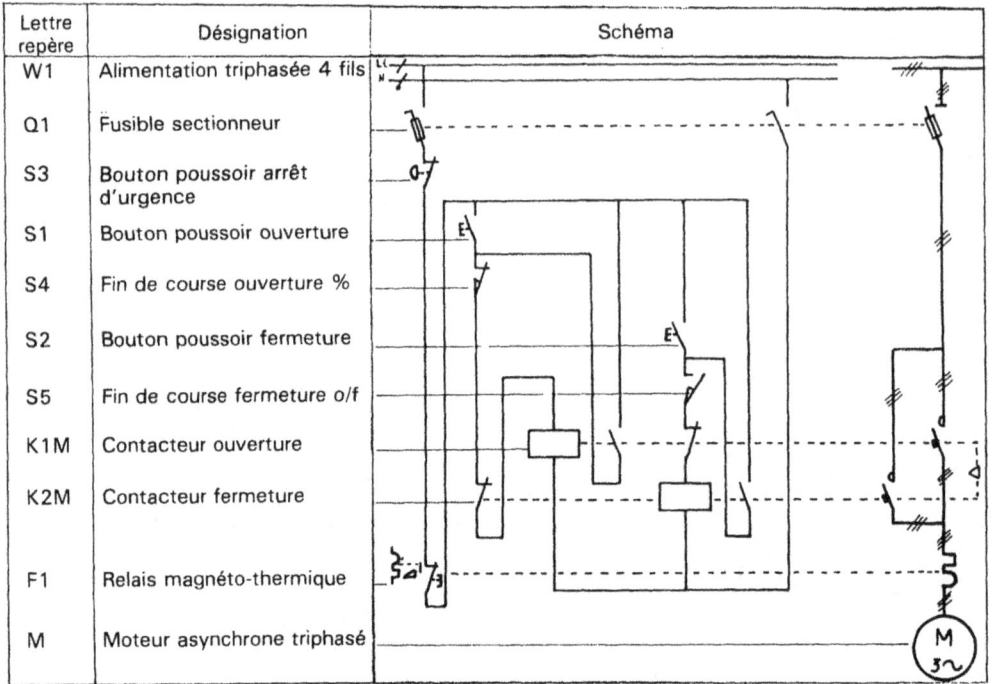

Lettre repère	Désignation	Schéma
W1	Alimentation triphasée 4 fils	
Q1	Fusible sectionneur	
S3	Bouton poussoir arrêt d'urgence	
S1	Bouton poussoir ouverture	
S4	Fin de course ouverture %	
S2	Bouton poussoir fermeture	
S5	Fin de course fermeture o/f	
K1M	Contacteur ouverture	
K2M	Contacteur fermeture	
F1	Relais magnéto-thermique	
M	Moteur asynchrone triphasé	

Schéma multifilaire du montage

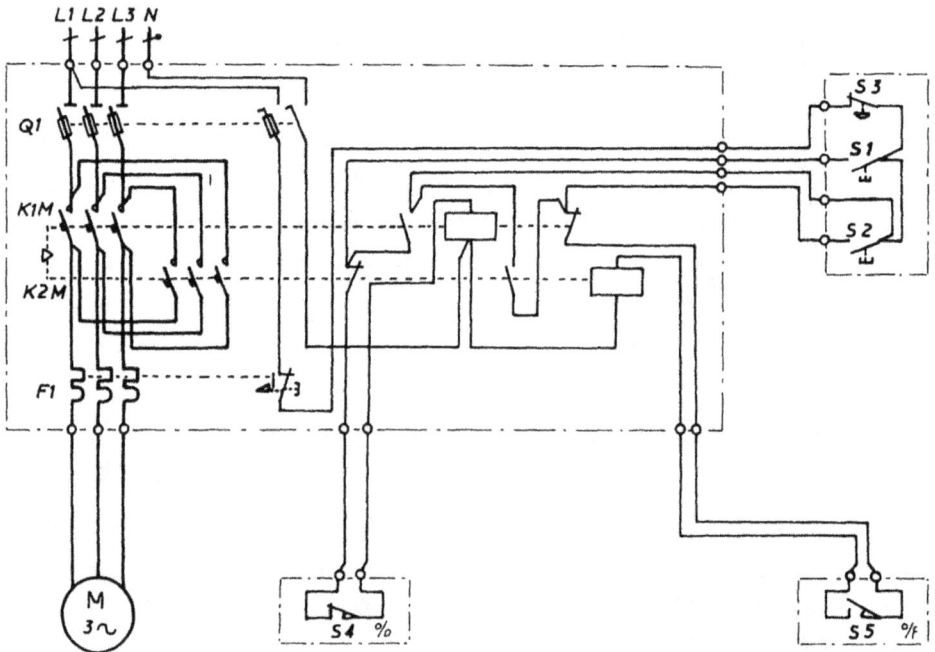

316

Remarque :

Il faut indiquer la même légende que pour le schéma développé.

7.5 Cycle d'une perceuse

Une pièce carrée doit être percée à chaque angle.

La perceuse possède :

— un moteur pour la rotation de la broche
— un moteur pour la descente et la remontée de la broche
— un moteur pour tourner la pièce à percer
— un électro-aimant pour maintenir la pièce à percer.

Le cycle est commandé par boutons poussoirs.

Nota : *La pièce à fixer est positionnée correctement lorsque son angle actionne un contact de position (S 7).*

Un comptage du passage de broche enregistre le déplacement à la descente et à la montée.

Schéma développé du circuit de puissance

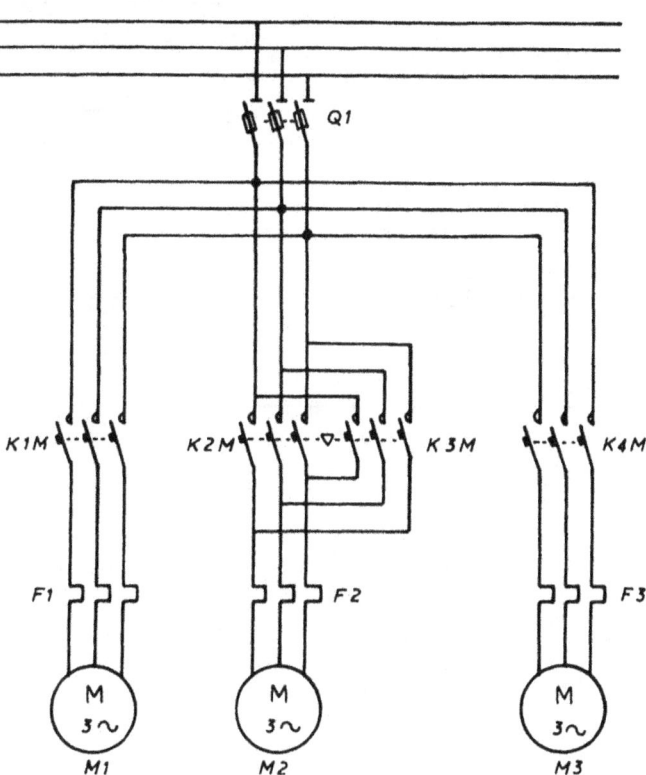

Schéma développé du circuit de commande

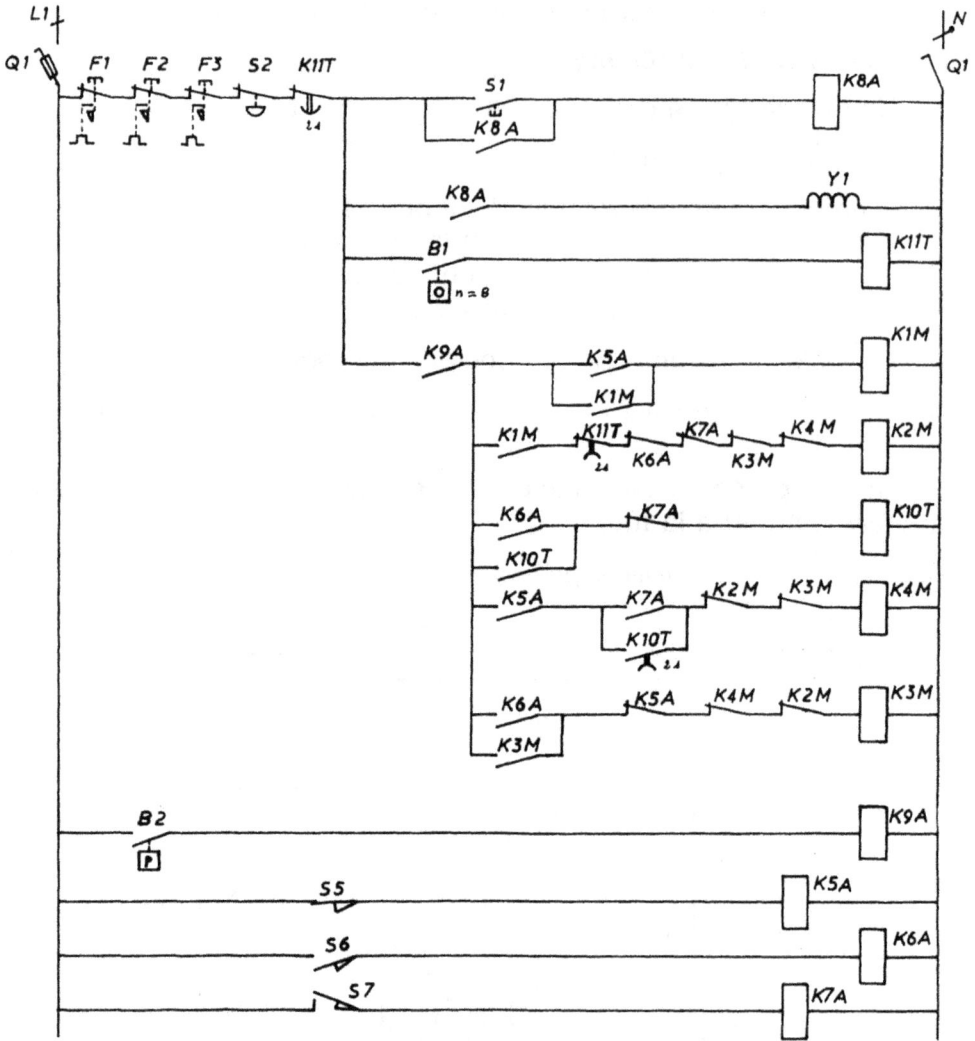

Légende :

Q1 : fusible sectionneur
F1 : relais thermique du moteur M 1
F2 : relais thermique du moteur M 2
F3 : relais thermique du moteur M 3
S1 : bouton poussoir marche
S2 : bouton poussoir arrêt d'urgence
S5 : contact de position fermé pour broche haute
S6 : contact de position fermé pour broche basse
S7 : contact de position ouvert pour pièce positionnée

B1 : compteur de passage de la broche (fermé pour $n = 8$)
B2 : capteur de pression fermé lorsque $P \geqslant 1$ bar

K 1M : discontacteur rotation broche
K 2M : discontacteur descente
K 3M : discontacteur montée
K 4M : discontacteur rotation pièce
K 5A : relais broche haute
K 6A : relais broche basse
K 7A : relais pièce positionnée
K 8A : relais mise en route
K 9A : relais pression correcte
K 10T : relais mémoire
K 11T : relais d'arrêt automatique
Y 1 : électro-aimant serrage pièce
M1 : moteur rotation broche
M2 : moteur descente et montée broche
M3 : moteur rotation pièce

Fonctionnement

Une action sur le bouton poussoir S 1 excite la bobine K 8A qui :
— s'auto-alimente
— alimente l'électro-aimant Y 1 (Serrage de la pièce à percer).

Lorsque la pression de serrage devient supérieure à 1 bar, le contact de B 2 se ferme et alimente la bobine K 9A ; le cycle de perçage commence.

Cycle de perçage

La bobine K 1 M est excitée si la broche est en position haute (S 5 actionné et la bobine K 5A alimentée) ce qui provoque :
— son auto-alimentation
— la rotation de la broche
— l'excitation de la bobine K 2M si la pièce est bien positionnée (K 7A non excité) : descente de la broche et perçage de la pièce.

A la fin du perçage, le contact de position S 6 se ferme et excite la bobine K 6A ce qui entraîne :
— la désexcitation de la bobine K 2M : arrêt de la descente de la broche
— l'excitation de la bobine K 3M qui s'auto-alimente : remontée de la broche
— l'excitation de la bobine K 10T qui s'auto-alimente : mise en mémoire perçage.

A la fin de la remontée de la broche, le contact S 5 se ferme et réexcite la bobine K 5A qui :
— désalimente la bobine K 3M : arrêt de la montée
— excite la bobine K 4M : rotation de la pièce à percer.

Le contact de position S 7 se ferme et alimente la bobine K 7A qui :
— permet l'alimentation de K 4M (après la désexcitation de K 10T)
— désexcite la bobine K 10T.

Lorsque la pièce est à nouveau bien positionnée, le contact S 7 s'ouvre et désalimente la bobine K 7A qui :
— coupe l'alimentation de K 4M : arrêt de la rotation de la pièce
— réexcite la bobine K 2M : descente de la broche et perçage.

Le cycle est reparti tant que le compteur n'a pas enregistré huit passages de la broche. Lorsque ce nombre est atteint, le contact de B 1 se ferme et excite la bobine K 11T qui, après une temporisation de deux secondes, coupe l'alimentation du montage. Le cycle s'arrête.

Le fonctionnement d'un des relais thermiques ou une action sur le bouton poussoir d'arrêt d'urgence (S 2) arrête immédiatement le cycle.

Remarques :

Il faut un verrouillage électrique et mécanique entre K 2M et K 3M pour éviter les courts-circuits entre phases et un verrouillage électrique entre d'une part K 2M et K 4M et d'autre part K 3M et K 4M pour éviter le déplacement de la broche lorsque la pièce est en rotation.

8 DÉPANNAGES

Tout automatisme peut à n'importe quel instant s'arrêter de fonctionner pour une cause qui, à première vue, est inconnue : c'est la panne. L'installation doit être remise en service le plus rapidement possible car cet arrêt, non volontaire, est en général mal accepté par l'utilisateur.

Pour éviter les pertes de temps lors de la recherche, l'acte de dépannage doit reposer sur une méthodologie prévue à l'avance afin de ne pas oublier des vérifications indispensables à son bon déroulement.

8.1 Matériel nécessaire pour effectuer un dépannage

En plus des outils manuels que tout électricien doit posséder, il est nécessaire d'ajouter :

- Si le dépannage se réalise sous tension :
  - *un voltmètre :* appareil d'indication servant à donner l'ordre de grandeur de la tension.
  - *un ampèremètre* (éventuellement) : appareil d'indication servant à donner l'ordre de grandeur du courant.
  - *une lampe test au néon :* appareil indiquant soit l'ordre de grandeur de la tension, soit la polarité du conducteur en alternatif (phase ou neutre).
  - *une lampe témoin* ayant la même tension nominale que la tension d'alimentation du circuit à dépanner.

- Si le dépannage se réalise hors tension :
  - *un ohmmètre :* appareil d'indication servant à donner l'ordre de grandeur des résistances.
  - *une lampe témoin avec ronfleur ou sonnerie :* appareil permettant de détecter la continuité du circuit (si celle-ci est correcte, l'appareil émet une signalisation lumineuse et sonore).

Remarque :

Il existe un appareil tout à fait adapté à la recherche de pannes qui s'appelle "contrôleur universel". Il peut mesurer :

- des tensions (voltmètre)
- des courants (ampèremètre)
- des résistances (ohmmètre).

8.2 Types de défauts

Une panne peut avoir :
— une origine mécanique
— une origine électrique

Nous n'étudierons que les défauts d'origine électrique suivants :

8.2.1 Défaut de continuité

C'est l'interruption du circuit ; suivant l'endroit de ce défaut, une partie ou toute l'installation ne fonctionne plus.

8.2.2 Défaut d'isolement

C'est le court-circuit franc ou résistant qui apparaît lorsqu'il y a :
— contact entre deux conducteurs de polarités différentes : les protections du circuit agissent et coupent son alimentation ; l'installation ne fonctionne plus.

— contact entre deux conducteurs de même polarité : suivant le lieu de ce défaut, l'installation fonctionne constamment ou partiellement.

— contact entre un conducteur et la masse d'un appareil ou la terre. Si la protection du circuit agit, l'alimentation est coupée : l'installation ne fonctionne plus.

8.2.3 Défaut intermittent

C'est un défaut d'isolement ou de continuité qui apparaît et disparaît d'une façon tout à fait irrégulière. Le fonctionnement de l'installation est perturbé pendant sa présence.

8.2.4 Erreur de branchement

C'est un défaut qui intervient lors d'une modification ou d'une mise en service d'installation. Des conducteurs ont été inversés au niveau de borniers ou le matériel mis en place a été mal choisi ; le fonctionnement de l'installation est plus ou moins perturbé.

8.3 Schéma de câblage

Pour effectuer un dépannage sérieux, il faut absolument posséder le schéma de l'installation. Il arrive parfois que celui-ci :
— n'est plus à jour du fait d'une modification des circuits
— n'est pas disponible ou n'a jamais existé.

Dans ces deux cas, il est indispensable de repérer les matériels, la filerie, et d'effectuer un schéma de dépannage de l'installation.

8.3.1 Définition d'un schéma de dépannage

C'est un schéma développé complété de tous les détails qui peuvent aider la recherche de la panne ; ces précisions, reportées soit sur le schéma lui-même ou sur des schémas annexes, soit dans des tableaux annexes sont :

- l'emplacement exact des matériels tels que :
  - Alimentation
  - Appareil de coupure
  - Appareil de protection
  - Appareil de commande
  - Organe de commande
  - Récepteur de puissance
  - Bornier

- l'identification des matériels par les lettres repères

- le repérage des bornes des différents matériels

- le repérage des borniers de liaison

- l'identification des liaisons par câbles entre les différents appareils

- le repérage des extrémités de câbles.

Cette liste n'est bien sûr pas limitée.

8.3.2 Recommandations importantes pour relever un schéma de câblage

- Commencer par déterminer le schéma fonctionnel de l'installation ce qui permet de trouver une partie des matériels mis en cause.

- Relever ensuite le schéma multifilaire en progressant :
  - soit du récepteur de puissance vers l'alimentation
  - soit de l'organe de commande vers l'alimentation (cette deuxième méthode évite de se diriger vers un autre circuit).

- En déduire le schéma développé et les tableaux ou schémas annexes.

Remarque :

Eviter de débrancher des conducteurs car ceux-ci peuvent être inversés ou détériorés à la remise en état de l'installation.

8.4 Progression d'un dépannage

Cette progression doit être logique du point de vue réflexion et méthode de travail de façon à n'omettre aucune vérification qui serait déterminante pour le résultat de la recherche.

Cheminement de la recherche de panne ; le dépanneur doit :

— Déterminer le rôle exact de la partie d'installation concernée ce qui permet de cerner les matériels du circuit mis en cause.
Exemple : circuit nécessaire à la mise en fonctionnement du moteur M 1.

— Constater la nature de la panne.
Exemple : le moteur M 1 ne fonctionne pas.

— En déduire la ou les causes probables qui peuvent être mécaniques ou électriques.
Exemple : moteur bloqué → cause mécanique
non alimentation du moteur → défaut de continuité
fonctionnement protection → défaut d'isolement.

— Vérifier ces causes probables en utilisant le schéma de dépannage.

— Remettre en état l'installation.

Les trois premiers points étant propres à chaque installation, nous ne traiterons que le quatrième point.

8.5 Vérification des causes probables

8.5.1 Etude du schéma électrique

Avant toute recherche manuelle, le schéma électrique doit être étudié de façon à éliminer tous les circuits qui n'interviennent pas dans la partie d'installation en panne. Il faut en déduire la liste précise des matériels jouant un rôle dans celle-ci pour :

— les sources d'alimentation
— les appareils de coupure
— les appareils de protection
— les appareils de commande
— les organes de commande
— les récepteurs de puissance

Cela permet de donner une ou plusieurs réponses aux questions :
— qui donne l'ordre ?
— qui peut recevoir l'ordre ?
— par où passe l'ordre ?

8.5.2 Vérifications préliminaires

Par expérience, la recherche ne débute que lorsque les trois points suivants ont été vérifiés :
- Présence des sources d'alimentation (mesure de leurs valeurs) ;
- Etat des protections ;
- Position des interrupteurs ou commutateurs de mise en fonctionnement.

La recherche proprement dite commence par :

- Regarder rapidement mais sans précipitation l'état des différents appareils. Toutes traces suspectes doivent être relevées (noir de fumée, odeur de brûlé...).

- Procéder à la vérification électrique
  Elle se déroule toujours par étapes qui débutent de l'organe de commande ou du récepteur de puissance (suivant le circuit de commande ou de puissance) pour se diriger vers les appareils de commande.

8.5.3 Recherche de défauts

a) Défaut de continuité

C'est une ouverture du circuit qui est provoquée par :
- une borne desserrée
- une broche mal emboîtée
- un mauvais fonctionnement de contact
- une coupure de conducteur.

La recherche de cette panne se fait de la façon suivante :
- si l'installation est hors tension, il faut vérifier la continuité du circuit tout au long de celui-ci.
- si l'installation est sous tension, il faut vérifier les tensions tout au long du circuit.

Remarque :

Dans ce type de défaut, la défaillance du câblage est extrêmement rare (les points les plus fragiles étant situés au niveau des borniers).

b) Défaut d'isolement

Ce défaut apparaît, en général, dans les câbles de liaisons, sur les plaques à bornes ou sur les borniers.

On distingue :

— Le court-circuit entre deux polarités différentes. Après avoir débranché le récepteur, on remplace, sur une polarité, la protection du circuit par un voltmètre ou par une lampe supportant la tension d'alimentation (on garde sur la deuxième polarité soit la protection du circuit soit la barrette de sectionnement). Après une nouvelle mise sous tension, le voltmètre dévie ou la lampe s'allume.

On procède alors par bond en remontant le circuit depuis le récepteur et en débranchant successivement les conducteurs ; après avoir éliminé une partie de l'installation, si le voltmètre ne dévie plus ou la lampe s'éteint, le défaut est en aval du point d'intervention ; il suffit ensuite de répéter cette intervention pour le cerner le mieux possible.

— Le court-circuit entre deux conducteurs de même polarité. Il faut repérer sur les schémas, les matériels, les borniers, les câbles qui sont communs aux deux circuits. On procède par mesure de continuité entre ces deux circuits en éliminant par étapes des parties d'installation. Plusieurs mesures sont nécessaires pour trouver le défaut.

— Le court-circuit entre une polarité et la masse ou la terre.
  — Si la protection du circuit fonctionne, c'est l'équivalent du court-circuit entre deux polarités différentes ; il suffit de procéder avec la même méthode décrite précédemment.

  — Si la protection du circuit n'a pas fonctionné, la polarité en contact avec la masse ou la terre est :
    — soit le neutre de l'alimentation
    — soit une polarité issue d'un transformateur
    — soit une polarité continue.

Ce défaut ne perturbe pas le fonctionnement de l'installation mais doit être éliminé. On procède par éliminations successives des parties du circuit jusqu'à la détection de ce défaut.

c) Défaut intermittent

C'est le défaut le plus difficile à détecter ; la recherche ne peut commencer qu'au moment où il existe. Il est, en général, dû :
— aux mauvais états des contacts
— aux bornes desserrées
— aux conducteurs sur le point de se casser

– à l'état défectueux des isolants
– aux différentes vibrations et contraintes.

Une vérification complète des différents matériels et de la filerie est alors nécessaire pour pouvoir le localiser. On procède lorsque le défaut est présent de la même façon que pour un défaut de continuité ou d'isolement.

d) Erreur de branchement

Ce défaut arrive lors d'une mise en service d'une installation neuve ou après une modification des circuits. Il est dû en général à :
– des inversions de conducteurs
– des inversions de bornes
– des inversions de matériel
– des mauvais choix de matériel.

Les différentes opérations nécessaires sont :
– la vérification du type de matériel installé
– l'identification des différents conducteurs, c'est-à-dire la recherche de leurs deux extrémités
– le repérage et le contrôle des bornes sur les appareils et les borniers.

Remarque :

Ces recherches sont plus ou moins facilitées par un bon repérage des borniers et des conducteurs ; il faut pourtant considérer que ces repérages ne sont qu'une indication à laquelle on ne doit pas faire entièrement confiance.

8.6 Remarque générale

Le dépannage est terminé lorsque :
– la réparation définitive a eu lieu
– plusieurs essais de fonctionnement ont été concluants
– un rapport sur la panne a été établi.

Signalisation

SIGNALISATION

1 GÉNÉRALITÉS

La signalisation permet de transmettre à distance des signaux ou des informations qui sont ensuite traités par l'utilisateur. Son but est d'attirer l'attention des personnes sur un fait précis.

Un circuit de signalisation comprend :

- Une source d'alimentation.
- Une protection du circuit.
- Un ou plusieurs organes de commande.
- Un ou plusieurs récepteurs auxiliaires (éventuellement).
- Un ou plusieurs organes récepteurs.
- Une liaison électrique entre ces différents éléments.

1.1 Source d'alimentation

Son choix est très important car il conditionne la fiabilité de la signalisation. La tension d'alimentation peut être :

1.1.1 Une tension alternative :

Un transformateur BT/TBT branché sur le réseau 230 V délivre une tension de sécurité TBT. Ce système possède un inconvénient majeur : en cas de panne E.D.F., l'utilisateur ne possède plus de signalisation.

Schéma développé

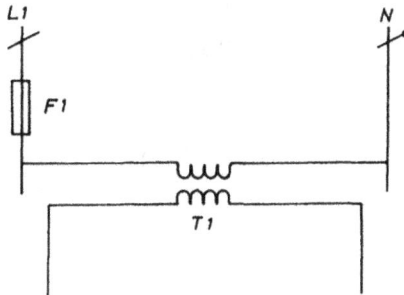

Légende :
F 1 : fusible de protection
T 1 : transformateur 220 V/6 V

Remarque :

Dans un schéma développé, la phase est toujours située à gauche ou en haut et le neutre à droite ou en bas.

1.1.2 Une tension continue :

Dans ce cas, la source d'alimentation comprend :

a) soit une batterie d'accumulateur ou une pile

Inconvénient

Il faut penser à recharger la batterie d'accumulateur ou changer la pile après un temps de fonctionnement qui dépend de la consommation du circuit de signalisation.

Schéma développé

Légende :
G : batterie 9 V
F1 : fusible de protection

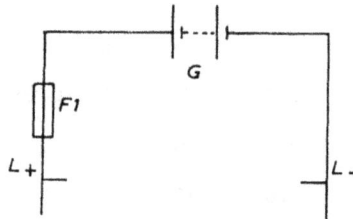

Remarque :

Dans un schéma développé, la polarité L + est toujours située à gauche ou en haut et la polarité L − à droite ou en bas.

b) soit une batterie d'accumulateur et un transformateur BT/TBT
qui maintient à travers un redresseur la charge de la batterie ou qui la recharge après une panne E.D.F. Dans ce cas, la signalisation n'est pas affectée par un manque de tension secteur.

Schéma développé

Légende :
F 1   : fusible de protection
T 1   : transformateur 220 V/10 V
V 1   : pont de diodes
G   : batterie 12 V
F3, F 2 : fusible de protection
          du circuit batterie

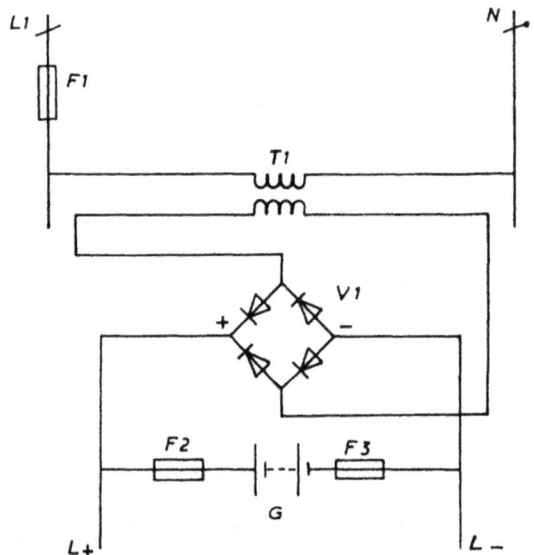

Fonctionnement

La tension alternative est redressée à travers un pont de diodes afin de maintenir la batterie d'accumulateur à sa valeur nominale. Pour améliorer ce redressement, un condensateur peut être branché en parallèle sur la sortie du pont redresseur.

1.2 Appareils de protection

La protection des circuits de signalisation est réalisée par des fusibles qui sont toujours placés :

a) sur la phase pour un circuit alternatif (le neutre n'est jamais coupé).

Remarque :

Lorsque l'on utilise un transformateur BT/TBT, la protection par fusible est installée sur la phase alimentant le primaire de ce transformateur ; par contre au secondaire il n'y a aucune protection.

b) sur la polarité positive pour un circuit continu (batterie d'accumulateur ou pile).

Remarque :

Il est souvent placé un deuxième fusible sur la polarité négative ce qui permet d'isoler la source d'alimentation de l'installation.

1.3 Organes de commande

Ils peuvent être classés en deux catégories :

— les organes de commande manuelle : actionnés volontairement par l'homme, ce sont les boutons poussoirs, les interrupteurs...

— les organes de commande automatique :
  – actionnés par un mobile qui se déplace, ce sont les contacts de position.
  – actionnés par une grandeur définie à l'avance, ce sont :
    • les capteurs des grandeurs physiques (thermostat, pressostat...)

    • les contrôleurs de grandeurs électriques (relais de tension, courant...)

    • les contrôleurs de débit (fluide, gaz), de niveau, de nombre d'événements

    • les programmateurs, horloges...

Remarques :

- Ils ne possèdent en général qu'un seul contact qui n'est pas suffisant pour réaliser l'ensemble des circuits ; afin de remédier à cet inconvénient, on utilise des relais auxiliaires ou temporisés.

- Si la signalisation doit être sensible à plusieurs grandeurs en même temps, les contacts des relais auxiliaires ou les capteurs sont branchés en série. Par contre, si celle-ci est sensible à une seule grandeur à la fois, ils sont raccordés en parallèle.

- Ces organes de commande sont installés de façon à :
  - couper la phase ou la polarité positive
  - avoir leur pôle fixe relié à la phase ou à la polarité positive
  - travailler du bas vers le haut ou de gauche vers la droite.

1.4 Organes récepteurs

On distingue deux types de récepteurs :

- les récepteurs auxiliaires qui sont des relais et qui permettent de démultiplier le contact disponible sur l'organe de commande.

- les récepteurs de signalisation qui peuvent être :
  - soit visuels (lampe, voyant, afficheur...)
  - soit sonores (sonnerie, ronfleur, klaxon, sirène, haut-parleur).

Remarque :

Ces récepteurs ont en général :
- une borne reliée à un contact de commande
- une borne reliée directement au neutre ou à la polarité négative.

1.5 Domaines d'utilisation

La signalisation peut être classée suivant le but que l'utilisateur s'est fixé ; il est défini ainsi cinq domaines d'application qui sont :

- la signalisation de communication :
  - circuit d'appel de personnes
  - circuit de réponses
  - circuit d'interrogation

- la signalisation de position :
  - marche ou arrêt
  - ouvert ou fermé
  - gauche ou droite
  - bas ou haut
  - vide ou plein
  - niveau bas ou niveau haut

- la signalisation de sécurité :
  - autorisé
  - interdit

- la signalisation d'alarme :
  - incendie
  - vol
  - suite à incident

- la signalisation d'indication de l'heure :
  - commutateur horaire
  - distribution de l'heure.

2 NORMALISATION

Ce chapitre est tiré des normes NF C 03202, NF C 03205, NF C 03206, NF C 03207, NF C 03208, NF C 03211.

2.1 Alimentation

Lettre repère	Désignation	Symbole
L	Conducteur phase	
N	Conducteur neutre	
PE	Conducteur de protection	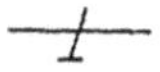
G	Elément de pile ou batterie d'accumulateur	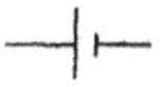
L +	Conducteur polarité positive	+
L —	Conducteur polarité négative	—

Remarque :

Symbole d'un élément de pile ou batterie d'accumulateur :

- le trait long représente la polarité positive
- le trait court représente la polarité négative.

2.2 Appareils de transformation de l'énergie électrique

Lettre repère	Désignation		Symbole
T	Transformateur monophasé à deux enroulements	Schéma unifilaire	⊖⊖
		Schéma développé ou multifilaire	⎍⎍⎍ / ⌒⌒⌒
V	Diode		▷|—

2.3 Appareils de protection

Lettre repère	Désignation	Symbole
F	Fusible	—▭—

2.4 Appareils de commande

Lettre-repère	Désignation		Symbole
Q	Interrupteur unipolaire actionné par une clé		
S	Commutateur deux positions		
S	Bouton poussoir à fermeture		
	Bouton poussoir à ouverture		
K	Contact à ouverture		
	Contact à fermeture		
K.T	Contact à ouverture temporisé à l'ouverture		
	Contact à ouverture temporisé à la fermeture		
K.T	Contact à la fermeture temporisé à l'ouverture		
	Contact à fermeture temporisé à la fermeture		
K.A	Contact de passage fermé à l'action		
	Contact de passage fermé au relâchement		
F	Contact à accrochage à ouverture		
	Contact à accrochage à fermeture		
S	Contact de position à ouverture		
	Contact de position à fermeture		
K	Contact sensible à une grandeur physique	à ouverture et à fermeture (1)	
		à fermeture et à ouverture (1)	

1) Indiquer les valeurs de réglage de la grandeur pour l'ouverture et la fermeture du contact.

339

Les détecteurs de grandeurs physiques sont représentés par des contacts auxquels sont associés les symboles suivants :

Lettre repère	Désignation	Symbole
	Commande par niveau de fluide	$\bigcirc$---
	Commande par débit de fluide	⌐---
	Commande par débit gazeux	⌐•---
	Commande par horloge	$\bigcirc\!\!\!\!\lrcorner$--
	Commande par moteur	Ⓜ---
	Commande par came	$\bigcirc$---
	Commande par variation brusque de vitesse	⌐•---
	Commande par la pression	[P]---
	Commande par la température	[θ]---
	Commande par la vitesse de rotation	[n]---
	Commande par compteur d'événement	[o]---
	Commande par relais thermique	⊓
	Commande par relais magnétique	⊓
	Commande par relais magnéto-thermique	⊓⊓

Exemples

Lettre repère	Désignation	Symbole
F	Contact de relais thermique à fermeture	
B	Détecteur de pression à ouverture (1)	[P]--↲
B	Compteur d'événement à fermeture (1)	[o]--\
P	Contact d'horloge à ouverture (1)	$\bigcirc$--↲

1) Indiquer les valeurs de réglage de la grandeur pour l'ouverture ou la fermeture du contact.

2.5 Récepteurs auxiliaires

Lettre repère	Désignation	Symbole
K	Bobine de relais	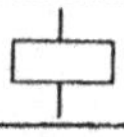

2.6 Récepteurs

Lettre repère	Désignation		Symbole
H	Voyant de signalisation		
H	Voyant de signalisation "clignotant"		
H	Sonnerie		
H	Ronfleur		
H	Sirène		
H	Klaxon		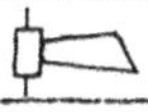
Y	Gâche électrique	Schéma architectural	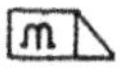
		Autres schémas	

Remarque :

On peut préciser la couleur du voyant par :

RD   couleur rouge

YE   couleur jaune

GN   couleur verte

BU   couleur bleue

WH   couleur blanche

2.7 Organes de contrôle et de commande

Ceux-ci sont placés en dehors du circuit de signalisation et d'alarme mais sont à l'origine de la signalisation.

Lettre repère	Désignation	Symbole
F	Relais thermique	
F	Relais magnétique	
F	Relais magnéto-thermique	
K.N	Relais manque tension	U = 0
K.N	Relais baisse tension	U ⩽ ...v
K.N	Relais tension maximum	U ⩾ ...v
K.N	Relais manque courant	I = 0
K.N	Relais à maximum de courant	I ⩾ ...A
K.N	Relais de fréquence	f ⩽ ...Hz
P	Horloge : Symbole général Horloge réceptrice	
P	Horloge mère	
P	Horloge à contacts	
P	Horloge synchrone pour 50 Hz	
P	Horloge à dispositif de remontage par moteur électrique	
P	Interrupteur horaire fermé de 18 heures à 23 heures avec horloge de commande à dispositif de remontage par moteur électrique	
	Installation de distribution de l'heure comprenant une horloge mère à fréquence d'impulsions f1 alimentant directement une horloge réceptrice et commandant par l'intermédiaire d'un convertisseur d'impulsions le déroulement d'un ampèremètre enregistreur.	

3 SCHÉMAS

3.1 Signalisation de communication

3.1.1 Signalisation chez un concierge

Le concierge possède dans sa loge :
— un commutateur (S 3) qui lui permet d'afficher dans le couloir s'il est présent, absent ou occupé.
— un bouton poussoir (S 1) qui lui permet de commander l'ouverture de sa porte.
— une sonnerie (H4) qui, commandée par un bouton poussoir (S 2) situé dans le couloir, permet de signaler la présence d'une personne désirant lui parler.

Schéma développé de l'installation

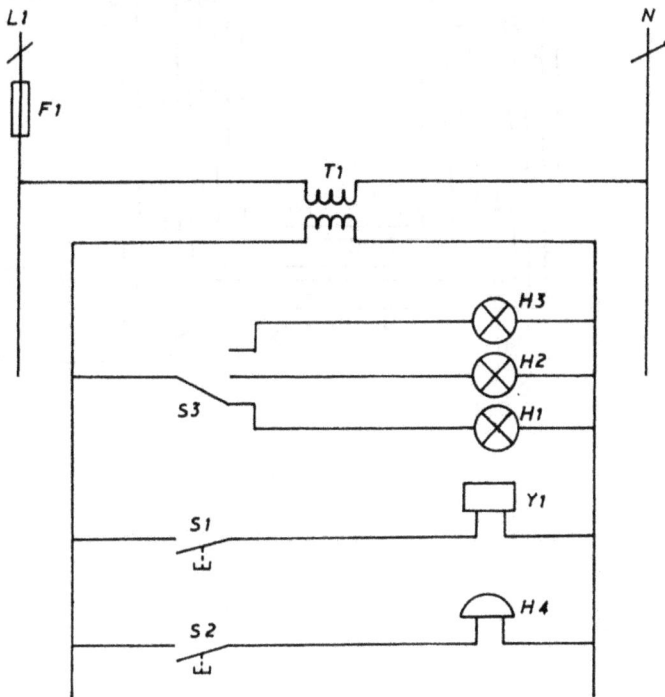

Légende :
F 1 : *fusible de protection*
T 1 : *transformateur 220/6 V*
S 3 : *commutateur trois positions situé chez le concierge*
S 1 : *bouton poussoir situé chez le concierge*
S 2 : *bouton poussoir situé dans le couloir*
H 1 : *voyant situé dans le couloir : "présent"*
H 2 : *voyant situé dans le couloir : "absent"*
H 3 : *voyant situé dans le couloir : "occupé"*
H 4 : *sonnerie située chez le concierge*
Y 1 : *gâche électrique située sur la porte*

Schéma multifilaire de l'installation

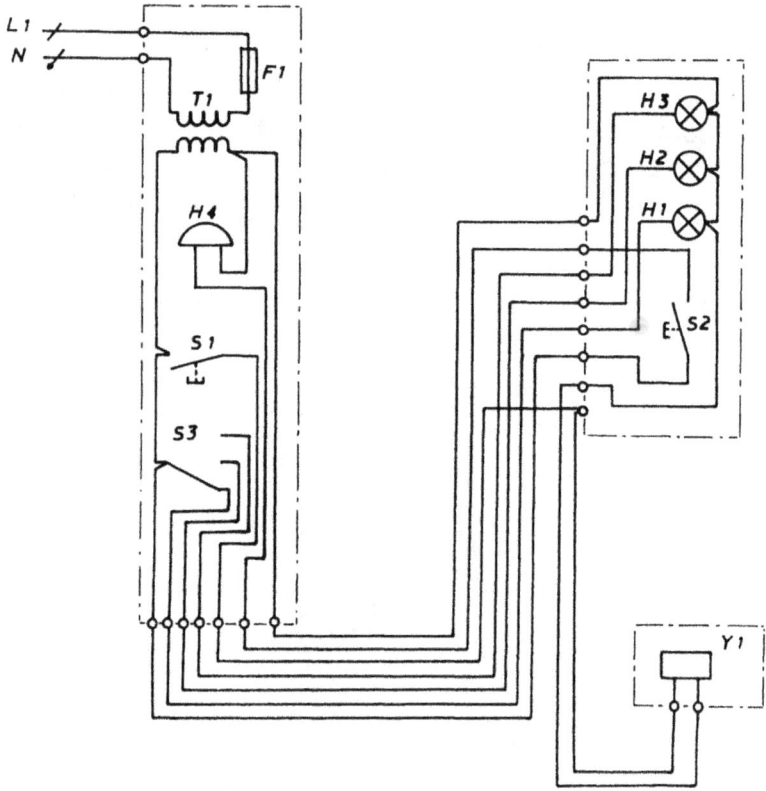

Représentation en faisceau

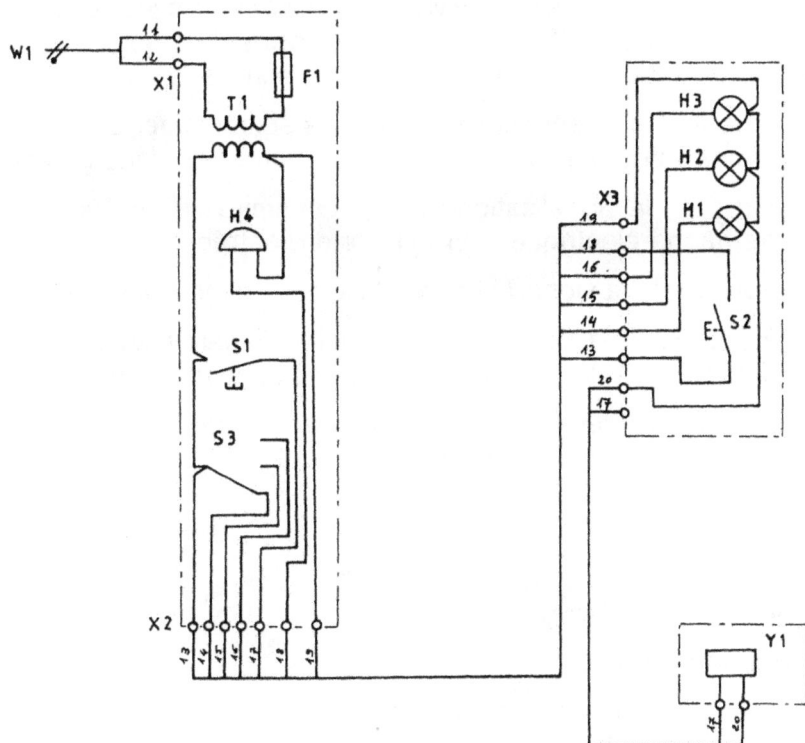

Légende :

W1	: Alimentation monophasée
F1	: fusible de protection
S3	: commutateur trois positions situé chez le concierge
S 1	: bouton poussoir situé chez le concierge
S 2	: bouton poussoir situé dans le couloir
H 1	: voyant situé dans le couloir : "présent"
H 2	: voyant situé dans le couloir : "absent"
H 3	: voyant situé dans le couloir : "occupé"
H 4	: sonnerie située chez le concierge
Y1	: gâche électrique située sur la porte
X1, X2	: bornier tableau de commande situé chez le concierge
X3	: bornier tableau de commande situé sur la porte
T1	: transformateur 220/6V

Remarque :

Le repérage des conducteurs est du type indépendant ; nous aurions pu choisir un repérage dépendant de la borne aboutissante ou de la borne tenante.

3.1.2 Signalisation de bureau

Pour entrer dans un bureau, le visiteur signale sa présence en appuyant sur un bouton poussoir (S 1) situé près de la porte d'entrée. Cette action met en service une signalisation visuelle et sonore.

L'occupant, recevant l'appel, doit alors sélectionner une des trois réponses suivantes qui s'affiche dans son bureau et dans le couloir.

— "Entrez" : la signalisation visuelle est limitée à vingt secondes ; une gâche électrique ouvre la porte d'entrée.

— "Revenez" : la signalisation visuelle est limitée à vingt secondes.

— "Attendez" : la signalisation visuelle disparaît au moment où l'occupant resélectionne une des deux réponses précédentes.

Toute signalisation visuelle est accompagnée d'une brève signalisation sonore donnée par un ronfleur.

Légende du schéma développé
F 1 : *fusible de protection*
T 1 : *transformateur 220/24 V*
S 1 : *bouton poussoir "Appel" porte*
S 2 : *bouton poussoir "Entrez" bureau*
S 3 : *bouton poussoir "Revenez" bureau*
S 4 : *bouton poussoir "Attendez" bureau*
H 1 : *ronfleur bureau*
H 2 : *voyant "Présence visiteur" bureau*
H 3 : *voyant "Entrez" bureau*
H 4 : *voyant "Entrez" porte*
H 5 : *voyant "Revenez" bureau*
H 6 : *voyant "Revenez" porte*
H 7 : *voyant "Attendez" bureau*
H 8 : *voyant "Attendez" porte*
H 9 : *ronfleur porte*
K 1A : *relais auxiliaire "Appel"*
K 2A : *relais auxiliaire mémoire "Appel"*
K 3A : *relais auxiliaire "Attendez"*
K 4A : *relais auxiliaire mémoire "Attendez"*
K 5T : *relais auxiliaire "Entrez"*
K 6T : *relais auxiliaire "Revenez"*
Y 1 : *gâche électrique*

Schéma développé du montage

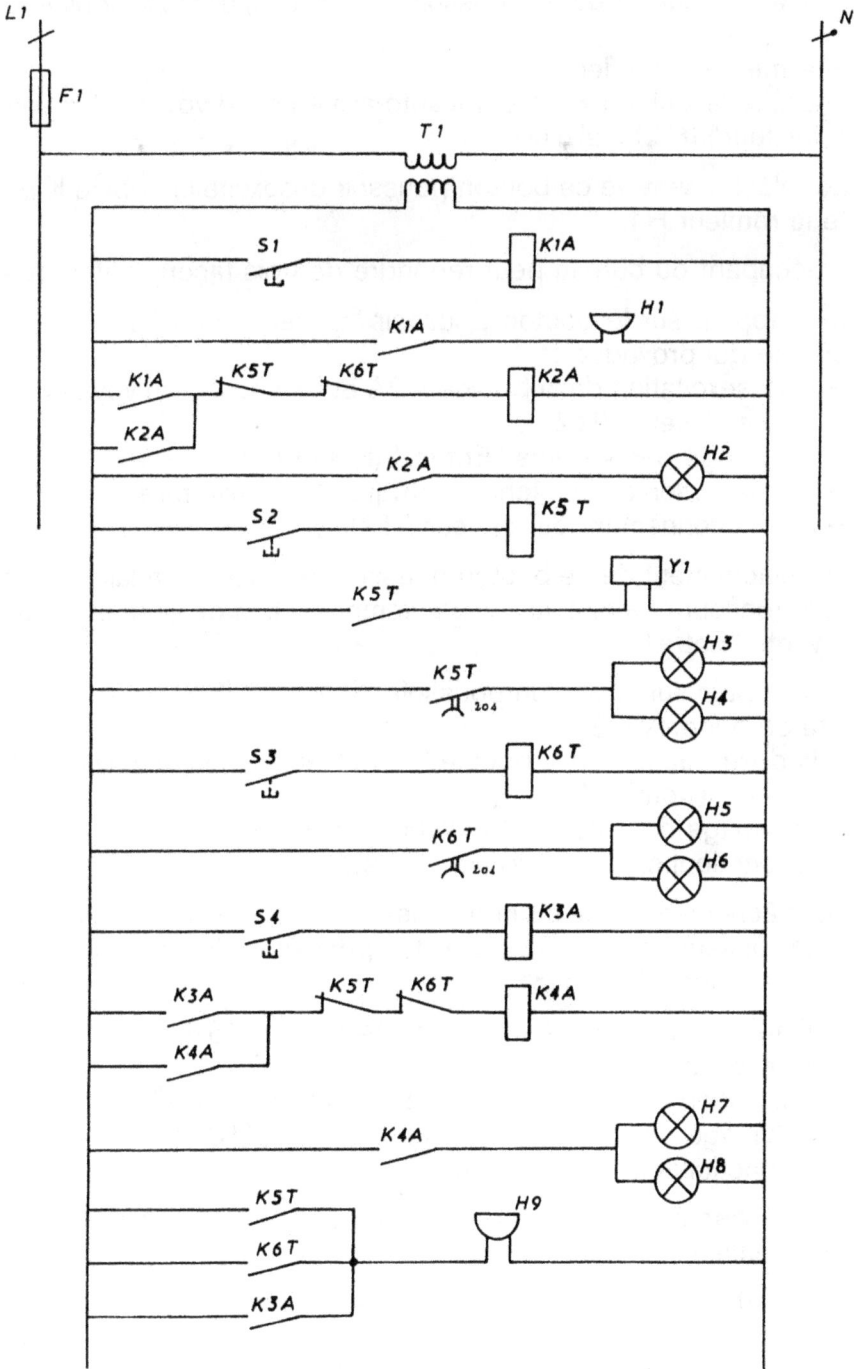

Description du fonctionnement de l'ensemble

Une action sur le bouton poussoir d'appel (S 1) excite la bobine K 1A qui :
- alimente le ronfleur H 1
- excite la bobine K 2A qui s'auto-alimente ; le voyant "Présence visiteur" (H 2) s'allume.

Le relâchement de ce bouton poussoir désexcite la bobine K 1A et arrête le ronfleur H 1.

L'occupant du bureau peut répondre de trois façons différentes.

a) Il appuie sur le bouton poussoir "Entrez" (S 2). Le relais K 5T s'excite ce qui provoque :
- la désexcitation de la bobine K 2A et l'extinction du voyant "Présence visiteur" (H 2).
- l'allumage des voyants "Entrez" (H 3 et H 4).
- l'alimentation de la gâche électrique (Y 1) (ouverture de la porte).
- le fonctionnement du ronfleur (H 9).

Le relâchement de ce bouton poussoir désexcite le relais K 5T qui arrête le ronfleur et éteint, après une temporisation de vingt secondes, les voyants "Entrez".

b) Il appuie sur le bouton poussoir "Revenez" (S 3). Le relais K 6T s'excite ce qui provoque :
- la désexcitation de la bobine K 2A et l'extinction du voyant "Présence visiteur" (H 2).
- l'allumage des voyants "Revenez" (H 5 et H 6).
- le fonctionnement du ronfleur (H 9).

Le relâchement de ce bouton poussoir désexcite la bobine K 6T qui arrête le ronfleur et, au bout d'une temporisation de vingt secondes, éteint les voyants "Revenez".

c) Il appuie sur le bouton poussoir "Attendez" (S 4). Le relais K 3A s'excite ce qui provoque :
- l'excitation de la bobine K 4A qui s'auto-alimente.
- l'allumage des voyants "Attendez" (H 7 et H 8).
- le fonctionnement du ronfleur (H 9).

Le relâchement de ce bouton poussoir désexcite la bobine K 3A qui arrête le ronfleur.

Il faut attendre l'action sur un des boutons poussoirs "Entrez" (S 2) ou "Revenez" (S 3) pour permettre, d'une part, la désexcitation de la bobine K 4A et, d'autre part, l'extinction des voyants "Attendez" (H 7 et

Schéma développé rangé du montage

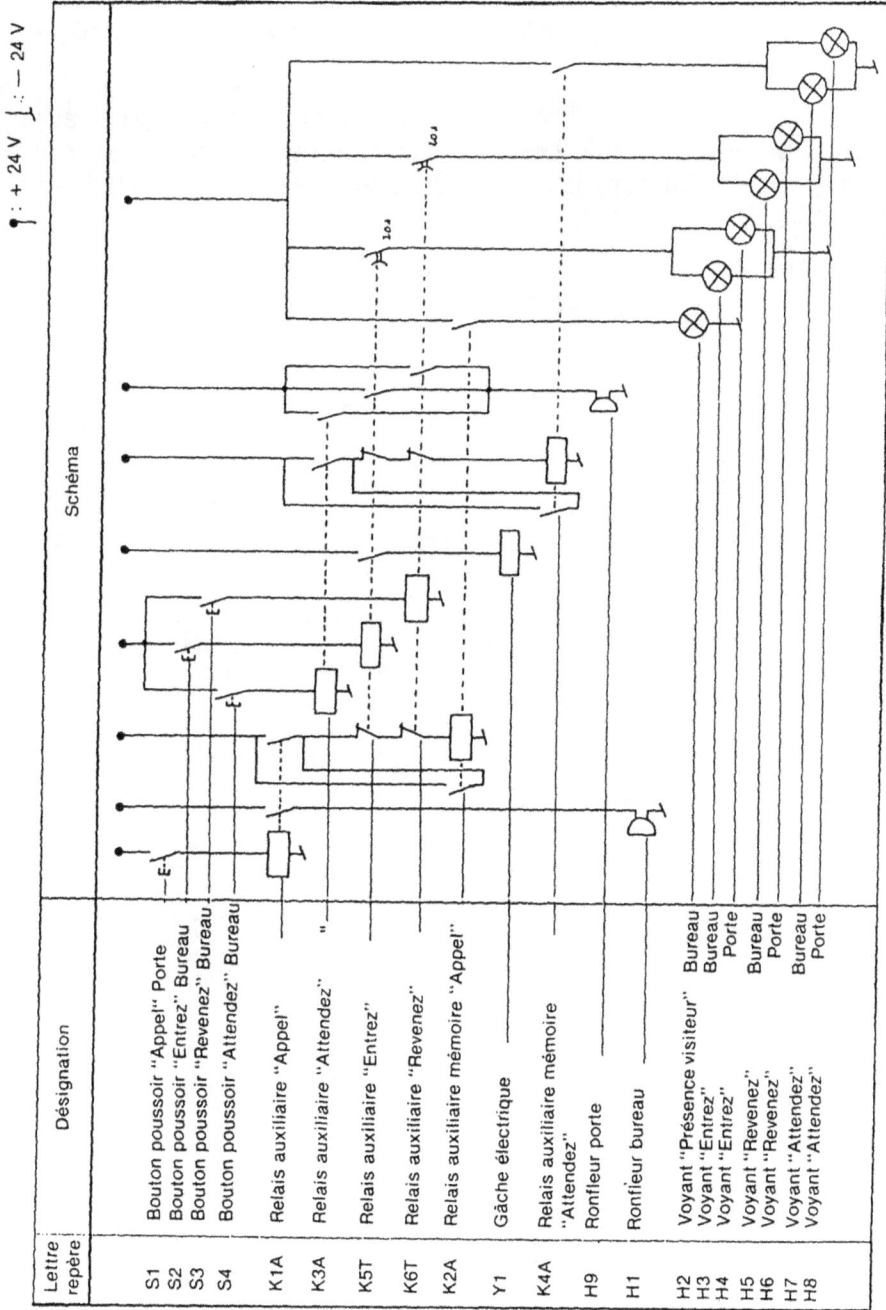

Lettre repère	Désignation
S1	Bouton poussoir "Appel" Porte
S2	Bouton poussoir "Entrez" Bureau
S3	Bouton poussoir "Revenez" Bureau
S4	Bouton poussoir "Attendez" Bureau
K1A	Relais auxiliaire "Appel"
K3A	Relais auxiliaire "Attendez"
K5T	Relais auxiliaire "Entrez"
K6T	Relais auxiliaire "Revenez"
K2A	Relais auxiliaire mémoire "Appel"
Y1	Gâche électrique
K4A	Relais auxiliaire mémoire "Attendez"
H9	Ronfleur porte
H1	Ronfleur bureau
H2	Voyant "Présence visiteur" Bureau
H3	Voyant "Entrez" Bureau
H4	Voyant "Entrez" Porte
H5	Voyant "Revenez" Bureau
H6	Voyant "Revenez" Porte
H7	Voyant "Attendez" Bureau
H8	Voyant "Attendez" Porte

Schéma

+ 24 V − 24 V

3.1.3 Signalisation de maison de retraite

Dans une maison de retraite, un appel d'une chambre provoque :
— le fonctionnement du ronfleur dans la salle de garde.
— le clignotement de trois voyants situés respectivement dans la salle de garde, dans la chambre et dans le couloir au-dessus de la porte d'entrée.

La personne de service confirme au malade l'appel reçu en appuyant sur un bouton poussoir. Les trois voyants passent en feu fixe. Après sa visite dans la chambre, la personne de service remet l'installation en état de veille.

Il existe une installation par chambre qui doit fonctionner en cas de panne d'alimentation secteur.

Schéma développé du montage

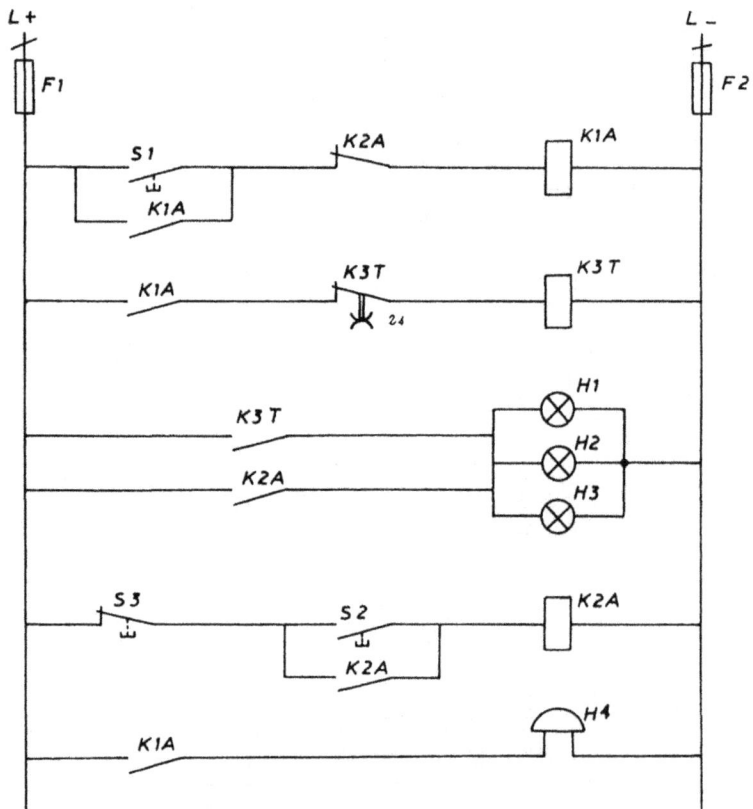

Description du fonctionnement de l'ensemble

Une action sur le bouton poussoir d'Appel (S 1) excite la bobine K 1A ce qui provoque :
- son auto-alimentation.
- l'excitation de la bobine K 3T qui fait clignoter les trois voyants (H 1, H 2 et H 3).
- le fonctionnement de la sonnerie.

Une action sur le bouton poussoir "Appel reçu" excite la bobine K 2A qui :
- s'auto-alimente.
- désexcite les bobines K 1A et K 3T.
- arrête le fonctionnement de la sonnerie.
- passe en feu fixe les voyants (H 1, H 2 et H 3).

Une action sur le bouton poussoir (S 3) "Veille" entraîne la désexcitation de la bobine K 2A et la mise en veille du système.

3.2 Signalisation de position

Dans une chaîne d'automatisme, il est parfois utile de connaître la position ou l'état d'un de ses éléments ; pour répondre à cette fonction, il faudra prévoir une signalisation adaptée à l'information que l'on désire.

3.2.1 Signalisation Marche/Arrêt

C'est la signalisation que l'on rencontre le plus couramment.

a) Premier exemple

Un voyant s'allume si le système est en fonctionnement et s'éteint à l'arrêt.

Schéma développé

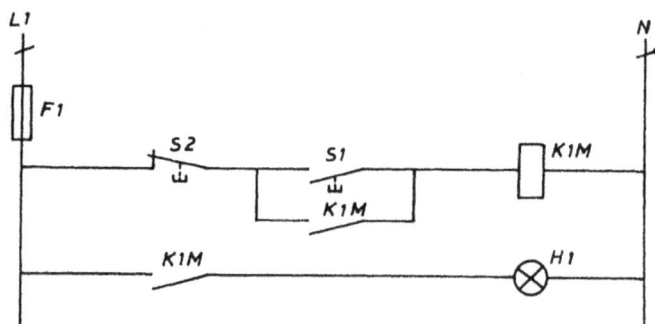

Légende :
F 1   : fusible de protection
S 1   : bouton poussoir "Marche"
S 2   : bouton poussoir "Arrêt"
K 1M : contacteur principal de commande
H 1   : lampe de signalisation

Fonctionnement

Lorsque l'on appuie sur S 1, le contacteur K 1M s'excite et s'auto-alimente ; le système fonctionne ; la lampe de signalisation H 1 s'allume.

Lorsque l'on appuie sur S 2, le contacteur se désexcite ; le système s'arrête ; la lampe de signalisation s'éteint.

b) Deuxième exemple

Dans certains automatismes, les états marche et arrêt doivent être signalés par deux voyants différents.

Schéma développé du montage

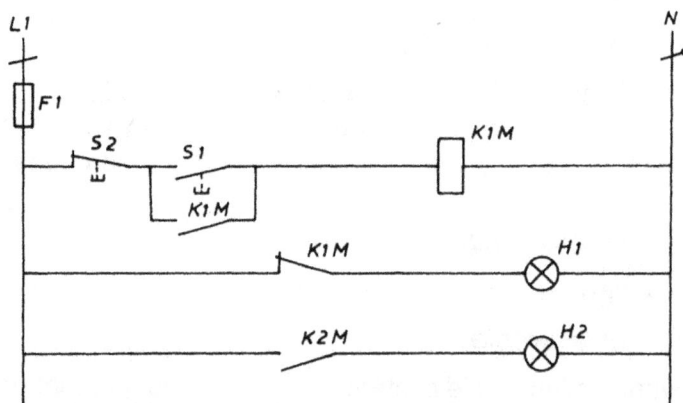

Légende :
F 1 : fusible de protection du circuit de signalisation
K 1M : contacteur principal commandé par bouton poussoir marche/arrêt
H 1 : lampe de signalisation ; système en arrêt
H 2 : lampe de signalisation ; système en fonctionnement
S 1 : bouton poussoir marche
S 2 : bouton poussoir arrêt

Schéma développé rangé du montage

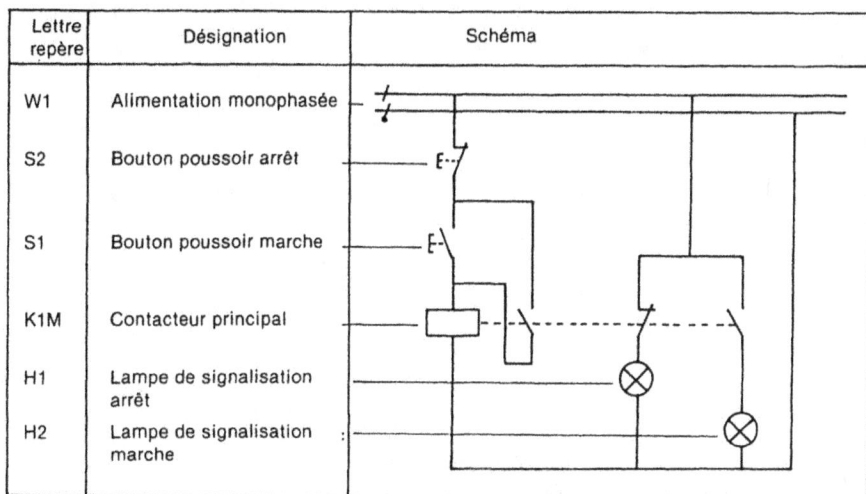

Lettre repère	Désignation	Schéma
W1	Alimentation monophasée	
S2	Bouton poussoir arrêt	
S1	Bouton poussoir marche	
K1M	Contacteur principal	
H1	Lampe de signalisation arrêt	
H2	Lampe de signalisation marche	

Fonctionnement

Lorsque la bobine K 1M est désexcitée, le voyant H 1 est allumé et le voyant H 2 est éteint. Dès que celle-ci est alimentée, les deux voyants changent d'état.

Remarque :

En aucun cas, les deux voyants sont allumés en même temps puisque les contacts qui les commandent sont complémentaires et appartiennent au même contacteur.

c) Troisième exemple

Si le système est commandé par un commutateur "Tourner Pousser Lumineux" (T.P.L.), la lampe de signalisation indique la discordance de fonctionnement c'est-à-dire qu'elle s'allume, d'une part, s'il y a eu un ordre de marche et si le contacteur principal ne s'est pas excité et, d'autre part, si l'ordre d'arrêt n'a pas réalisé son action.

Schéma développé de la signalisation

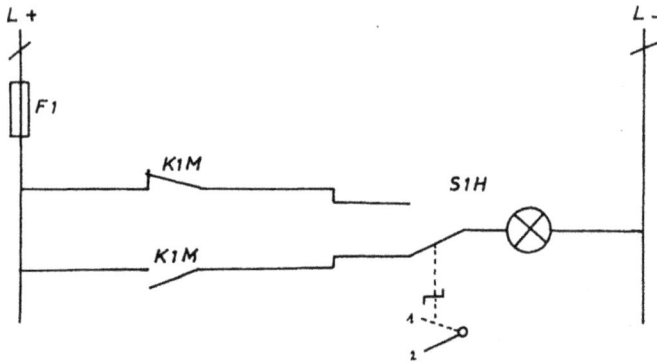

Légende :
F 1   : fusible de protection du circuit de signalisation
K 1M : contacteur principal de commande du système
S 1H : tourner pousser lumineux : position 1 = marche
*   position 2 = arrêt*

Schéma développé rangé du montage

Lettre repère	Désignation	Schéma	+48V	−48V
S1H	Tourner pousser lumineux 1 : marche 2 : arrêt			
K1M	Contacteur principal			

Fonctionnement

La lampe du T.P.L. s'allume si :

— S 1H est sur la position marche (1) et si le contacteur K 1M n'est pas excité.

— S 1H est sur la position arrêt (2) et si le contacteur K 1M est excité.

3.2.2 Signalisation "ouvert ou fermé"

C'est le cas par exemple d'une électrovanne qui peut être ouverte ou fermée. Pour signaler ces deux états, il faut utiliser des contacts de position qui changent d'état lorsque la vanne est manœuvrée.

a) Premier exemple

Schéma développé du circuit de signalisation.

Premier cas : les deux voyants ne s'allument jamais en même temps.

Schéma développé

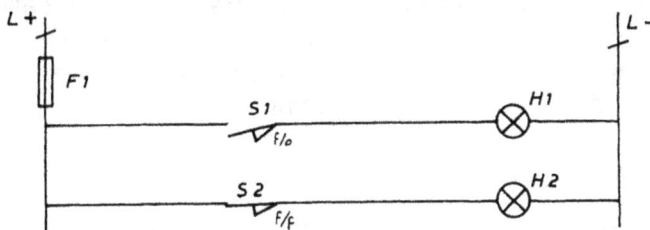

Nota : la vanne est en position fermée.

Légende :
F 1 : fusible de protection du circuit de signalisation
S 1 : contact de position ; fermé lorsque la vanne est ouverte
S 2 : contact de position ; fermé lorsque la vanne est fermée
H 1 : voyant vanne ouverte
H 2 : voyant vanne fermée

Fonctionnement

Lorsque la vanne est en position fermée, le contact S 2 est actionné et le voyant H 2 est allumé (S 1 étant ouvert, le voyant H 1 est éteint). Dès que la vanne s'ouvre, le contact S 2 n'est plus actionné et le voyant H 2 s'éteint. Lorsque la vanne est en position ouverte, le contact S 1 est actionné et le voyant H 1 s'allume.

Deuxième cas : les deux voyants peuvent s'allumer en même temps.

Schéma développé

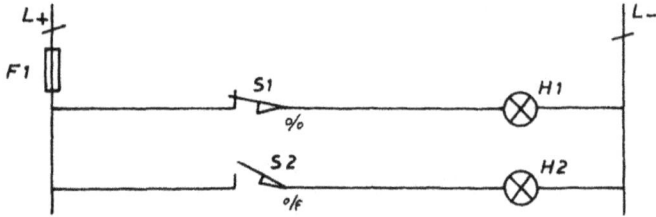

Nota : *la vanne est en position fermée.*

Légende :
F 1 : *fusible de protection du circuit de signalisation*
S 1 : *contact de position ; ouvert lorsque la vanne est ouverte*
S 2 : *contact de position ; ouvert lorsque la vanne est fermée*
H 1 : *voyant vanne ouverte*
H 2 : *voyant vanne fermée*

Fonctionnement

Lorsque la vanne est en position fermée, le contact S 2 est actionné et le voyant H 2 est éteint (S 1 étant fermé, le voyant H 1 est allumé). Dès que la vanne s'ouvre, le contact S 2 n'est plus actionné et se ferme ; le voyant H 2 s'allume. Lorsque la vanne est en position ouverte, le contact S 1 est actionné et le voyant H 1 s'éteint.

b) Deuxième exemple :

Si l'électrovanne est commandée par un commutateur tourner pousser lumineux, la lampe de signalisation indique la discordance de position entre celui-ci et la position réelle de la vanne.

Schéma développé

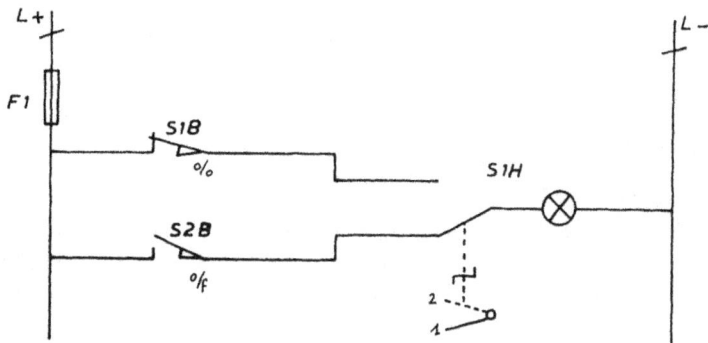

Légende :
F 1   : fusible de protection du circuit de signalisation
S 1H : tourner pousser lumineux : position 1 = vanne fermée
                                                         position 2 = vanne ouverte
S 1B : contact de position ouvert lorsque la vanne est ouverte
S 2B : contact de position ouvert lorsque la vanne est fermée

Fonctionnement

La lampe du T.P.L. s'allume :

— lorsque le T.P.L. est sur la position 1 (position vanne ouverte) et tant que la vanne ne s'est pas effectivement ouverte.

— lorsque le T.P.L. est sur la position 2 (position vanne fermée) et tant que la vanne ne s'est pas effectivement fermée.

Remarques générales :

On utilise les mêmes schémas pour signaler l'ouverture ou la fermeture de certains appareils de coupure tels que les disjoncteurs, interrupteurs, etc...

Il est souvent intéressant d'indiquer l'état du contact de position par rapport à l'élément mobile, pour une meilleure compréhension du schéma.

Exemple pour une électrovanne

f/o signifie : contact de position fermé lorsque la vanne est ouverte.
o/o signifie : contact de position ouvert lorsque la vanne est ouverte.

Exemples

Contact fermé si et seulement si la vanne est ouverte.

Contact fermé si et seulement si la vanne est fermée.

Contact ouvert si et seulement si la vanne est ouverte.

Contact ouvert si et seulement si la vanne est fermée.

3.2.3 Signalisation "gauche-droite" ou "bas-haut"

Un mobile qui se déplace doit à un moment donné s'arrêter en fin de course à gauche, à droite, en bas, en haut suivant le sens du déplacement. On utilise alors des contacts de position installés sur le chemin du mobile qui donnent l'ordre d'arrêt.

Une signalisation peut être transmise à un tableau de commande pour connaître la position exacte du mobile.

a) Premier cas : les deux voyants ne sont jamais allumés en même temps

Schéma développé

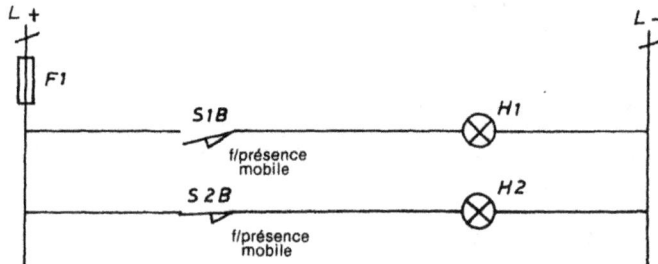

Nota : *le mobile est à droite.*

Légende :
F1 : *fusible de protection du circuit de signalisation*
S 1B : *contact de fin de course gauche*
S 2B : *contact de fin de course droite*
H 1 : *voyant mobile à gauche*
H 2 : *voyant mobile à droite*

Fonctionnement

Lorsque le mobile est à droite, le contact S 2B est fermé et le voyant H 2 est allumé. (Le contact S 1B étant ouvert, le voyant H 1 est éteint). Dès que le mobile quitte cette position, le contact S 2B s'ouvre et le voyant H 2 s'éteint.

Lorsque le mobile arrive en fin de course gauche, il actionne le contact S 1B qui se ferme et allume le voyant H 1.

b) Deuxième cas : les deux voyants peuvent être allumés en même temps

Schéma développé

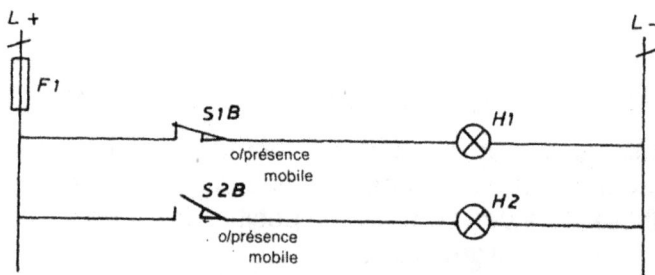

Nota : *le mobile est à droite.*

F.1 : fusible de protection du circuit de signalisation
S 1B : contact de fin de course gauche
S 2B : contact de fin de course droite
H 1 : voyant mobile à gauche
H 2 : voyant mobile à droite

Fonctionnement

Lorsque le mobile est à droite, le contact S 2B est ouvert et le voyant H 2 est éteint (le contact S 1B étant fermé, le voyant H 1 est allumé). Dès que le mobile quitte cette position, le contact S2B se ferme et le voyant H 2 s'allume.

Lorsque le mobile arrive en fin de course gauche, le contact S 1B est actionné et le voyant H 1 s'éteint.

Remarques générales :

Il est souvent intéressant d'indiquer l'état du contact fin de course par rapport à la présence du mobile pour une meilleure compréhension du schéma...

f/ Présence mobile : le contact fin de course est fermé lorsque le mobile est présent.

o/ Présence mobile : le contact fin de course est ouvert lorsque le mobile est présent.

Exemples

f/présence mobile — Contact fermé lorsque le mobile est présent (mobile absent).

f/présence mobile — Contact fermé lorsque le mobile est présent (mobile présent).

o/présence mobile — Contact ouvert lorsque le mobile est présent (mobile absent).

o/présence mobile — Contact ouvert lorsque le mobile est présent (mobile présent).

3.2.4 Signalisation "vide-plein" ou "niveau haut-niveau bas"

Dans un réservoir, il est indispensable de connaître le niveau du liquide stocké. Pour cela, on utilise des flotteurs ou des détecteurs de niveau. Il faut donc indiquer obligatoirement l'état du contact du détecteur de niveau par rapport au niveau du liquide pour que le schéma soit compréhensible.

Exemple :

Schéma développé d'un circuit de signalisation

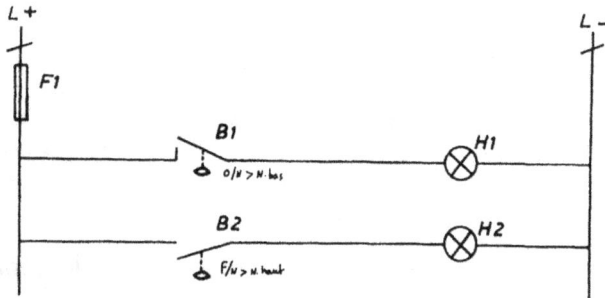

Nota : *le niveau du liquide est entre le niveau bas et haut.*

Légende :
F1 : *protection du circuit de signalisation*
B1 : *détecteur de niveau bas ouvert pour niveau > niveau bas*
B2 : *détecteur de niveau haut fermé pour niveau > niveau haut*
H1 : *voyant niveau bas*
H2 : *voyant niveau haut*

Fonctionnement

Lorsque le niveau est inférieur au niveau bas, le contact B1 est fermé et le voyant H1 est allumé.

Si le niveau est supérieur au niveau haut, le contact B2 est fermé et le voyant H2 est allumé (le contact B1 étant ouvert, le voyant H1 est éteint).

Lorsque le niveau est moyen, les contacts B1 et B2 sont ouverts et les voyants H1 et H2 sont éteints.

3.3 Signalisation de sécurité

Elle permet de faire respecter une réglementation définie à l'avance ; les exemples les plus courants concernent la signalisation routière, fluviale, aérienne, ferroviaire.

Exemple : feux tricolores dans la signalisation routière

Schéma développé rangé du montage

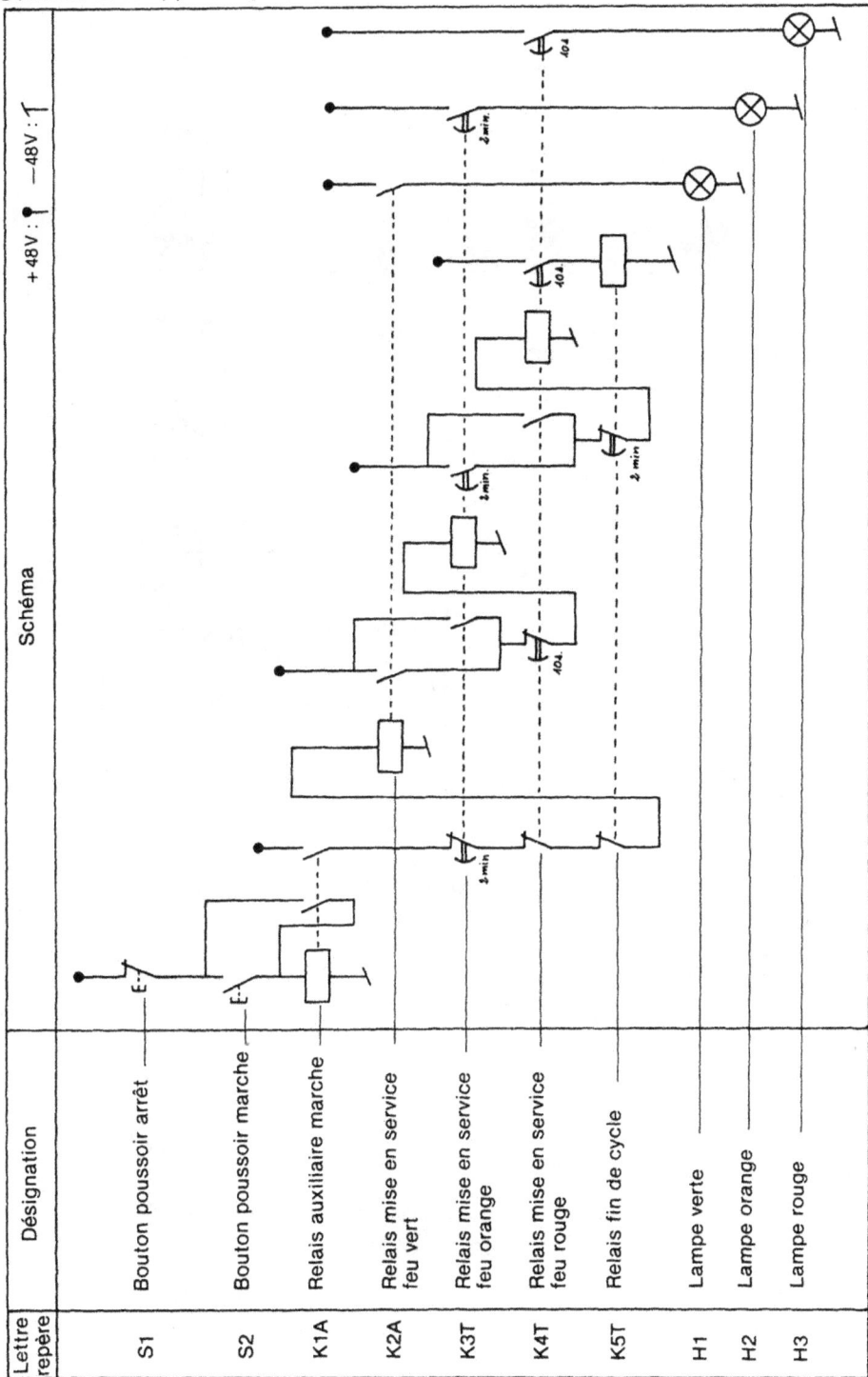

Lettre repère	Désignation
S1	Bouton poussoir arrêt
S2	Bouton poussoir marche
K1A	Relais auxiliaire marche
K2A	Relais mise en service feu vert
K3T	Relais mise en service feu orange
K4T	Relais mise en service feu rouge
K5T	Relais fin de cycle
H1	Lampe verte
H2	Lampe orange
H3	Lampe rouge

Schéma

+ 48V : ⊤   — 48V : ⊤

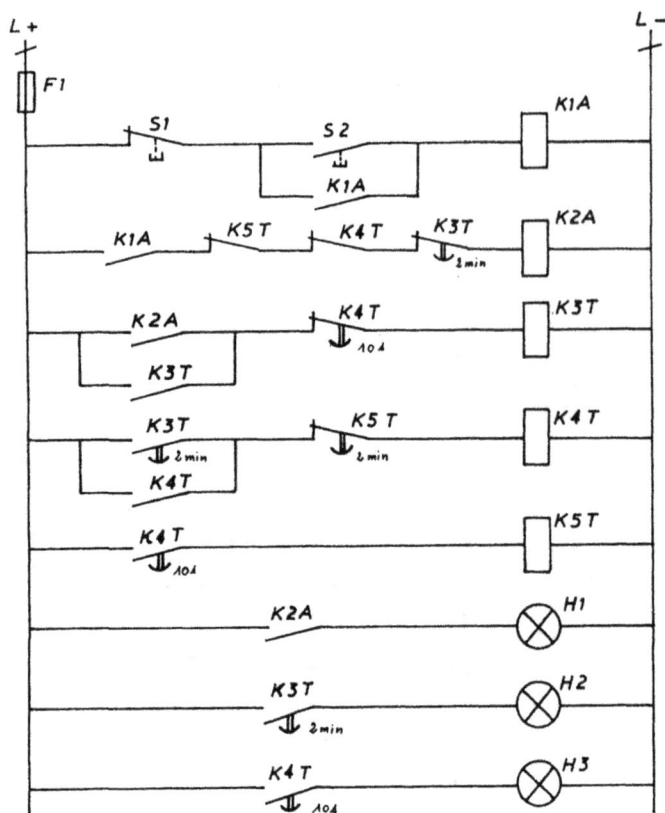

Légende :
F 1   : fusible de protection du circuit de signalisation
S 1   : bouton poussoir arrêt
S 2   : bouton poussoir marche
K 1A : relais auxiliaire marche
K 2A : relais mise en service feu vert
K 3T : relais mise en service feu orange
K 4T : relais mise en service feu rouge
K 5T : relais fin de cycle
H 1   : lampe verte
H 2   : lampe orange
H 3   : lampe rouge

Description du fonctionnement

Lorsque l'on appuie sur le bouton poussoir S 2, le relais K 1A s'excite et s'auto-alimente ce qui met en route le cycle suivant :

Le relais K 2A s'excite ce qui entraîne d'une part, l'allumage du "feu vert" H 1 et, d'autre part, l'excitation du relais K 3T qui s'auto-alimente.

Au bout de deux minutes, les contacts de K3T provoquent :
— la désexcitation du relais K2A (extinction du "feu vert" H1).
— l'allumage du "feu orange" H2.
— l'excitation du relais K4T qui s'auto-alimente.

Dix secondes après cette phase, les contacts de K4T entraînent :
— la désexcitation de K3T (extinction du "feu orange" H2).
— l'allumage du "feu rouge" H3.
— l'excitation du relais K5T.

Au bout de deux minutes, les contacts de K5T provoquent :
— la désexcitation de K4T (extinction du "feu rouge" H3).
— l'excitation de K2A (allumage du "feu vert" H1).
Le cycle recommence indéfiniment.

Si l'on appuie sur le bouton poussoir arrêt (S1) en cours de cycle, celui-ci continue jusqu'à l'extinction du "feu rouge" H3.
Le cycle s'arrête alors puisque K1A est désexcité.

3.4 Signalisation d'alarmes

3.4.1 Alarme incendie

L'installation du circuit de détection et d'alarme incendie est obligatoire dans certains locaux (par exemple : locaux recevant le public). En général ce circuit électrique comprend :

— une source d'alimentation qui provient d'une batterie d'accumulateur.

— un ou plusieurs détecteurs qui peuvent être :
  – des détecteurs de température qui contrôlent l'augmentation anormale de température ambiante.
  – des détecteurs de fumée qui contrôlent le dégagement de la fumée dû à la combustion dans le local protégé.
  – des détecteurs de gaz toxique en cas de combustion de produits chimiques.

— une centrale d'alarme incendie qui contrôle le fonctionnement de l'ensemble. En plus, son rôle est de :
  – recevoir les informations données par les détecteurs d'incendie.
  – déterminer la zone concernée par l'incendie.
  – afficher d'une façon visuelle la zone concernée.
  – donner l'alerte par une alarme sonore ou téléphonique.

— une alarme sonore : c'est un klaxon ou une sirène qui possède sa propre auto-alimentation.

— une alarme téléphonique (éventuellement) qui avertit automatiquement les secours.

— des câbles de liaison qui relient tous les éléments du circuit à la centrale d'alarme.

Remarque :

Les cartes électroniques ont remplacé la logique à relais dans les centrales d'alarmes d'aujourd'hui.

Schéma d'une alarme incendie la plus élémentaire

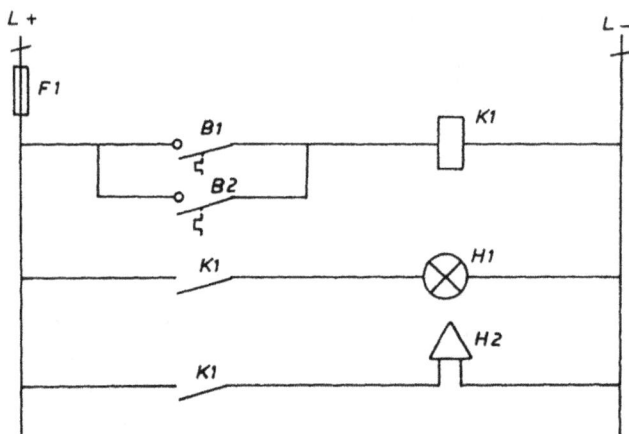

Légende :
F 1   : *fusible de protection*
B 1, B 2 : *détecteur de température (contact à position maintenue)*
K 1   : *relais d'alarme*
H 1   : *signalisation visuelle de l'alarme*
H 2   : *signalisation sonore "sirène"*

Fonctionnement de l'ensemble

Lorsqu'un des détecteurs d'augmentation anormale de température (B 1 ou B 2) se ferme, le relais d'alarme K 1 s'excite. Le voyant H 1 s'allume et la sirène se met en route. L'alarme est donnée.

L'arrêt de l'alarme exige une intervention manuelle.

3.4.2 Alarme contre le vol

Ce système d'alarme doit être efficace contre les tentatives de violation de domicile et d'effraction. Il doit comprendre :

— une source d'alimentation qui peut être la tension secteur secourue par des batteries en cas de panne E.D.F.

— des détecteurs d'effraction placés sur les portes et fenêtres. Ils sont de plusieurs types :
- contact de porte ou fenêtre à fermeture
- contact de porte ou fenêtre à ouverture
- contact de choc.

— des détecteurs de présence qui sont :
- le radar infrarouge
- le radar hyperfréquence
- la cellule photo-électrique

Ces appareils détectent l'intrusion d'une personne dans la zone surveillée.

— une centrale d'alarme qui gère le système antivol et qui a aussi pour rôle :
- de contrôler les indications données par les différents détecteurs
- de donner l'alarme sonore ou téléphonique
- d'afficher la zone concernée par l'effraction.

— une alarme sonore : c'est un klaxon ou une sirène qui doit s'auto-alimenter en cas de fonctionnement.

— une alarme téléphonique (éventuellement) qui déclenche automatiquement la venue de vigiles.

— des câbles de liaison qui relient tous les éléments du circuit à la centrale d'alarme.

Remarques :

Pour une meilleure efficacité, tous ces appareils doivent être protégés contre les sabotages ; ils sont munis de contacts d'auto-protection qui changent d'état et donnent l'alarme lors d'une ouverture de boîtier.

Il en est de même en cas de coupure des câbles de liaison.

Les centrales d'alarme d'aujourd'hui ne sont plus fabriquées en logique à relais mais en composants électroniques ce qui permet :
- de diminuer l'encombrement du coffret
- de prévoir des batteries de secours de plus faible capacité.

Schéma développé d'un système d'alarme simple

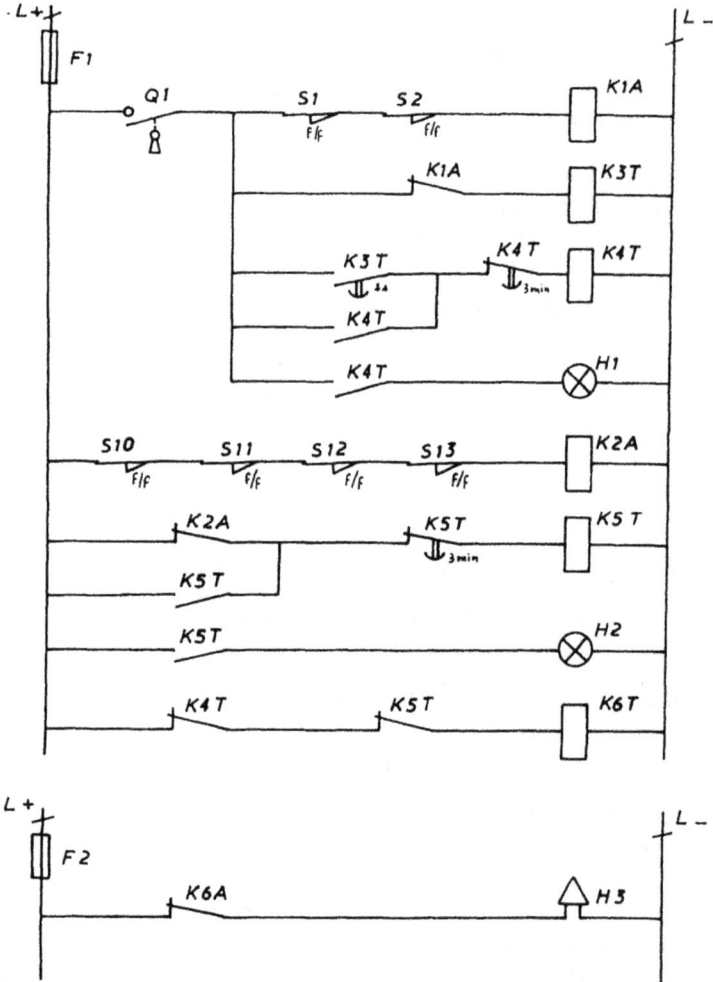

Légende :

F 1 : fusible de protection du circuit principal
F 2 : fusible de protection du circuit sirène
Q 1 : interrupteur mise en fonctionnement actionné par une clé
S 1, S 2 : contact de porte (fermé lorsque la porte est fermée)
S 10, S 11 : contact d'auto-protection des contacts de porte
S 12   : contact d'auto-protection du coffret sirène
S 13   : contact d'auto-protection du coffret relayage
K 1A   : relais d'alarme intrusion
K 2A   : relais d'alarme auto-protection
K 3T   : relais temporisé deux secondes
K 4T   : relais mémoire intrusion
K 5T   : relais mémoire auto-protection
K 6A   : relais d'alarme sonore
H 1   : voyant de signalisation alarme intrusion
H 2   : voyant de signalisation alarme auto-protection
H 3   : sirène

Description du fonctionnement de l'ensemble

— Mise en état de veille de l'alarme par la fermeture de l'interrupteur Q1 :

Etat des différents éléments :
- bobine K1A excitée (les portes étant fermées, les contacts S1 et S2 sont actionnés)
- bobines K3T et K4T non alimentées
- bobine K2A excitée (les capots des différents appareils et les coffrets étant fermés, les contacts d'autoprotection S10, S11, S12 et S13 sont actionnés)
- bobine K5T non alimentée
- bobine K6A excitée
- voyant H1 et H2 éteints
- sirène non alimentée.

a) Ouverture d'une porte :

Lorsqu'un des contacts de porte s'ouvre, la bobine K1A se désexcite et K3T s'excite. Après une temporisation de deux secondes (pour éviter un fonctionnement intempestif lors de la mise en route), la bobine K4T s'excite ce qui provoque :
- son auto-alimentation
- l'allumage du voyant H1
- la désexcitation de la bobine K6A ; la sirène se met en route.

Au bout de trois minutes, la bobine K4T se désexcite (ouverture de son contact temporisé) ce qui entraîne :
- l'extinction du voyant H1
- l'excitation de la bobine K6A ; la sirène s'arrête.

Deux cas se présentent ; d'une part, si la porte a été refermée :
- contact des portes fermées ;
- bobine K1A excitée ;
- bobine K3T désexcitée ;
- bobine K4T non alimentée ;

le système est remis en état de veille. D'autre part, si la porte est toujours ouverte (contact de porte ouvert, K1A désexcité, K3T excité), la bobine K4T se réexcite ce qui provoque le cycle d'alarme décrit précédemment, et ceci indéfiniment tant que la porte n'a pas été refermée ou tant que l'interrupteur Q1 n'a pas été ouvert.

b) Ouverture d'un coffret ou d'un capot de contact de porte :

Lorsqu'un des contacts d'autoprotection (S10, S11, S12 ou S13) s'ouvre, la bobine K2A se désexcite et K5T s'excite ce qui provoque :
- son auto-alimentation

— l'allumage du voyant H 2

— la désexcitation de la bobine K 6A ; la sirène se met en route.

Au bout de trois minutes, la bobine K 5T se désexcite (ouverture de son contact temporisé) ce qui entraîne :

— l'extinction du voyant H 2

— l'excitation de la bobine K 6A ; la sirène s'arrête.

Deux cas se présentent ; d'une part, si le coffret a été refermé, ou si le capot a été remis :

— tous les contacts d'autoprotection fermés ;

— bobine K 2A excitée ;

— bobine K 5T non alimentée ;

le système est remis en état de veille. D'autre part, si un des contacts d'autoprotection est encore ouvert (K 2A désexcité, K 5T excité), le cycle décrit précédemment recommence et, ceci indéfiniment tant que les capots n'ont pas été tous remis ou tant que les coffrets ne sont pas tous fermés.

c) Coupure du câble de liaison "coffret relayage – contact de porte" :

Cette coupure entraîne le même fonctionnement que pour une ouverture de portes et une ouverture de coffrets ou capots d'appareils.

d) Coupure du câble de liaison "coffret relayage – sirène" :

Le relais K 6A n'est plus alimenté ; la sirène se met en route. Il faudra une intervention manuelle pour la mettre hors service.

e) Remarque :

Lors d'un sabotage de l'installation, l'alarme fonctionne toujours, qu'elle soit en état de veille ou sur la position arrêt.

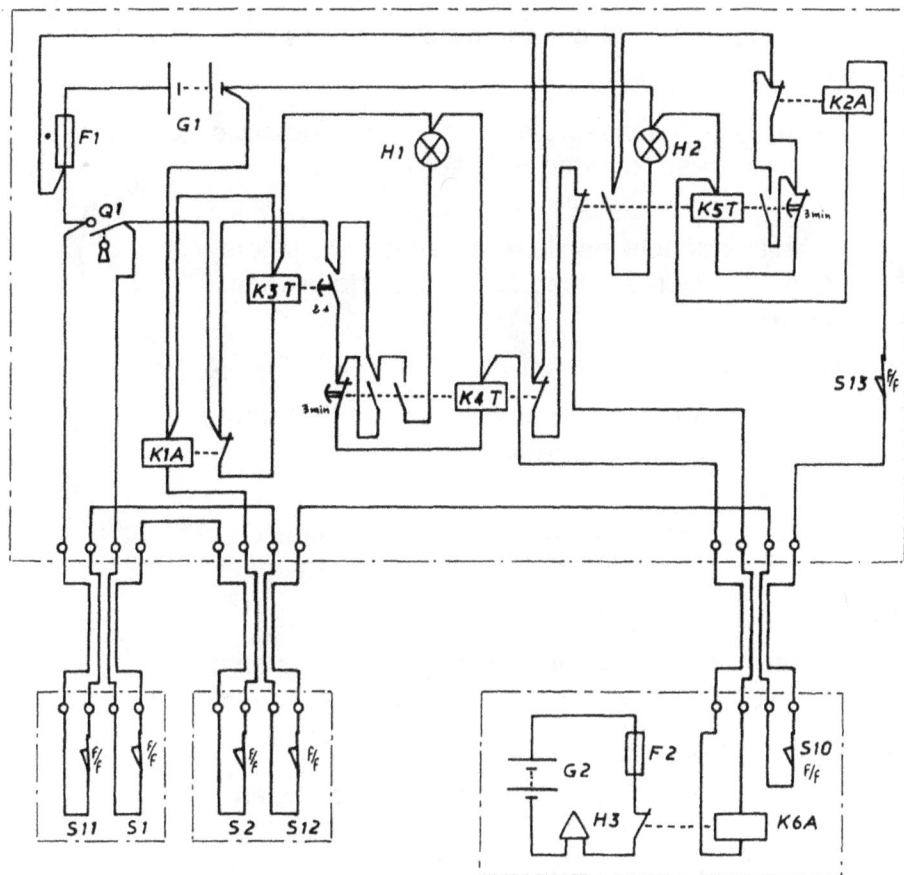

3.4.3 Signalisation d'alarme suite à incident

Elle a pour but de signaler toutes anomalies qui peuvent apparaître pendant le fonctionnement d'un système automatique. Il faut distinguer :

- les incidents mineurs qui n'ont pas de conséquences directes sur le fonctionnement de la chaîne mais qui doivent attirer l'attention des surveillants. Dans ce cas, cette signalisation peut n'être que visuelle.

- les incidents qui ont une conséquence immédiate sur le fonctionnement de la chaîne. Dans ce cas la signalisation doit impérativement être visuelle et sonore.

Le choix entre ces deux signalisations revient à l'utilisateur qui, seul, peut mesurer la gravité des incidents dans la chaîne automatique.

Chaque signalisation visuelle ou sonore provient :

a) du contrôle des grandeurs électriques

Utilisation de relais de tension

— à manque de tension : le relais est excité lorsque la tension est différente de zéro.

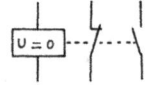

— à baisse de tension : le relais est désexcité lorsque la tension descend en dessous de la valeur de réglage.

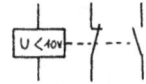

Utilisation de relais de courant

— à manque de courant : le relais est excité lorsque le courant est différent de zéro.

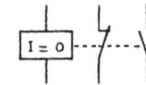

— à maximum de courant : le relais est excité lorsque le courant dépasse la valeur de réglage.

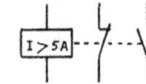

Utilisation de relais de fréquence

— le relais s'excite pour une fréquence du signal inférieure à la valeur de réglage.

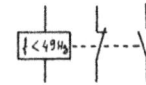

Utilisation de relais de protection

— thermique : protection contre les surcharges ; lorsque le courant dépasse la valeur de réglage du relais, celui-ci s'excite. Ses contacts sont à accrochage mécanique.

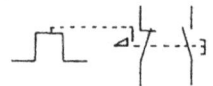

— magnétique : protection contre les courts-circuits ; lorsque le courant atteint la valeur d'un courant de court-circuit, ce relais s'excite. Ses contacts sont à accrochage mécanique.

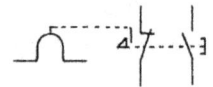

— magnéto-thermique : protection contre les courts-circuits et les surcharges ; il regroupe les deux relais précédents ; ses contacts sont à accrochage mécanique.

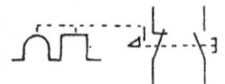

Utilisation de fusibles

— protection contre les courts-circuits ou les surcharges. Son contact est à position maintenue et se ferme lorsque le fusible est fondu.

b) du contrôle des grandeurs physiques

Il faut utiliser des détecteurs auprès desquels toute information nécessaire à la compréhension du schéma doit être indiquée.

Détecteur de température
(contact à ouverture ou à fermeture)

Changement d'état pour une
température supérieure à 20 °C

ou

Changement d'état pour une
température comprise entre 20 et 50 °C

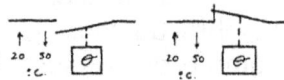

Détecteur de pression
(contact à ouverture ou à fermeture)

Changement d'état pour une
pression supérieure à 5 bar

ou

Changement d'état pour une
pression comprise entre 2 et 5 bar

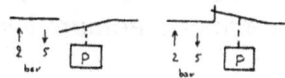

Détecteur de niveau de liquide

(contact à ouverture ou à fermeture)

Changement d'état pour un niveau
supérieur au niveau moyen

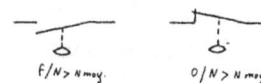

Détecteur de débit de liquide

Changement d'état pour un débit
de liquide

Détecteur de débit gazeux

Changement d'état pour un débit
de gaz

Détecteur de vitesse de rotation

Changement d'état pour une vitesse
de rotation supérieure à zéro

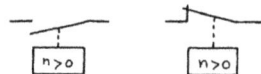

ou

Changement d'état pour une vitesse
de rotation supérieure à 1500 tr/min.

Détecteur de variation brusque de vitesse de rotation

Changement d'état lorsque la vitesse
de rotation varie brusquement

c) du contrôle d'un nombre d'événements

Il faut utiliser un compteur qui comptabilise le nombre de tours de rotation, le nombre d'objets, le nombre de passages, etc...

Compteur d'événements

Changement d'état lorsqu'il y a
dix objets

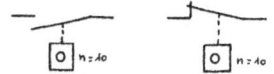

Remarque :

La liste des détecteurs n'est pas exhaustive. Il n'a été représenté que les détecteurs les plus couramment utilisés.

3.4.3.1 *Signalisation visuelle*

a) Premier exemple :

Un voyant est allumé lorsque la température dépasse 30 °Celsius.

Schéma développé rangé

Lettre repère	Désignation	Schéma
L +	Alimentation + 24 V	
B1	Thermostat f/θ > 30 °C	
K1H	Relais de signalisation	
H1	Voyant de signalisation	
L —	Alimentation — 24 V	

Nota : *schéma représenté lorsque la température est égale à 20 °C.*

372

b) Deuxième exemple :

Un voyant clignote lorsque la pression est inférieure à 2 bar.

Schéma développé rangé

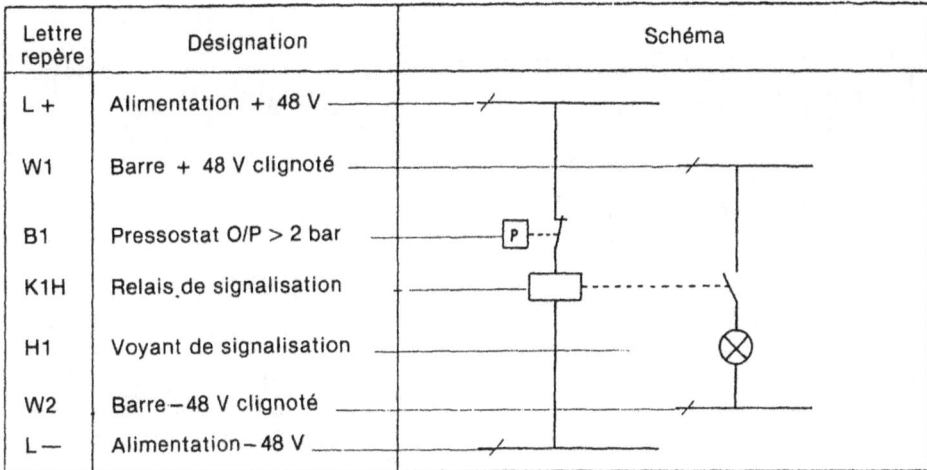

Lettre repère	Désignation	Schéma
L +	Alimentation + 48 V	
W1	Barre + 48 V clignoté	
B1	Pressostat O/P > 2 bar	
K1H	Relais de signalisation	
H1	Voyant de signalisation	
W2	Barre −48 V clignoté	
L −	Alimentation −48 V	

Nota : *schéma représenté toute source coupée et à la pression atmosphérique.*

Remarques :

Le relais d'alarme n'est pas auto-alimenté ; ce n'est pas le cas dans tous les schémas de signalisation.

Pour obtenir le clignotement de la lampe de signalisation, on utilise une alimentation + ou − 48 V clignoté.

3.4.3.2 Signalisation visuelle et sonore

a) Premier exemple : contrôle de tension

Si la tension devient supérieure à 200 V, une signalisation visuelle et sonore se met en route ; il faut une intervention manuelle sur le bouton poussoir arrêt pour stopper la signalisation sonore. La signalisation visuelle ne s'arrête que lorsque la tension est redescendue en dessous de 200 V.

Schéma développé rangé

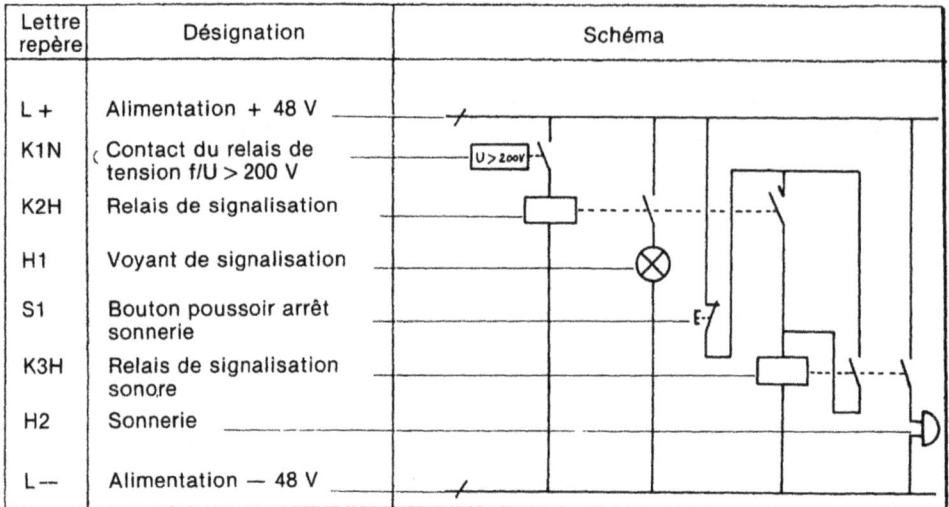

Lettre repère	Désignation	Schéma
L +	Alimentation + 48 V	
K1N	Contact du relais de tension f/U > 200 V	
K2H	Relais de signalisation	
H1	Voyant de signalisation	
S1	Bouton poussoir arrêt sonnerie	
K3H	Relais de signalisation sonore	
H2	Sonnerie	
L —	Alimentation — 48 V	

Fonctionnement de l'ensemble

Lorsque la tension surveillée par le relais K 1N devient supérieure à 200 V, son contact se ferme ce qui provoque l'excitation du relais K 2H. Le contact à fermeture de K 2H allume la lampe de signalisation H 1 ; le contact de passage de K 2H excite la bobine K 3H ce qui provoque son auto-alimentation et la mise en route de la sonnerie.

Une action sur le bouton poussoir S 1 désexcite K 3H et coupe l'alimentation de la sonnerie.

Le voyant H 1 reste allumé tant que la tension est supérieure à 200 V.

Remarque :

Pour ce fonctionnement, il faut utiliser un relais à contact de passage. C'est un relais qui possède plusieurs contacts classiques et un contact de passage. Celui-ci se ferme à l'excitation de la bobine pendant quelques instants (temps suffisant pour alimenter la bobine K 3H). Il existe d'autres relais qui eux possèdent un contact qui se ferme pendant quelques instants à la désexcitation de la bobine.

b) Deuxième exemple : contrôle de débit gazeux

Dès qu'un débit gazeux se produit, une alarme sonore (klaxon) et visuelle (clignotement d'un voyant) se met en route. L'action sur un bouton poussoir permet d'interrompre l'alarme sonore et de passer le voyant en feu fixe. Celui-ci reste allumé tant que le débit gazeux ne s'arrête pas.

Schéma développé rangé

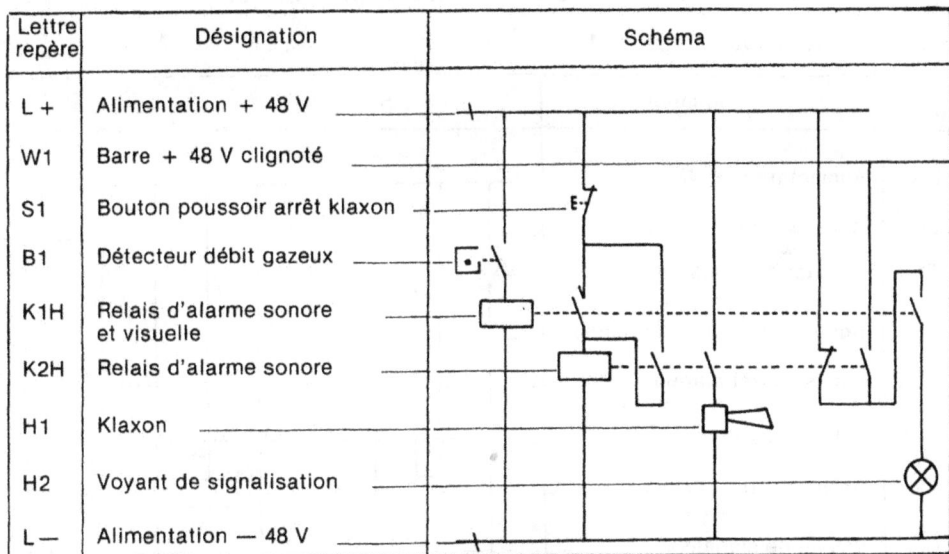

Lettre repère	Désignation	Schéma
L +	Alimentation + 48 V	
W1	Barre + 48 V clignoté	
S1	Bouton poussoir arrêt klaxon	
B1	Détecteur débit gazeux	
K1H	Relais d'alarme sonore et visuelle	
K2H	Relais d'alarme sonore	
H1	Klaxon	
H2	Voyant de signalisation	
L —	Alimentation — 48 V	

Fonctionnement de l'ensemble

Lorsque le détecteur de débit gazeux (B 1) se ferme, la bobine K 1H s'excite ce qui provoque :
- par son contact de passage, l'excitation de la bobine K 2H
- par son contact de fermeture, l'éclairage du voyant H 2.

L'excitation de K 2H entraîne l'alimentation du klaxon et le clignotement du voyant H 2. Si on appuie sur le bouton poussoir S 1, la bobine K 2H se désexcite ce qui provoque l'arrêt du klaxon et le passage en feu fixe du voyant. Celui-ci s'éteint lorsque K 1H n'est plus excité, c'est-à-dire lorsqu'il n'y a plus de débit gazeux.

Remarques :

Il faut utiliser un relais à contact de passage pour alimenter le klaxon et le voyant. L'arrêt du klaxon et le passage en feu fixe du voyant se fait en désexcitant ce relais (utilisation d'un bouton poussoir à ouverture).

***c) Troisième exemple** : contrôle de protection d'un moteur*

Dès que la protection thermique d'un moteur fonctionne, une alarme sonore (sonnerie) et visuelle (clignotement d'un voyant) se met en route.

L'action sur un bouton poussoir arrêt permet d'interrompre l'alarme sonore et de passer le voyant en feu fixe. Celui-ci reste allumé tant que le relais thermique n'a pas été réarmé. Si l'intervention sur le bouton poussoir arrêt n'est pas faite dans les deux minutes qui suivent le début de l'alarme, la sonnerie s'arrête et un klaxon fonctionne.

Schéma développé rangé

Lettre repère	Désignation	Schéma
L +	Alimentation + 48 V	
W1	Barre + 48 V clignotée	
F1	Contact du relais thermique	
S1	Bouton poussoir arrêt sonnerie	
K1H	Relais d'arrêt alarme sonore	
K3T	Relais d'alarme	
K2H	Relais klaxon	
H1	Voyant de signalisation	
H3	Klaxon	
H2	Sonnerie	
L —	Alimentation — 48 V	

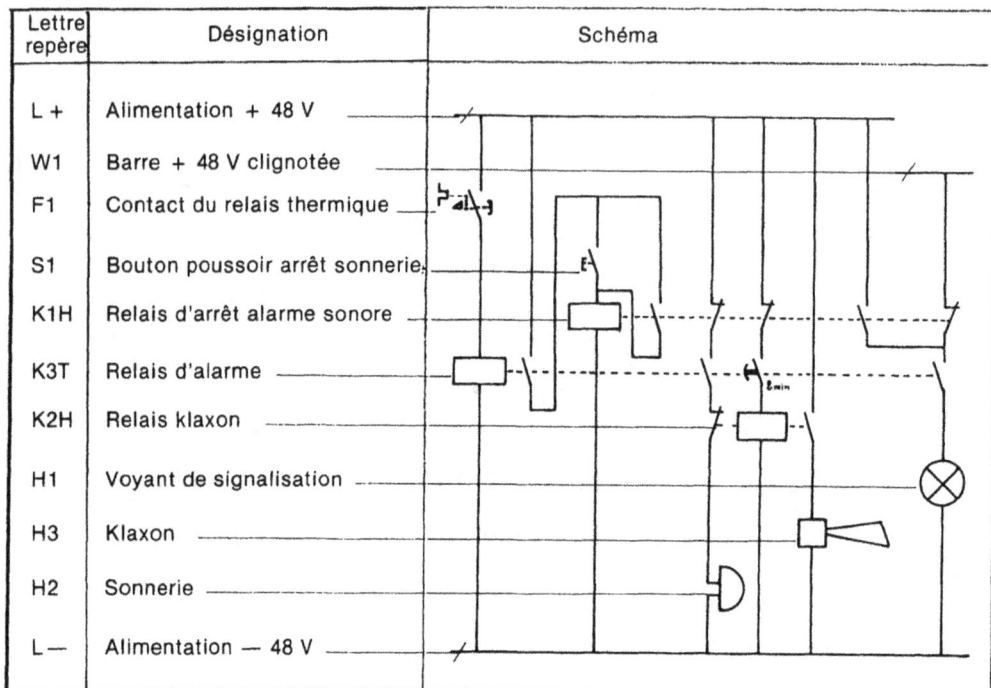

Fonctionnement de l'ensemble

Lorsque le contact du relais thermique se ferme, la bobine K 3T est alimentée ce qui provoque :
— le clignotement du voyant (H 1)
— l'alimentation de la sonnerie (H 2).

L'intervenant a deux minutes pour appuyer sur le bouton poussoir arrêt (S 1), ce qui entraîne :
— l'excitation de la bobine K 1H
— l'arrêt de la sonnerie (H 2)
— le passage du voyant (H 1) en feu fixe.

Lorsque l'on réarme le relais thermique, K 3T n'est plus alimenté, ce qui permet la désexcitation de la bobine K 1H et l'arrêt de la signalisation visuelle.

S'il n'y a pas eu d'action sur le bouton poussoir arrêt (S 1) pendant les deux minutes qui suivent le début de l'alarme, le relais K 3T ferme son contact temporisé ce qui provoque :

- l'excitation de la bobine K 2H
- l'arrêt de la sonnerie
- la mise en route du klaxon (H 3).

Il faut alors une intervention sur le bouton poussoir S 1 pour exciter la bobine K 1H ; celle-ci coupe l'alimentation du klaxon et fait passer comme précédemment le voyant H 1 en feu fixe.

Remarque :

Dans ce schéma, un relais à contact de passage n'est pas utile ; il suffit :
- d'un relais temporisé qui permet d'alimenter le klaxon si néces-saire
- d'un relais d'arrêt qui est excité tant que l'alarme n'a pas disparu
- d'un bouton poussoir à fermeture.

3.5 Signalisation d'indication de l'heure

3.5.1 Commutateur horaire

Il est parfois nécessaire, dans certains endroits, de signaler ou d'in-diquer d'une façon automatique une heure précise. On utilise alors un appareil qui s'appelle "commutateur horaire". Celui-ci est composé :
- d'une horloge qui possède en général une réserve de fonctionne-ment (en cas de coupure de courant)
- d'un ou plusieurs contacts qui se ferment et s'ouvrent à des heures présélectionnées par l'utilisateur.

Ce type d'appareil est utilisé dans des endroits isolés :
- pour commander l'éclairage extérieur à heure fixe
- pour commander l'éclairage intérieur à heure fixe
- pour mettre en service un ou plusieurs avertisseurs sonores à heure fixe
- pour programmer le fonctionnement d'un appareil récepteur à heure fixe.

Remarque :

Dans certains cas, le commutateur horaire peut être remplacé par un relais de télécommande à 175 Hz. Celui-ci, branché sur le réseau de distribution, est piloté par des émissions de fréquence 175 Hz envoyées par E.D.F. à heures fixes.

Exemple : Commande de l'éclairage extérieur par commutateur horaire.

Schéma développé du circuit de commande

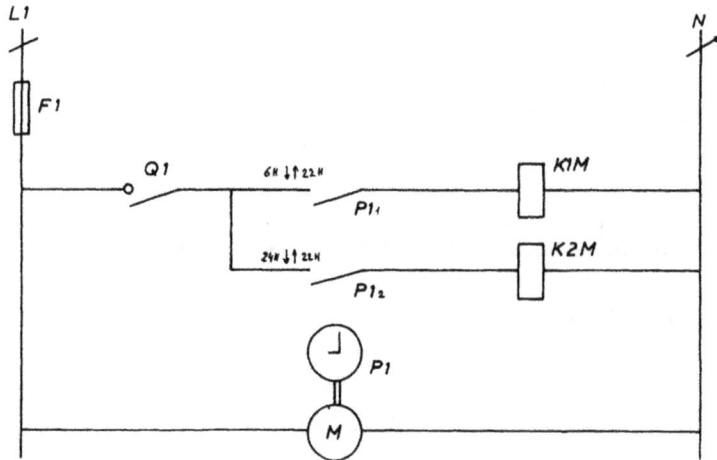

Légende :
F 1   : fusible du circuit de commande
Q 1   : interrupteur général
K 1M : contacteur principal N° 1 (fonctionne de 22 h à 6 h)
K 2M : contacteur principal N° 2 (fonctionne de 22 h à 24 h)
P 1   : commutateur horaire à dispositif de remontage par moteur électrique possédant deux
*   contacts fermés de 22 h à 6 h pour l'un et de 22 h à 24 h pour l'autre.*

Fonctionnement

- A 22 heures toutes les lampes d'éclairages s'allument (fermeture des contacts P 1₁ et P 1₂ ce qui provoque l'excitation des deux bobines K 1M et K 2M).

- A 24 heures une lampe d'éclairage sur deux s'éteint (ouverture du contact P 1₂ ce qui entraîne la désexcitation de la bobine K 2M).

- A 6 heures toutes les lampes s'éteignent (ouverture du contact P 1₁ ce qui provoque la désexcitation de la bobine K 1M).

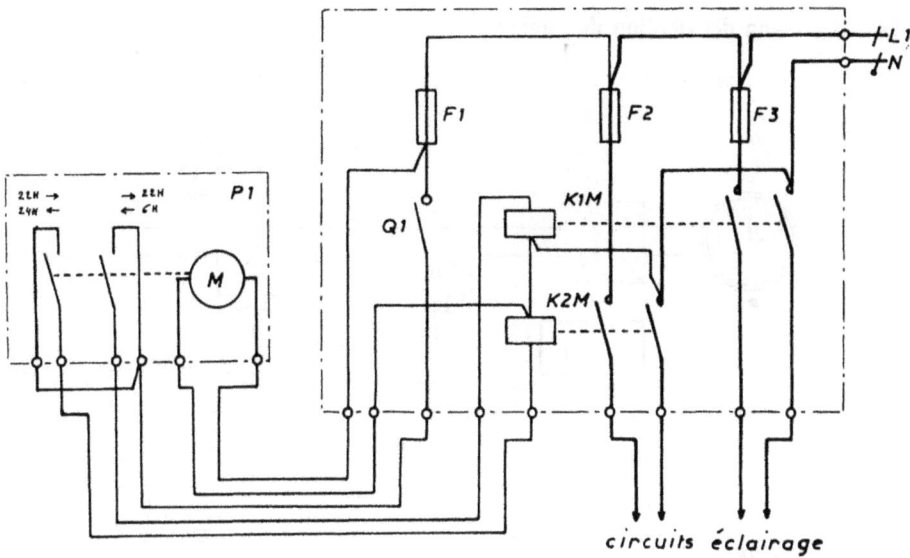

circuits éclairage

3.5.2 Distribution de l'heure

Dans le cas où l'heure doit être indiquée dans beaucoup d'endroits, on tend de plus en plus à utiliser un circuit appelé distribution de l'heure qui unifie celle-ci sur l'ensemble des appareils.

Ce circuit est composé :
— d'une horloge mère
— d'horloges réceptrices
— d'appareils récepteurs devant fonctionner à heures fixes.

L'horloge mère est le cerveau du système ; sa fonction est de piloter et de synchroniser tous les appareils récepteurs. Elle envoie en général des impulsions électriques dans le circuit toutes les trente secondes.

Les horloges réceptrices sont des appareils qui indiquent l'heure. Lorsqu'elles reçoivent les impulsions électriques envoyées par l'horloge mère, elles avancent leurs grandes aiguilles ou comptent trente secondes.

L'horocontacteur est un programmateur sensible aux impulsions envoyées par l'horloge mère et que l'utilisateur règle à l'avance pour commander à heures fixes les avertisseurs sonores ou lumineux et tous les appareils récepteurs.

L'horodateur est un appareil sensible aux impulsions envoyées par l'horloge mère et qui affiche le jour, l'heure, les minutes.

Exemple d'une distribution de l'heure

Schéma de principe

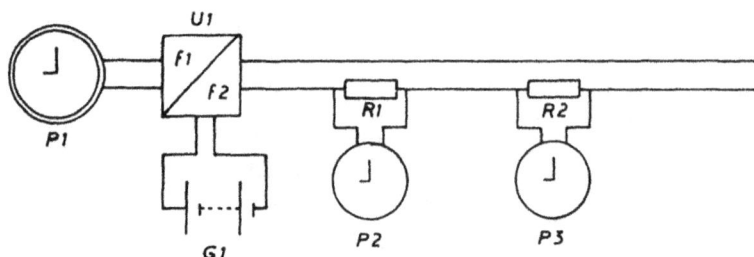

Légende :
P1   : *horloge mère*
U1   : *convertisseur d'impulsions (fréquence f1 à fréquence f2)*
G1   : *alimentation du réseau de distribution de l'heure*
P2, P3 : *horloges réceptrices*
R1, R2 : *shunt*

Le schéma le plus utilisé est le montage des horloges réceptrices en série, ce qui permet de fonctionner à courant constant (la section des conducteurs de liaison est constante). Lorsqu'il est nécessaire d'augmenter le nombre des récepteurs, on élève la tension d'alimentation pour garder ce courant constant.

Pour pouvoir débrancher une horloge réceptrice sans perturber la distribution de l'heure, on branche aux bornes de chaque récepteur un shunt qui assure le passage du courant.

4 REMARQUE GÉNÉRALE

Nous venons d'étudier quelques schémas concernant la signalisation en général. Il faut bien être conscient que tout circuit de signalisation doit être propre à chaque système. Il faudra donc transcrire et adapter ces schémas de base en fonction de la demande de l'utilisateur.

Logique

LOGIQUE

1 ALGÈBRE LOGIQUE OU ALGÈBRE DE BOOLE – DÉFINITIONS

Nota : *celles-ci sont tirées de la norme NF C 03 212.*

L'algèbre logique ou algèbre de Boole (mathématicien Anglais) permet de résoudre les problèmes d'automatisme en les mettant en équations. Celles-ci nous serviront à construire les schémas soit avec des relais électro-magnétiques soit avec des opérateurs binaires.

1.1 Variable binaire

Une variable est une grandeur physique qui ne peut avoir que deux états stables.

Exemples de variables

— appareils de commande :
- interrupteur
- bouton poussoir
- contact de relais
- contact des différents capteurs

— récepteurs :
- lampe d'éclairage
- bobine de relais
- électro-aimant
- moteur

1.2 Etat logique d'une variable

Ce sont les deux états stables d'une variable. Par convention, chaque état stable est désigné par un chiffre qui est zéro (0) ou un (1).

Exemples :

*a) **Appareil de commande** ouvert : chiffre zéro (0)
                                  fermé : chiffre un   (1)*

Remarque :

Il faut regarder la position de l'appareil de commande lorsqu'il n'y a pas d'action physique :
- pour un contact de relais lorsque la bobine n'est pas excitée
- pour un bouton poussoir, lorsqu'il n'y a pas d'action manuelle
- pour un interrupteur de position, lorsque le mobile est absent
- pour un capteur, lorsque la grandeur physique est en dessous du réglage ou de la valeur de référence.

Etat   0

Etat   1

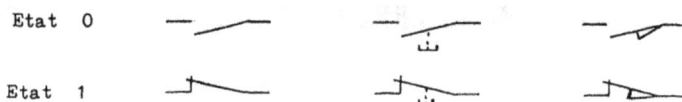

Conventions d'écriture :

Un appareil de commande à l'état logique 0 (contact ouvert au repos) est désigné par ses propres lettres repères.

Exemples : K 1A, S 1, S 1B, B 1.

Un appareil de commande à l'état logique 1 (contact fermé au repos) est désigné par ses propres lettres repères sur lesquelles il faut tracer une barre horizontale.

Exemples : $\overline{K1A}$, $\overline{S1}$, $\overline{S1B}$, $\overline{B1}$.

Pour la lecture, cette barre se prononce : NON

non K 1A, non S 1, non S 1B, non B 1.

b) Récepteur non alimenté : chiffre zéro (0)

alimenté : chiffre un   (1)

Conventions d'écriture :

Un récepteur à l'état logique 1 (récepteur alimenté) est désigné par ses propres lettres repères.

Exemples : K 1A, M 1, Y 1, H 1, E 1.

Un récepteur à l'état logique 0 (récepteur non alimenté) est désigné par ses propres lettres repères sur lesquelles il faut tracer une barre horizontale.

Exemples : $\overline{K1A}$, $\overline{M1}$, $\overline{Y1}$, $\overline{H1}$, $\overline{E1}$.

Pour la lecture, cette barre se prononce : NON.

Nota : il faut bien comprendre que les lettres repères $\overline{K1A}$, $\overline{M1}$, $\overline{Y1}$, $\overline{H1}$, représentent des récepteurs non alimentés ou des organes qui ne fonctionnent pas.

1.3 Opérateur binaire

C'est un ensemble dont les variables d'entrées et les variables de sorties sont liées entre elles par des fonctions définies.

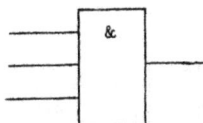

Cet opérateur possède trois variables d'entrées et une variable de sortie qui sont liées par la fonction ET.

1.4 Code binaire utilisé

Une variable peut prendre deux états stables qui sont 0 et 1 ; or un récepteur est en général tributaire de plusieurs variables. Celles-ci par technologie, ne peuvent pas changer d'état en même temps.

Exemple :

Deux contacts à fermeture ne peuvent pas se fermer en même temps (il y a un décalage qui est appelé temps de réponse).

a) Considérons deux contacts : K 1A et K 2A.

Leur état respectif peut être regroupé dans un tableau.

K 2A	K 1A	
0	0	— Les deux contacts sont ouverts
0	1	— Le contact K 2A est ouvert et K 1A est fermé
1	1	— Les deux contacts sont fermés
1	0	— Le contact K 2A est fermé et K 1A est ouvert

Remarques :

A chaque ligne, seule une variable change d'état
— la première ligne correspond à toutes les variables dans l'état 0.
— il n'y a pas deux lignes identiques.
— le nombre de lignes nécessaires répond à l'équation 2^n avec n : nombre de variables.

Dans cet exemple, n = 2   nombre de lignes : $2^2 = 2 \times 2 = 4$.

b) Considérons quatre contacts : K1A, K2A, K3A, K4A.

Le tableau corespondant à leur état respectif est le suivant :

K4A	K3A	K2A	K1A
0	0	0	0
0	0	0	1
0	0	1	1
0	0	1	0
0	1	1	0
0	1	1	1
0	1	0	1
0	1	0	0
1	1	0	0
1	1	0	1
1	1	1	1
1	1	1	0
1	0	1	0
1	0	1	1
1	0	0	1
1	0	0	0

— tous les contacts sont ouverts

à chaque ligne un seul contact change d'état

— tous les contacts sont fermés

à chaque ligne un seul contact change d'état

Remarques :

— Le nombre de lignes nécessaire est : $2^4 = 2 \times 2 \times 2 \times 2 = 16$ lignes
— A chaque ligne, seule une variable change d'état.

Pour généraliser et construire facilement le tableau, il faut :

— Numéroter les colonnes de la droite vers la gauche dans un ordre croissant.

— Dans la colonne numéro 1 inscrire :
un chiffre 0 puis deux (2^1) chiffres 1 puis deux (2^1) chiffres 0 puis deux (2^1) chiffres 1 puis deux (2^1) chiffres 0 puis etc...

— Dans la colonne numéro 2 inscrire :
deux chiffres 0 puis quatre (2^2) chiffres 1 puis quatre (2^2) chiffres 0 puis quatre (2^2) chiffres 1 puis quatre (2^2) chiffres 0 puis etc...

— Dans la colonne numéro 3 inscrire :
quatre chiffres 0 puis huit (2^3) chiffres 1 puis huit (2^3) chiffres 0 puis huit (2^3) chiffres 1 puis huit (2^3) chiffres 0 puis etc...

— Dans la colonne numéro 4 inscrire :
huit chiffre 0 puis seize (2^4) chiffres 1 puis seize (2^4) chiffres 0 puis seize (2^4) chiffres 1 puis seize (2^4) chiffres 0 puis etc...

— Dans la colonne "m" inscrire :
$2^m/2$ chiffres 0 puis 2^m chiffres 1 puis 2^m chiffres 0 puis 2^m chiffres 1 puis 2^m chiffres 0 puis etc.,

et cela jusqu'au nombre de lignes calculé par la formule 2^n (n : nombre de variables).

1.5 Table de vérité

On appelle table de vérité, un tableau qui indique pour chaque combinaison des variables d'entrée, la valeur de la variable de sortie.

Exemple de table de vérité

Variables d'entrée : trois contacts K 1A, K 2A, K 3A.
Variables de sortie : une électrovanne Y 1.

K3A	K2A	K1A		Y1
0	0	0		0
0	0	1		0
0	1	1		1
0	1	0		0
1	1	0		1
1	1	1		1
1	0	1		1
1	0	0		0

Dans cet exemple, l'électrovanne Y 1 est alimentée (Y 1 = 1) lorsque :
les contacts K 1A et K 2A = 1 et K 3A = 0
ou les contacts K 2A et K 3A = 1 et K 1A = 0
ou les contacts K 3A et K 1A = 1 et K 2A = 0
ou les contacts K 1A et K 2A et K 3A = 1

2 EQUATION

L'équation d'une fonction exprime la relation conditionnelle qui existe entre cette fonction (récepteur) et les variables qui la commandent. Cette expression, qui utilise des symboles mathématiques de l'algèbre logique, est déterminée à partir d'une table de vérité.

Exemple : soit la table de vérité suivante :

	B3	B2	B1		R1
(1)	0	0	0		0
(2)	0	0	1		0
(3)	0	1	1		1
(4)	0	1	0		0
(5)	1	1	0		1
(6)	1	1	1		1
(7)	1	0	1		1
(8)	1	0	0		0

B1, B2, B3 : thermostat

R1 : élément chauffant

D'après les conventions d'écriture

— la variable B1 = 1 s'écrit B1 et B1 = 0 s'écrit $\overline{B1}$.
— B1 est "un contact ouvert au repos" et $\overline{B1}$ est "un contact fermé au repos".
— l'élément chauffant est sous tension lorsque R1 = 1 et hors tension lorsque R1 = 0.

Pour que l'élément chauffant soit sous tension, il faut :

$$R1 = (B1 \text{ et } B2 \text{ et } \overline{B3}) \text{ ou } (\overline{B1} \text{ et } B2 \text{ et } B3) \text{ ou } (B1 \text{ et } B2 \text{ et } B3) \text{ ou } (B1 \text{ et } \overline{B2} \text{ et } B3)$$

Lignes de la   (3)   (5)   (6)   (7)
table de vérité

Pour écrire mathématiquement cette équation, il faut remplacer :
— et par un point (.)
— ou par le signe (+).

Le signe (.) se prononce "et" ; il s'appelle produit logique et correspond à des "contacts" en série.

Le signe (+) se prononce "ou" ; il s'appelle somme logique et correspond à des "contacts" en parallèle.

L'équation devient :

$$R1 = (B1.B2.\overline{B3}) + (\overline{B1}.B2.B3) + (B1.B2.B3) + (B1.\overline{B2}.B3)$$

L'élément chauffant hors tension R1 = 0 nous donne l'équation suivante :

$$\overline{R1} = (\overline{B1}.\overline{B2}.\overline{B3}) + (B1.\overline{B2}.\overline{B3}) + (\overline{B1}.B2.\overline{B3}) + (\overline{B1}.\overline{B2}.B3)$$

Lignes de la   (1)   (2)   (4)   (8)
table de vérité

En résumé, pour obtenir l'équation d'un récepteur, il faut :
— repérer dans la table de vérité toutes les lignes dans lesquelles le récepteur est sous tension.
— chaque ligne nous donne un produit logique ; les variables sont séparées par des points.
— la liaison entre chaque ligne est une somme logique qui est représentée par un signe +.
— si la variable d'entrée est égale à 1, écrire son repère d'identification (exemple : B1).
— si la variable d'entrée est égale à 0, écrire son repère d'identification avec une barre horizontale au-dessus (exemple : $\overline{B1}$).

3 SIMPLIFICATION DES EQUATIONS PAR L'ALGÈBRE

Toute équation provenant d'une table de vérité peut être simplifiée en respectant les règles mathématiques de l'algèbre classique et en appliquant les relations de bases de l'algèbre logique.

3.1 Relations de base de l'algèbre logique

Soit deux variables d'entrée : S1 et S2 et une variable de sortie : E1

3.1.1 Produit logique

Equation non simplifiée	Schéma correspondant	Explication	Equation simplifiée	Schéma correspondant
$E1 = S1.0$	S1 0 E1	La lampe ne s'allume jamais, le circuit est ouvert.	$E1 = 0$	0 E1
$E1 = S1.1$	S1 1 E1	La lampe s'allume lorsque S1 est fermé.	$E1 = S1$	S1 E1
$E1 = S1.S1$	S1 S1 E1	La lampe s'allume lorsque S1 est fermé.	$E1 = S1$	S1 E1
$E1 = S1.\overline{S1}$	S1 $\overline{S1}$ E1	La lampe ne peut jamais s'allumer.	$E1 = 0$	0 E1

3.1.2 Somme logique

Equation non simplifiée	Schéma correspondant	Explication	Equation simplifiée	Schéma correspondant
$E1 = S1 + 0$	S1 0 E1	La lampe s'allume lorsque S1 est fermé.	$E1 = S1$	S1 E1
$E1 = S1 + 1$	S1 1 E1	La lampe est toujours allumée (S1 est shunté).	$E1 = 1$	1 E1
$E1 = S1 + S1$	S1 S1 E1	La lampe s'allume lorsque S1 est fermé.	$E1 = S1$	S1 E1
$E1 = S1 + \overline{S1}$	S1 $\overline{S1}$ E1	La lampe est toujours allumée quelle que soit la position de S1.	$E1 = 1$	1 E1

3.1.3 Produit et somme logique

Equation non simplifiée	Schéma correspondant	Explication	Equation simplifiée	Schéma correspondant
$E1 = S1 + S1.S2$		Quelle que soit la position de S2, la lampe s'allume si S1 est fermé.	$E1 = S1$	
$E1 = S1 + \overline{S1}.S2$		Si S1 est fermé ou si S2 est fermé, la lampe s'allume.	$E1 = S1 + S2$	

3.1.4 Remarque

Les relations de base ont été données avec la variable S1 ; elles sont identiques pour la variable $\overline{S1}$.

Exemples : $E1 = \overline{S1}.\ 1 = \overline{S1}$

$E1 = \overline{S1} + 1 = 1$

$E1 = \overline{S1} + S1.S2 = \overline{S1} + S2$

$E1 = \overline{S1} + S1.\overline{S2} = \overline{S1} + \overline{S2}$

3.2 Exemples

3.2.1 Premier cas :

Equation non simplifiée : $E1 = K1A + K1A.\ K2A + \overline{K3A} + K2A$

simplification : $E1 = K1A\ (\underbrace{1 + K2A}_{1}) + K2A + \overline{K3A}$

Equation simplifiée : $E1 = K1A + K2A + \overline{K3A}$

3.2.2 Deuxième cas :

Equation non simplifiée : $M1 = \overline{K1M}.\ \overline{K2M} + \overline{K1M}.K2M + K1M.\ K2M$

Simplification : $\quad M1 = \overline{K1M}\ (\underbrace{\overline{K2M} + K2M}_{1}) + K1M.\ K2M$

$\quad M1 = \overline{K1M} + K1M.\ K2M$

Equation simplifiée : $\quad M1 = \overline{K1M} + K2M$

3.2.3 Troisième cas

Equation non simplifiée :
$$Y1 = \overline{K1A} + (K1A.\ K2A) + (K1A.\ K3A.\ K4A.\ K2A)$$

Simplification :
$$Y1 = \overline{K1A} + (K1A.\ K2A)\ \underbrace{(1 + K3A.\ K4A)}_{1}$$

$$Y1 = \overline{K1A} + K1A.\ K2A$$

Equation simplifiée : $Y1 = \overline{K1A} + K2A$

3.2.4 Quatrième cas

Equation non simplifiée :
$$K1M = K1A + (K1A.K2A) + (K1A.K3A.K4A) + (K1A.\ K5A)$$

Simplification :
$$K1M = K1A\ \underbrace{(1 + K2A + K3A.\ K4A + K5A)}_{1}$$

Equation simplifiée :
$$K1M = K1A \cdot$$

3.2.5 Cinquième cas

Reprenons l'exemple du paragraphe 2 ; la table de vérité donne l'équation suivante :

$$R1 = (B1.B2.\overline{B3}) + (\overline{B1}.B2.B3) + (B1.B2.B3) + (B1.\overline{B2}.B3)$$

$$R1 = (B1.B2.\overline{B3}) + (\overline{B1}.B2.B3) + B1.B3\ \underbrace{(B2 + \overline{B2})}_{1}$$

$$R1 = (B1.B2.\overline{B3}) + (\overline{B1}.B2.B3) + (B1.B3)$$

$$R1 = (B1.B2.\overline{B3}) + B3\ \underbrace{(\overline{B1}.B2 + B1)}_{B2 + B1}$$

$$R1 = (B1.B2.\overline{B3}) + B3.B2 + B3.B1$$

$$R1 = B2\ \underbrace{(B1.\overline{B3} + B3)}_{B1 + B3} + B3.B1$$

$$R1 = B2\ (B1 + B3) + B3.B1$$

$$R1 = B1.B2 + B2.B3 + B3.B1$$

Ce résultat est l'équation simplifiée du problème.

3.3 Remarque

Cette méthode est assez longue et fastidieuse ; elle est avantageusement remplacée par une méthode graphique.

4 SIMPLIFICATION DES EQUATIONS PAR LE GRAPHIQUE

Cette méthode est beaucoup plus simple que la précédente et n'impose pas la connaissance des relations de base.

4.1 Tableau de Karnaugh

Ce tableau reprend les indications de la table de vérité pour les mettre sous une autre forme. Le nombre de cases est égal au nombre de lignes de la table de vérité. Chaque ligne et chaque colonne correspond à un état d'une ou plusieurs variables d'entrée.

S'il y a deux variables d'entrée, la table de vérité comprend quatre lignes, et le tableau quatre cases.

Exemple :

Variables d'entrée : K1A et K2A

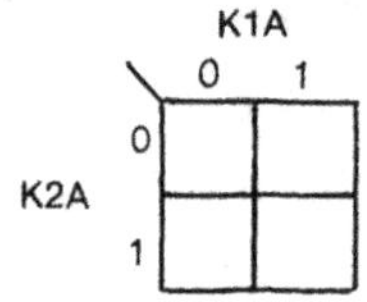

S'il y a trois variables d'entrée, la table comprend ($2^3 =$) 8 lignes et le tableau huit cases.

Exemple :

Variables d'entrée : K1A, K2A, K3A

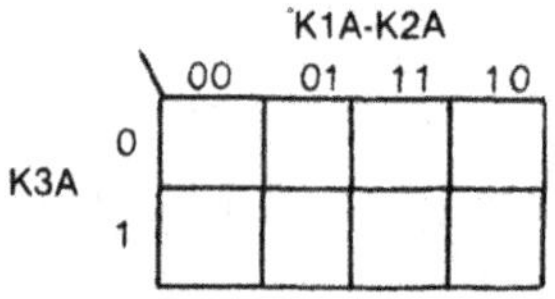

S'il y a quatre variables d'entrée, le nombre de cases est égal à $2^4 = 16$.

Exemple :

Variables d'entrée : K1A, K2A, K3A, K4A

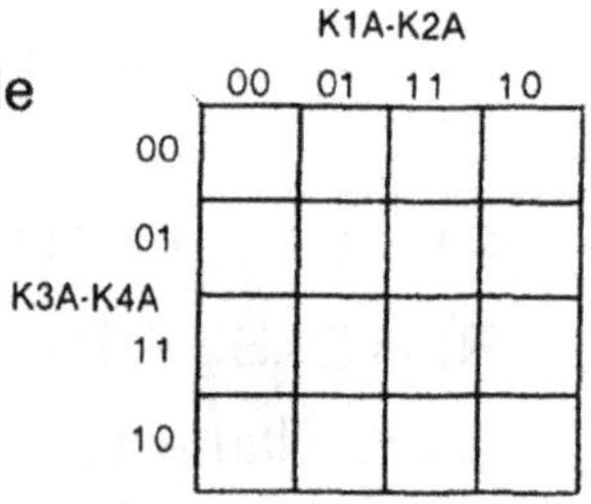

S'il y a cinq variables d'entrée, le nombre de cases est égal à $2^5 = 32$.

Exemple :

Variables d'entrée :
K1A, K2A, K3A, B1, B2

	K1A - K2A - K3A							
B1-B2	000	001	011	010	110	111	101	100
00								
01								
11								
10								

Chaque ligne et chaque colonne est numérotée avec l'état que peuvent prendre les variables d'entrée.

Attention : entre deux cases adjacentes, seule une variable d'entrée peut changer d'état.

Exemple :

Soit quatre variables K1A, K2A, B1, B2

la case (a) correspond à K1A, K2A, B1 et B2 = 0

la case (b) correspond à K1A, K2A, B1 et B2 = 1

la case (c) correspond à K1A, B1 = 1 et K2A, B2 = 0

	K1A-K2A			
B1-B2	00	01	11	10
00	(a)			
01				
11			(b)	
10				(c)

4.2 Transposition de la table de vérité dans le tableau de Karnaugh

Soit la table de vérité suivante :

	B3	B2	B1	R1
(a)	0	0	0	0
(b)	0	0	1	0
(c)	0	1	1	1
(d)	0	1	0	0
(e)	1	1	0	1
(f)	1	1	1	1
(g)	1	0	1	1
(h)	1	0	0	0

Le tableau de Karnaugh qui lui correspond, possède huit cases.

	B1-B2			
B3	00	01	11	10
0	0	0	1	0
1	0	1	1	1

— La ligne (a) correspond à la première case en haut à gauche
B1, B2, B3 = 0
Il faut inscrire dans cette case l'état de la variable de sortie : R1 = 0

— La ligne (g) correspond à la dernière case en bas à droite
B1 et B3 = 1, B2 = 0
la variable de sortie R1 vaut 1.

Il suffit de transposer toutes les lignes de la table de vérité dans les cases correspondantes du tableau de Karnaugh en inscrivant l'état de la variable de sortie.

4.3 Simplification des équations

4.3.1 Regroupement des cases

Pour simplifier l'équation, il suffit de regrouper les cases qui possèdent le même état de la variable de sortie dans les conditions suivantes :

— les cases regroupées doivent être adjacentes c'est-à-dire que seule une variable d'entrée peut changer d'état.

— le regroupement des cases se fait par puissance de deux (regroupement de 2, 4, 8, 16 cases).

— le regroupement doit être un carré ou un rectangle.

— toutes les cases possédant le même état de la variable de sortie doivent être utilisées.

— le regroupement doit être le plus grand possible.

— une case peut très bien appartenir à plusieurs regroupements.

— pour éviter les aléas technologiques, il faut essayer de croiser les regroupements.

Exemple du tableau de Karnaugh du paragraphe 4.2

Pour satisfaire toutes les conditions précédentes, nous pouvons regrouper l'état 1 de la variable de sortie en trois rectangles.

Premier regroupement

Deuxième regroupement

Troisième regroupement

Nous pouvons aussi regrouper l'état 0 de la variable de sortie en trois rectangles.

	B1·B2			
B3	00	01	11	10
0	0	0	1	0
1	0	1	1	1

Premier regroupement

	B1·B2			
B3	00	01	11	10
0	0	0	1	0
1	0	1	1	1

Deuxième regroupement

	B1·B2			
B3	00	01	11	10
0	0	0	1	0
1	0	1	1	1

Troisième regroupement

Remarque :

Dans le troisième regroupement, les cases sont adjacentes puisque, seule, la variable d'entrée B1 change d'état.

4.3.2 Equation de chaque regroupement

Chaque regroupement donne le produit logique des variables d'entrée qui n'ont pas changé d'état. L'ensemble de ces regroupements est une somme logique.

Exemple des tableaux précédents

Regroupement de l'état 1 de la variable de sortie R1
— Premier regroupement : B2. B3
— Deuxième regroupement : B3. B1
— Troisième regroupement : B1. B2

L'équation de la variable de sortie R1 est égale à :
R1 = B2. B3 + B3. B1 + B1. B2

Regroupement de l'état 0 de la variable de sortie R1

— Premier regroupement : $\overline{B1}.\overline{B3}$

— Deuxième regroupement : $\overline{\overline{B1}}.\overline{B2}$

— Troisième regroupement : $\overline{B2}.\overline{B3}$

L'équation de la variable de sortie $\overline{R1}$ est égale à :

$\overline{R1} = \overline{B1}.\overline{B3} + \overline{B1}.\overline{B2} + \overline{B2}.\overline{B3}$

4.3.3 Exemples de regroupements des cases

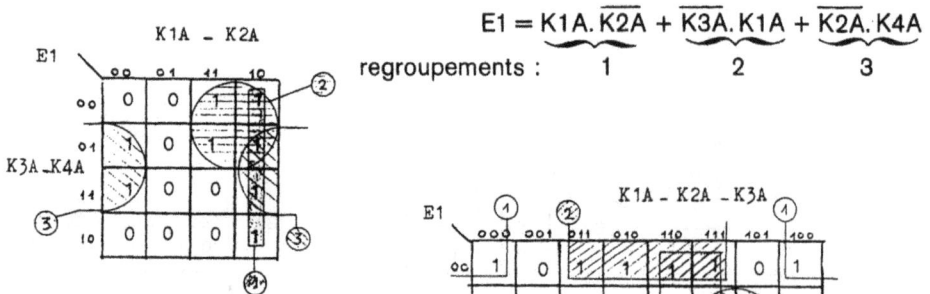

$$E1 = K1A.\overline{K2A} + \overline{K3A}.K1A + \overline{K2A}.K4A$$

regroupements : 1   2   3

$$E1 = \overline{K2A}.\overline{K3A}.\overline{S2} + K2A.\overline{S2} + K1A.K2A + K1A.K3A.S2$$
$$\quad\quad\quad 1 \quad\quad\quad 2 \quad\quad 3 \quad\quad 4$$

5 MODIFICATIONS DES EQUATIONS SIMPLIFIÉES

Il est souvent utile de transformer les équations de façon à obtenir soit des simplifications soit une harmonisation du matériel.

5.1 Complément de l'état d'une variable de sortie

Il représente l'état contraire de la variable de sortie.

Si une variable de sortie vaut 1, son complément vaut 0 et inversement, si elle vaut 0 son complément vaut alors 1 ; on écrit par exemple :

$$R1 = 1 \text{ et son complément } \overline{R1} = 0$$

De même si $R1 = 0$ son complément vaut $\overline{R1} = 1$

Remarques :

a) Le complément du complément de l'état d'une variable de sortie est égal à l'état de la variable de sortie.

Exemple :

Si $R1 = 1$
son complément vaut alors $\overline{R1} = 0$
et le complément du complément vaut $\overline{\overline{R1}} = 1$

on en déduit $R1 = \overline{\overline{R1}}$

b) Pour trouver le complément de l'état de la variable de sortie, il existe deux manières d'opérer qui sont :

— regrouper l'état 0 de la variable de sortie et déterminer l'équation correspondante.

$$\overline{E1} = \overline{S2} + S1.S3$$

— traiter l'état 1 de la variable de sortie, déterminer l'équation correspondante et chercher son complément.

$$E1 = S2.\overline{S3} + \overline{S1}.S2$$

et son complément

$$\overline{E1} = \overline{S2.\overline{S3} + \overline{S1}.S2}$$

5.2 Transformation d'une somme logique en produit logique

Premier théorème de De Morgan

Le complément de l'état d'une variable de sortie qui est égale à une somme logique de variables d'entrée équivaut au produit logique des compléments de ces variables d'entrée.

Premier exemple :

$$R1 = S1 + S2$$

$$\overline{R1} = \overline{S1 + S2} = \overline{S1}.\overline{S2}$$

d'où il est déduit :

$$R1 = \overline{\overline{R1}} \Rightarrow S1 + S2 = \overline{\overline{S1 + S2}} = \overline{\overline{S1}.\overline{S2}}$$

Deuxième exemple :

$$Y1 = (K1A + \overline{K2A}).K3A.\overline{K4A}$$

$$Y1 = \overline{\overline{(K1A + \overline{K2A}).K3A.\overline{K4A}}}$$

$$Y1 = \overline{(\overline{K1A.K2A}).K3A.\overline{K4A}}$$

$$Y1 = \overline{\overline{K1A}.K2A.K3A.\overline{K4A}}$$

5.3 Transformation d'un produit logique en somme logique

Deuxième théorème de De Morgan

Le complément de l'état d'une variable de sortie qui est égale à un produit logique de variables d'entrée équivaut à la somme logique des compléments de ces variables d'entrée.

Premier exemple :

$$R1 = S1.S2$$

$$\overline{R1} = \overline{S1.S2} = \overline{S1} + \overline{S2}$$

d'où il est déduit :

$$R1 = \overline{\overline{R1}} \Rightarrow S1.S2 = \overline{\overline{S1.S2}} = \overline{\overline{S1} + \overline{S2}}$$

Deuxième exemple :

$$Y1 = \overline{(K1A + \overline{K2A}).K3A.\overline{K4A}}$$

$$Y1 = \overline{\overline{(K1A + \overline{K2A}).K3A.\overline{K4A}}}$$

$$Y1 = \overline{\overline{K1A + \overline{K2A}} + \overline{K3A} + \overline{\overline{K4A}}}$$

$$Y1 = \overline{\overline{K1A + \overline{K2A}} + \overline{K3A} + K4A}$$

5.4 Remarques

Pour effectuer facilement ces transformations, il faut, à partir d'une grande barre, la couper et changer le signe logique.

Premier exemple :

```
                  ┌─barre coupée ─┐
                  ↓               ↓
        ─────────
        S1 + S2       =        S̄1  .  S̄2
                  ↑               ↑
                  └─ signe changé ─┘
```

Deuxième exemple :

```
                  ┌─barre coupée ─┐
                  ↓               ↓
        ─────────
        S1 . S2       =        S̄1  +  S̄2
                  ↑               ↑
                  └─ signe changé ─┘
```

5.5 Transformation d'une équation en produit ou en somme logique

Exemple : soit l'équation suivante :

$$H1 = \overline{F1}.(S1 + K1A).K2A.(\overline{B1} + B2)$$

Transformons cette équation en produit logique

$$H1 = \overline{\overline{F1}.(S1 + K1A).K2A.(\overline{B1} + B2)}$$

$$H1 = \overline{\overline{F1}.(\overline{S1.K1A}).K2A.(\overline{B1.B2})}$$

$$H1 = \overline{F1}.K2A.(\overline{S1.K1A})\,(\overline{B1.B2})$$

Transformons cette équation en somme logique

$$H1 = \overline{F1}.K2A.(S1 + K1A).(\overline{B1} + B2)$$

$$H1 = \overline{\overline{H1}} = \overline{\overline{F1.K2A.(S1 + K1A).(\overline{B1} + B2)}}$$

$$H1 = \overline{\overline{F1} + \overline{K2A} + \overline{(S1 + K1A)} + \overline{(\overline{B1} + B2)}}$$

$$H1 = F1 + \overline{K2A} + \overline{(S1 + K1A)} + \overline{(\overline{B1} + B2)}$$

6 OPÉRATEURS LOGIQUES

Un opérateur logique est un "ensemble électronique" qui permet de répondre à une fonction définie à l'avance.

6.1 Opérateur NON

Sa fonction permet d'obtenir le complément de l'état d'une variable d'entrée ou de sortie ; il possède toujours une seule entrée et une seule sortie.

Signe logique : −

Symbole normalisé :

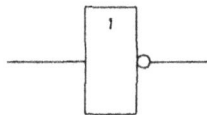

| Entrée | Fonction
NON | Sortie |

Exemple :

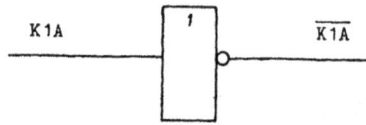

A l'entrée, si K1A = 1, en sortie $\overline{K1A}$ = 0 et inversement.

Analogie avec le schéma à relais et contacts

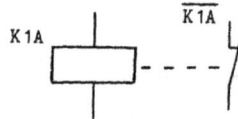

Lorsque la bobine K1A n'est pas excitée (K1A = 0) son contact est fermé ($\overline{K1A}$ = 1) et lorsqu'elle est alimentée (K1A = 1), son contact est ouvert ($\overline{K1A}$ = 0).

6.2 Opérateur ET

Sa fonction permet de traiter le produit logique de deux ou plusieurs variables d'entrée.

Signe logique : .

Symbole normalisé :

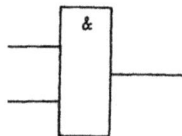

Opérateur à 2 entrées

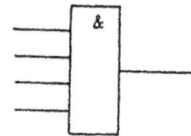

Opérateur à 4 entrées

Exemple :

$$R1 = K1A.K2A.\overline{K3A}$$

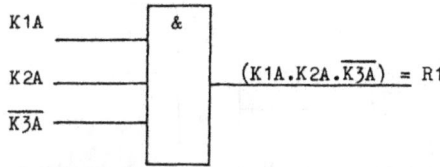

K1A   & $(K1A.K2A.\overline{K3A}) = R1$

K2A

$\overline{K3A}$

Lorsque les trois variables d'entrée sont égales à 1, la variable de sortie vaut 1.

Analogie avec le schéma à relais et contacts.

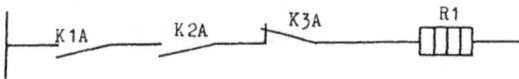

K1A   K2A   K3A   R1

Pour que R1 soit sous tension, il faut que les contacts K1A, K2A, K3A soient fermés c'est-à-dire les bobines K1A et K2A excitées et K3A non alimentée.

Cet opérateur correspond à des contacts en série.

Remarque :

Lorsqu'une ou plusieurs entrées ne sont pas utilisées, elles doivent avoir un état logique 1.

Exemple : $K1A = S1.S2$

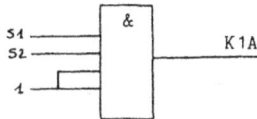

S1   &   K1A
S2
1

6.3 Opérateur OU

Sa fonction permet de traiter la somme logique de deux ou plusieurs variables d'entrée.

Signe logique : +

Symbole normalisé :

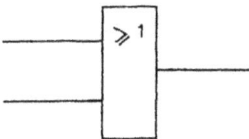

Opérateur à 2 entrées   Opérateur à 4 entrées

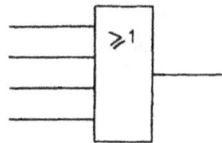

Exemple :

$$Y1 = K1A + K2A + \overline{K3A}$$

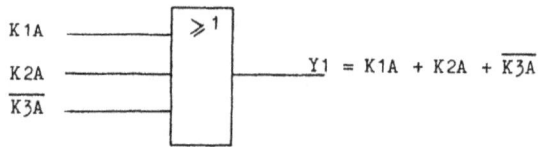

Si une des variables d'entrée est égale à 1, la variable de sortie vaut 1.

Analogie avec le schéma à relais et contacts.

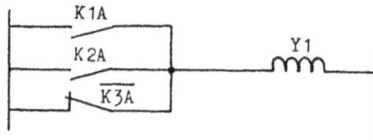

Pour que Y1 soit alimenté, il faut que l'un des contacts soit fermé c'est-à-dire la bobine K1A excitée ou la bobine K2A excitée ou la bobine K3A non alimentée.

Cet opérateur correspond à des contacts en parallèle.

Remarque :

Lorsqu'une ou plusieurs entrées ne sont pas utilisées, elles doivent avoir un état logique 0.

Exemple : K1A = S1 + S2

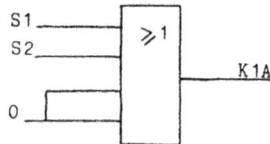

6.4 Opérateur OU exclusif

C'est une fonction OU très limitative. Sa variable de sortie est égale à 1 si et seulement si une des variables d'entrée est égale à 1.

Signe logique : $\oplus$

Symbole normalisé :

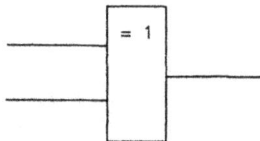

404

Exemple :

$$M1 = K1M \oplus K2M$$

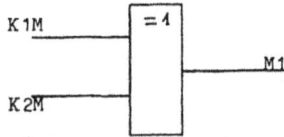

La variable de sortie M1 est égale à 1 si et seulement si K1M = 1 ou K2M = 1 (si K1M et K2M valent 1, M1 est égal à 0).

Analogie avec le schéma à relais et contacts.

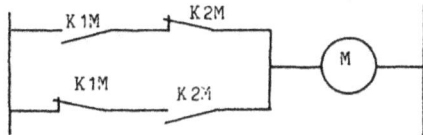

$$M = K1M.\overline{K2M} + \overline{K1M}.K2M$$

Le moteur est alimenté si la bobine K1M ou K2M est excitée.

Dans le cas où elles sont excitées en même temps, les circuits sont ouverts et le moteur est arrêté.

6.5 Opérateur NON ET (NAND)

Sa fonction permet d'obtenir le complément de l'état d'une variable de sortie lorsque celle-ci est le résultat d'un produit logique de plusieurs variables d'entrée.

Signe logique : /

Symbole normalisé :

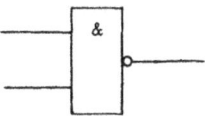

Opérateur à 2 entrées

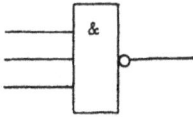

Opérateur à 3 entrées

405

Exemple :

$$H1 = S1 / S2 = \overline{S1.S2} = \overline{S1} + \overline{S2}$$

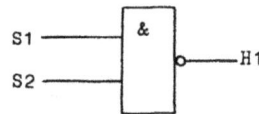

S1 ———— & ————— H1
S2 ————

La variable de sortie est égale à 0 si et seulement si les deux variables d'entrée sont égales à 1.

Analogie avec le schéma à relais et contacts

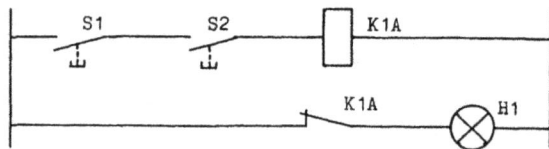

S1   S2   K1A

K1A   H1

Le voyant H1 est toujours sous tension sauf lorsque la bobine K1A est excitée, c'est-à-dire lorsque les boutons poussoirs S1 et S2 sont actionnés.

Cet opérateur est l'un des deux opérateurs universels car il permet de traiter les fonctions NON, ET, OU.

a) Premier exemple : remplacement de l'opérateur NON

Premier cas : $H1 = S1 / 1 = \overline{S1.1} = \overline{S1} + \overline{1} = \overline{S1} + 0 = \overline{S1}$

La deuxième entrée est toujours à l'état 1.

Deuxième cas : $H1 = S1 / S1 = \overline{S1.S1} = \overline{S1}$

Les deux entrées sont reliées ensemble.

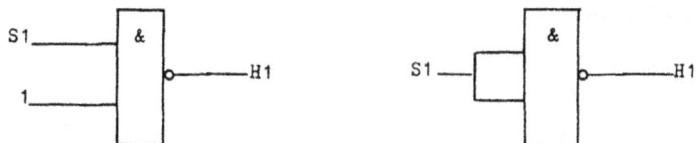

S1 ———— &   S1 ———— &
1 ———— ——— H1   ——— H1

b) Deuxième exemple : remplacement de l'opérateur ET

$$H1 = S1.S2$$

$$H1 = \overline{\overline{S1.S2}} = \overline{S1 / S2}$$

$\overline{(S1/S2)}$ est une fonction NON qui peut être traitée par un opérateur NON ET.

H1 = (S1/S2)/1

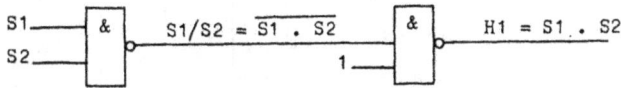

Pour traiter une fonction ET, il faut utiliser deux opérateurs NON ET.

c) Troisième exemple : remplacement de l'opérateur OU

H1 = S1 + S2

$H1 = \overline{\overline{S1 + S2}} = \overline{\overline{S1}.\overline{S2}} = \overline{S1}/\overline{S2}$

$\overline{S1}$ et $\overline{S2}$ sont des fonctions NON qui peuvent être traitées par des opérateurs NON ET.

H1 = (S1/S1)/(S2/S2)

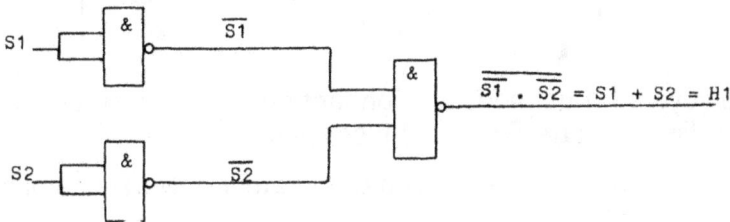

Pour traiter une fonction OU, il faut utiliser trois opérateurs NON ET.

6.6 Opérateur NON OU (NOR)

Sa fonction permet d'obtenir le complément de l'état logique d'une variable de sortie lorsque celle-ci est le résultat d'une somme logique de plusieurs variables d'entrée.

Signe logique : l

Symbole normalisé :

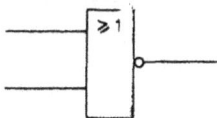

Opérateur à 2 entrées   Opérateur à 3 entrées

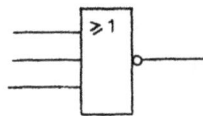

Exemple :

$$H1 = S1 \downarrow S2 = \overline{S1 + S2} = \overline{S1}.\overline{S2}$$

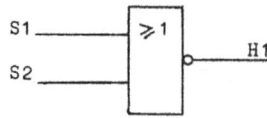

La variable de sortie est égale à 1 si et seulement si les variables d'entrée sont égales à 0.

Analogie avec le schéma à relais et contacts.

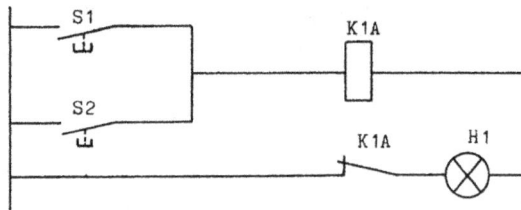

Le voyant H1 est sous tension tant que la bobine n'est pas excitée, c'est-à-dire tant que S1 ou S2 n'est pas actionné.

Cet opérateur est le deuxième opérateur universel car il permet de traiter les fonctions NON, ET, OU.

a) Premier exemple : remplacement de l'opérateur NON

Premier cas : $H1 = S1 \downarrow 0 = \overline{S1 + 0} = \overline{S1}.\overline{0} = \overline{S1}.. 1 = \overline{S1}$
La deuxième entrée est toujours à l'état 0.

Deuxième cas : $H1 = S1 \downarrow S1 = \overline{S1 + S1} = \overline{S1}$
Les deux entrées sont reliées ensemble.

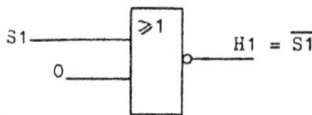

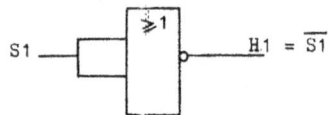

b) Deuxième exemple : remplacement de l'opérateur ET

$H1 = S1.S2$

$H1 = \overline{S1.S2} = \overline{\overline{S1} + \overline{S2}} = \overline{\overline{S1} \downarrow \overline{S2}}$

$\overline{S1}$ et $\overline{S2}$ sont des fonctions NON qui peuvent être traitées par des opérateurs NON OU.

$H1 = (S1 \downarrow S1) \downarrow (S2 \downarrow S2)$

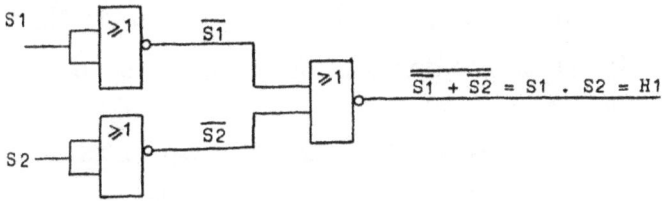

Pour remplacer une fonction ET il faut utiliser trois opérateurs NON OU.

c) Troisième exemple : remplacement de l'opérateur OU

$H1 = S1 + S2$

$H1 = \overline{\overline{S1 + S2}} = \overline{\overline{S1 \downarrow S2}}$

$(S1 \downarrow S2)$ est une fonction NON qui peut être traitée par un opérateur NON OU.

$H1 = (S1 \downarrow S2) \downarrow 0$

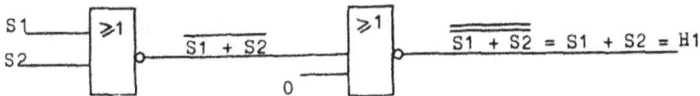

Pour remplacer une fonction OU, il faut utiliser deux opérateurs NON OU.

409

7 SCHÉMAS LOGIQUES

7.1 Généralités

Un schéma logique est la représentation graphique de l'équation d'une ou plusieurs variables de sortie grâce aux opérateurs vus précédemment.

On distingue trois types de schémas logiques :
— le premier comprend des opérateurs NON, ET, OU.
— le deuxième ne comprend que des opérateurs NON ET.
— le troisième ne comprend que des opérateurs NON OU.

Toutes les équations de variables de sortie peuvent se représenter sous ces trois types.

7.1.1 Schéma logique comprenant des opérateurs NON, ET, OU

Pour transposer une équation en schéma logique avec ces opérateurs, il faut :
— déterminer le nombre d'opérateurs NON : pour cela, il suffit de compter le nombre de barres sur les variables d'entrée.
— déterminer le nombre d'opérateurs ET : pour cela, il suffit de compter le nombre de groupes de produit logique et de déduire le nombre d'entrées nécessaires sur chaque opérateur.
— déterminer le nombre d'opérateurs OU : pour cela, il faut compter le nombre de groupes de somme logique et déduire le nombre d'entrées nécessaires sur chaque opérateur.
— relier les différents opérateurs entre eux.

Exemples :

a) Soit $R1 = B1.B2.\overline{B3} + B4.\overline{B1}.B5 + \overline{B4}.B2.\overline{B3}$

— Nombre d'opérateurs NON : 4 (dans l'équation il y a 4 barres sur les variables d'entrée)

— Nombre d'opérateurs ET : 3 (dans l'équation il y a 3 groupes de produit logique).

$B1.B2.\overline{B3}$

$B4.\overline{B1}.B5$

$\overline{B4}.B2.\overline{B3}$

Ces opérateurs doivent posséder trois entrées.

— Nombre d'opérateurs OU : 1 (dans l'équation il y a une somme logique ; cet opérateur doit posséder trois entrées).

Conclusion :

$$R1 = (B1.B2.\overline{B3}) + (B4.\overline{B1}.B5) + (\overline{B4}.B2.\overline{B3})$$

$$\underbrace{}_{NON} \quad \underbrace{}_{NON} \quad \underbrace{}_{NON} \quad \underbrace{}_{NON}$$

$$\underbrace{}_{ET} \quad \underbrace{}_{ET} \quad \underbrace{}_{ET}$$

$$\underbrace{}_{OU}$$

Remarque :

L'équation comporte deux fois $\overline{B3}$; pour les obtenir, il suffit d'utiliser un seul opérateur NON.

Schéma logique

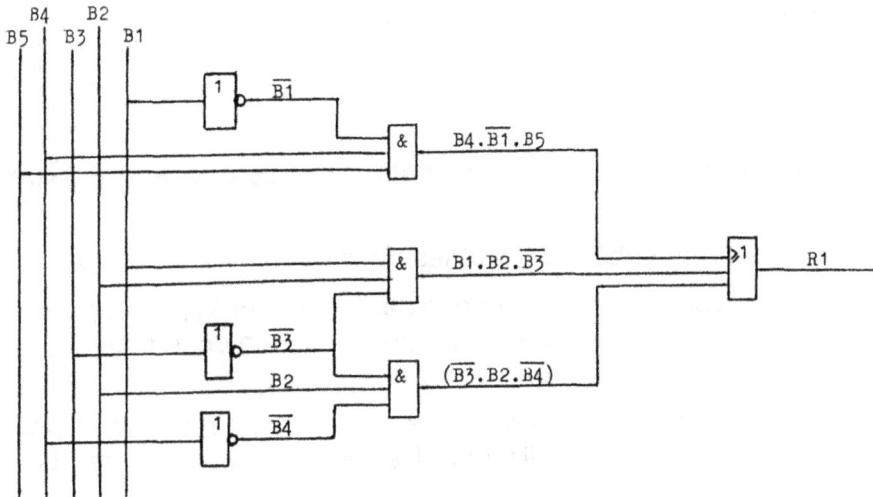

b) Soit R1 = B1.$\overline{\overline{B2}}$. (B3 + B4) + B5. (B3 + B4 + B1)

Nombre d'opérateur NON : 1
Nombre d'opérateur OU : 3
Nombre d'opérateur ET : 2

Conclusion :

$$R1 = B1.\overline{\overline{B2}}. (B3 + B4) + B5. (B3 + B4 + B1)$$

$$\underbrace{}_{NON} \quad \underbrace{}_{OU} \qquad\qquad \underbrace{}_{OU}$$

$$\underbrace{}_{ET} \qquad\qquad \underbrace{}_{ET}$$

$$\underbrace{}_{OU}$$

411

Reprenons l'équation $R1 = B1.\overline{B2}.(B3 + B4) + B5.(B3 + B4 + B1)$

Schéma logique

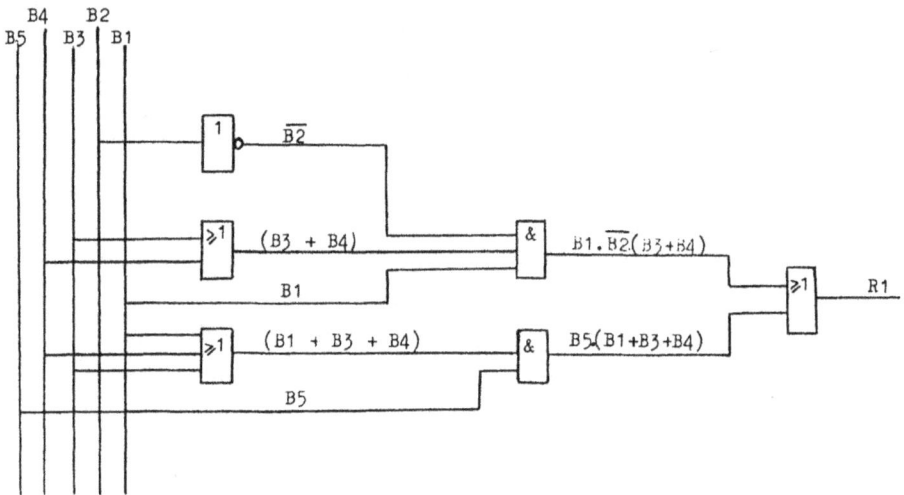

7.1.2 Schéma logique ne comprenant que des opérateurs NON ET

Pour réaliser ce schéma, il faut les deux conditions suivantes :

— l'équation ne doit comporter que des ET logiques ; pour répondre à cette condition, il faut transformer l'équation en appliquant les théorèmes de De Morgan.

— l'équation doit être entièrement recouverte par une barre ; pour réaliser cette condition, il faut utiliser les propriétés de la négation à savoir :

Variable de sortie $= \overline{\overline{\text{variable de sortie}}}$

Exemples :

a) soit $R1 = B1.B2.\overline{B3} + B4.\overline{B1}.B5 + \overline{B4}.B2.\overline{B3}$

Transformons les OU logiques en produit logique en appliquant le théorème de De Morgan.

$$R1 = \overline{\overline{R1}} = \overline{\overline{B1.B2.\overline{B3} + B4.\overline{B1}.B5 + \overline{B4}.B2.\overline{B3}}}$$

$$R1 = \overline{\overline{B1.B2.\overline{B3}} \cdot \overline{B4.\overline{B1}.B5} \cdot \overline{\overline{B4}.B2.\overline{B3}}}$$

Les deux conditions étant remplies, nous pouvons compter le nombre de barres au-dessus de l'équation pour déterminer le nombre d'opérateurs NON ET nécessaires.

412

Il y a huit barres, il faut huit opérateurs NON ET.

Conclusion :

$$R1 = \overline{\overline{B1.B2.\overline{B3}} . \overline{B4.\overline{B1}.B5} . \overline{B4.B2.\overline{B3}}}$$

Remarque :

L'équation comporte deux fois $\overline{B3}$; un opérateur NON ET suffit.

Schéma logique

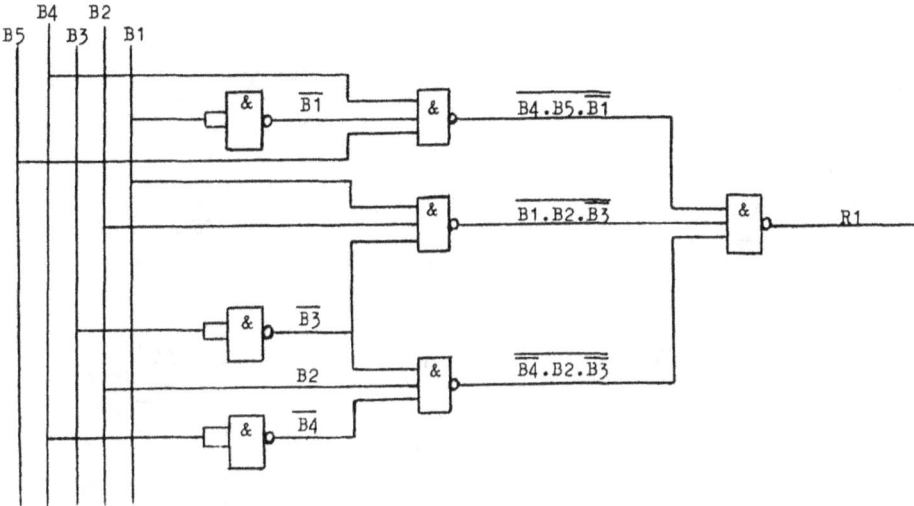

b) Soit $R1 = B1.\overline{B2}.(B3 + B4) + B5.(B3 + B4 + B1)$

Transformons les OU logiques en produits logiques en appliquant les théorèmes de De Morgan.

$$R1 = B1.\overline{B2}.\overline{(\overline{B3} + \overline{B4})} + B5.\overline{(\overline{B3} + \overline{B4} + \overline{B1})}$$

$$R1 = B1.\overline{B2}.\overline{(\overline{B3}.\overline{B4})} + B5.\overline{(\overline{B3}.\overline{B4}.\overline{B1})}$$

$$R1 = \overline{\overline{R1}} = \overline{\overline{B1.\overline{B2}.\overline{(\overline{B3}.\overline{B4})} + B5.\overline{(\overline{B3}.\overline{B4}.\overline{B1})}}}$$

$$R1 = \overline{\overline{B1.\overline{B2}.\overline{(\overline{B3}.\overline{B4})}} . \overline{B5.\overline{(\overline{B3}.\overline{B4}.\overline{B1})}}}$$

Les deux conditions étant respectées, nous pouvons compter le nombre de barres qui est égal au nombre d'opérateurs NON ET.

Il y a onze barres, il nous faut onze opérateurs NON ET.

Conclusion :

$$R1 = \overline{B1 . \overline{B2} . \overline{(\overline{B3 . B4})} . B5 . \overline{(\overline{B3} . \overline{B4} . \overline{B1})}}$$

Remarque :

L'équation comporte '2 fois $\overline{B3}$ et $\overline{B4}$; un opérateur NON ET suffit pour chaque variable d'entrée.

Schéma logique

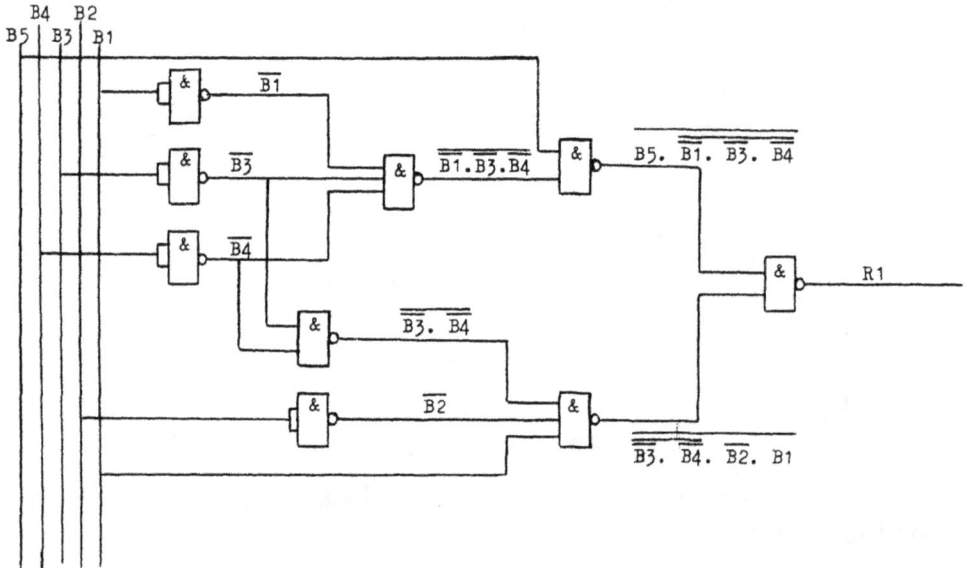

7.1.3 Schéma logique ne comprenant que des opérateurs NON OU

Pour réaliser ce schéma, il faut les deux conditions suivantes :

— l'équation ne doit comporter que des OU logiques ; pour répondre à cette condition, il faut transformer l'équation en appliquant les théorèmes de De Morgan.

— l'équation doit être entièrement recouverte par une barre ; pour réaliser cette condition, il faut utiliser les propriétés de la négation à savoir :

Variable de sortie $= \overline{\overline{\text{variable de sortie}}}$

Exemples :

a) soit $R1 = B1.B2.\overline{B3} + B4.\overline{B1}.B5 + \overline{B4}.B2.\overline{B3}$

Transformons les ET logiques en somme logique en appliquant le théorème de De Morgan.

$$R1 = \overline{\overline{B1.B2.\overline{B3}}} + \overline{\overline{B4.\overline{B1}.B5}} + \overline{\overline{\overline{B4}.B2.\overline{B3}}}$$

$$R1 = \overline{\overline{B1} + \overline{B2} + \overline{\overline{B3}}} + \overline{\overline{B4} + \overline{\overline{B1}} + \overline{B5}} + \overline{\overline{\overline{B4}} + \overline{B2} + \overline{\overline{B3}}}$$

$$R1 = \overline{\overline{B1} + \overline{B2} + B3} + \overline{\overline{B4} + B1 + \overline{B5}} + \overline{B4 + \overline{B2} + B3}$$

Pour répondre à la deuxième condition, il suffit d'écrire :

$$R1 = \overline{\overline{R1}} = \overline{\overline{\overline{B1} + \overline{B2} + B3} + \overline{\overline{B4} + B1 + \overline{B5}} + \overline{B4 + \overline{B2} + B3}}$$

Les deux conditions étant remplies, nous pouvons compter le nombre de barres qui est égal au nombre d'opérateurs NON OU.

Il y a dix barres, donc dix opérateurs NON OU.

Conclusion :

$$R1 = \overline{\overline{\overline{B1} + \overline{B2} + B3} + \overline{\overline{B4} + B1 + \overline{B5}} + \overline{B4 + \overline{B2} + B3}}$$

Remarque :

L'équation comporte deux fois $\overline{B2}$; il ne faut utiliser qu'un seul opérateur NON OU.

Reprenons l'équation $R1 = \overline{\overline{\overline{B1} + \overline{B2} + B3} + \overline{\overline{B4} + B1} + \overline{B5} + \overline{\overline{B4} + \overline{B2} + B3}}$

Schéma logique

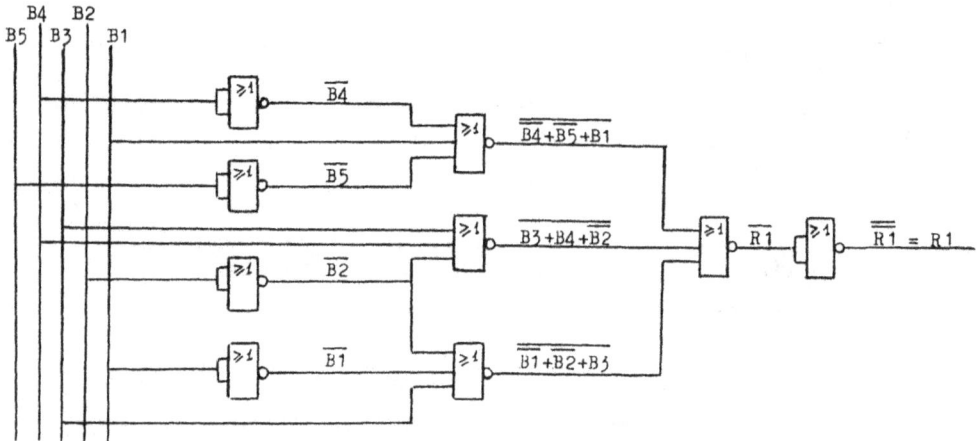

b) Soit $R1 = B1.\overline{B2}.(B3 + B4) + B5. (B3 + B4 + B1)$

Transformons les ET logiques en somme logique en appliquant les théorèmes de De Morgan.

$$R1 = \overline{\overline{B1.\overline{B2}.(B3 + B4)} + \overline{B5.(B3 + B4 + B1)}}$$

$$R1 = \overline{\overline{\overline{B1} + \overline{\overline{B2}} + \overline{(B3 + B4)}} + \overline{\overline{B5} + \overline{(B3 + B4 + B1)}}}$$

$$R1 = \overline{\overline{\overline{B1} + B2 + \overline{(B3 + B4)}} + \overline{\overline{B5} + \overline{(B3 + B4 + B1)}}}$$

$$R1 = \overline{\overline{R1}} = \overline{\overline{\overline{B1} + B2 + \overline{(B3 + B4)}} + \overline{\overline{B5} + \overline{(B3 + B4 + B1)}}}$$

Les deux conditions étant respectées, nous pouvons compter le nombre de barres.

Il y a huit barres, il nous faut donc huit opérateurs NON OU.

Conclusion :

$$R1 = \overline{\overline{\overline{\overline{B1} + B2} + \overline{B3 + B4}} + \overline{\overline{\overline{B5} + \overline{B3 + B4 + B1}}}}$$

NON OU   NON OU   NON OU   NON OU

NON OU   NON OU

NON OU

NON OU

Schéma logique

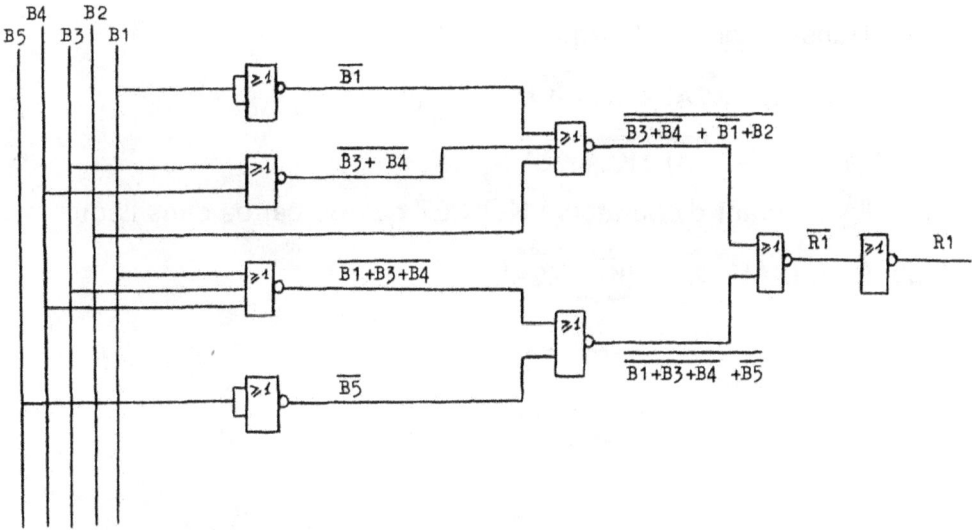

7.2 Premier exemple

Equation : $E1 = K1A.\overline{K2A} + \overline{K1A}.K2A$

7.2.1 Schéma logique avec des opérateurs NON, ET, OU

$E1 = K1A.\overline{K2A} + \overline{K1A}.K2A$

NON   NON

ET   ET

OU

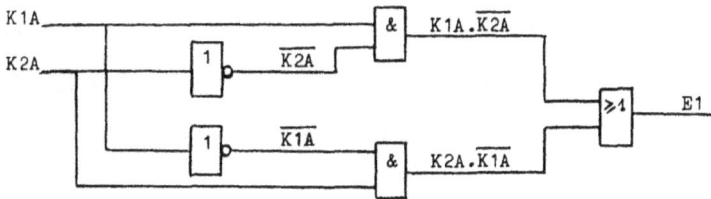

7.2.2 Schéma logique avec des opérateurs NON ET

$$E1 = K1A.\overline{K2A} + \overline{K1A}.K2A$$

Transformons cette équation

$$E1 = \overline{\overline{(K1A.\overline{K2A})} + \overline{\overline{K1A}.K2A}}$$

$$E1 = \overline{\overline{(K1A.\overline{K2A})} \cdot \overline{\overline{K1A}.K2A}}$$

Il y a autant d'opérateurs NON ET que de barres dans l'équation.

$$E1 = \overline{\overline{(K1A.\overline{K2A})} \cdot \overline{(\overline{K1A}.K2A)}}$$

NON ET   NON ET

NON ET   NON ET

NON ET

Schéma logique

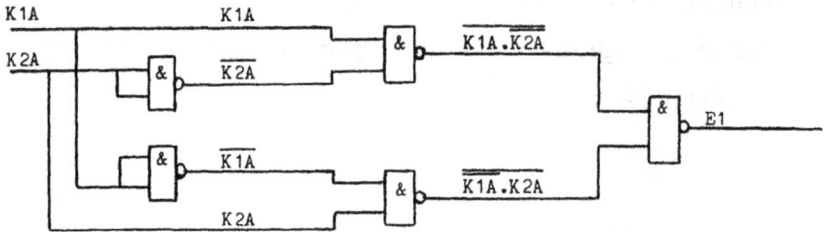

7.3 Deuxième exemple

Equation : $H1 = (S1 + \overline{S2}) \cdot (S3 + \overline{S4})$

7.3.1 Schéma logique avec des opérateurs NON, ET, OU

$$H1 = (S1 + \overline{S2}) \cdot (S3 + \overline{S4})$$

NON   NON

OU   OU

ET

418

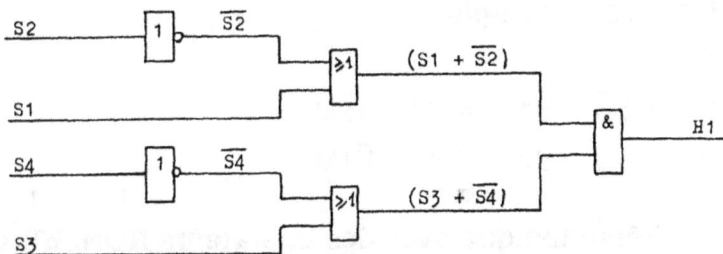

7.3.2 Schéma logique avec des opérateurs NON OU

$$H1 = (S1 + \overline{S2}) . (S3 + \overline{S4})$$

Transformons cette équation

$$H1 = \overline{\overline{(S1 + \overline{S2}) . (S3 + \overline{S4})}}$$

$$H1 = \overline{\overline{(S1 + \overline{S2})} + \overline{(S3 + \overline{S4})}}$$

Il y a autant d'opérateurs NON OU que de barres dans l'équation.

$$H1 = \overline{\overline{S1 + \overline{S2}} + \overline{S3 + \overline{S4}}}$$

NON OU   NON OU

NON OU   NON OU

NON OU

Schéma logique

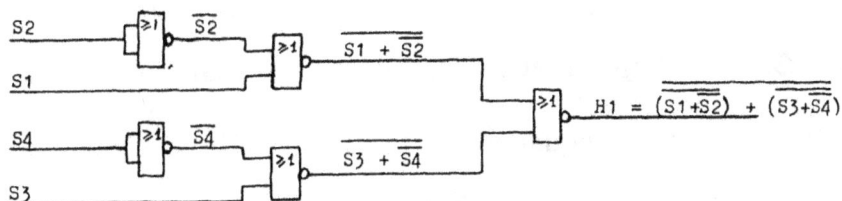

7.4 Troisième exemple

Equations :

$$K1M = \overline{S3} \cdot (S1 + K1M) \cdot \overline{K2M}$$

$$K2M = \overline{S3} \cdot (S2 + K2M) \cdot \overline{K1M}$$

7.4.1 Schéma logique avec des opérateurs NON, ET, OU

$$K1M = \underbrace{\overline{S3}}_{\text{NON}} \cdot \underbrace{\overline{K2M}}_{\text{NON}} \cdot \underbrace{(S1 + K1M)}_{\text{OU}}$$

$$\underbrace{\phantom{\overline{S3} \cdot \overline{K2M} \cdot (S1 + K1M)}}_{\text{ET}}$$

$$K2M = \underbrace{\overline{S3}}_{\text{NON}} \cdot \underbrace{\overline{K1M}}_{\text{NON}} \cdot \underbrace{(S2 + K2M)}_{\text{OU}}$$

$$\underbrace{\phantom{\overline{S3} \cdot \overline{K1M} \cdot (S2 + K2M)}}_{\text{ET}}$$

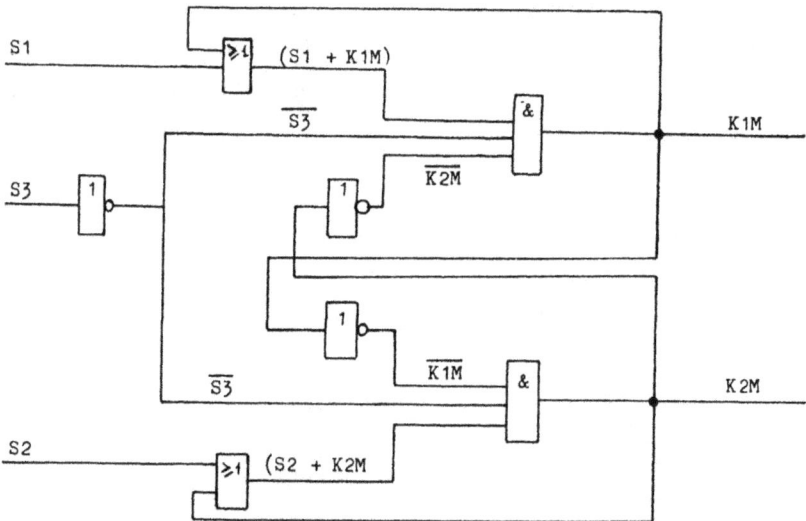

7.4.2 Schéma logique avec des opérateurs NON ET

Transformons les équations :

$$K1M = \overline{S3} \cdot \overline{K2M} \cdot (\overline{\overline{S1 + K1M}})$$

$$K1M = \overline{S3} \cdot \overline{K2M} \cdot (\overline{\overline{S1} \cdot \overline{K1M}}$$

$$K1M = \overline{\overline{S3} \cdot \overline{K2M} \cdot \overline{S1} \cdot \overline{K1M}}$$

Par analogie : $K2M = \overline{\overline{S3} \cdot \overline{K1M} \cdot \overline{S2} \cdot K2M}$

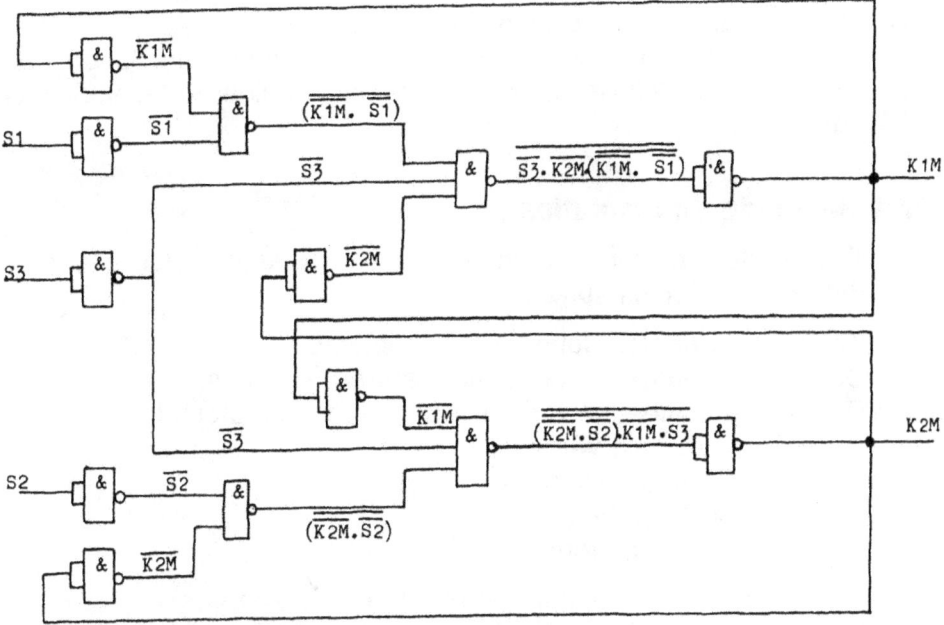

7.4.3 Schéma logique avec des opérateurs NON OU

Transformons les équations : $K1M = \overline{S3} \cdot \overline{K2M} \cdot (S1 + K1M)$

$K1M = \overline{\overline{S3} \cdot \overline{K2M} \cdot (S1 + K1M)} = \overline{\overline{S3}} + \overline{\overline{K2M}} + \overline{(S1 + K1M)}$

$K1M = \overline{S3 + K2M + \overline{(S1 + K1M)}}$

Par analogie : $K2M = \overline{S3 + K1M + \overline{(S2 + K2M)}}$

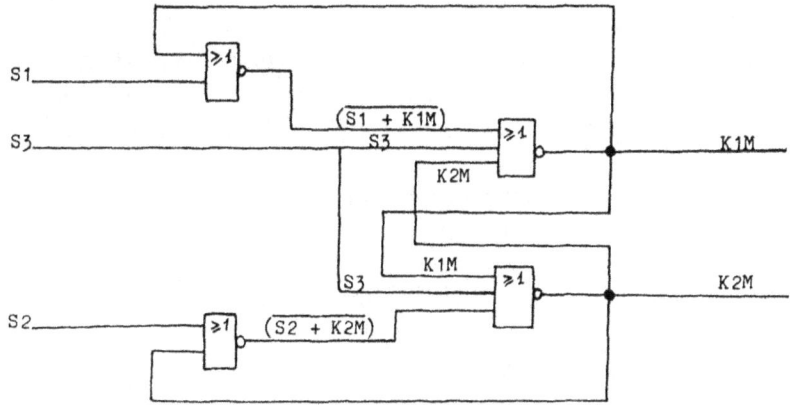

8 LOGIQUE COMBINATOIRE

L'utilisation de la logique combinatoire permet de résoudre tous les problèmes d'automatisme lorsque les variables de sortie possèdent des équations qui ne dépendent que de variables citées dans l'énoncé. En d'autres termes, les organes de commande combinés entre eux alimentent directement le récepteur considéré.

8.1 Méthode de résolution

Pour traiter un problème en logique combinatoire, il faut respecter les différentes phases suivantes :

(1) Définir et poser les données du problème.
(2) Déterminer toutes les variables d'entrée (organes de commande).
(3) Déterminer toutes les variables de sortie (récepteurs).
(4) Dresser la table de vérité du système.
(5) Choisir la méthode de résolution utilisée :
    — méthode algébrique
    — méthode graphique.

Si la méthode algébrique est retenue :
(6) Déduire de la table de vérité les équations des variables de sortie.
(7) Simplifier ces équations par l'algèbre logique.

Si la méthode graphique est retenue :
(6') Transposer la table de vérité dans un tableau de Karnaugh.
(7') En déduire les équations simplifiées des variables de sortie.
(8) Réaliser le schéma logique du système.

8.2 Exemple

8.2.1 Problème

Une péniche, destinée à transporter du grain, possède quatre compartiments indépendants les uns des autres. Elle ne peut effectuer son transport que lorsque sa charge est équilibrée ; les charges sont bien réparties lorsque :
    — les quatre compartiments sont vides.
    — les quatre compartiments sont pleins.
    — les compartiments 1 et 4 sont pleins.
    — les compartiments 2 et 3 sont pleins.
    — le compartiment 2 est plein.
    — le compartiment 3 est plein.

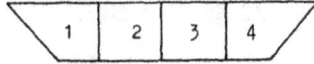

Traiter le problème de l'autorisation de transport.

8.2.2 Inventaire des variables

— Variables d'entrée : un détecteur de remplissage par compartiment désigné par :
B1 pour le compartiment 1
B2 pour le compartiment 2
B3 pour le compartiment 3
B4 pour le compartiment 4

— Variables de sortie : autorisation de transport désigné par la lettre K.

8.2.3 Table de vérité du système

B4	B3	B2	B1		K
0	0	0	0		1
0	0	0	1		0
0	0	1	1		0
0	0	1	0		1
0	1	1	0		1
0	1	1	1		0
0	1	0	1		0
0	1	0	0		1
1	1	0	0		0
1	1	0	1		0
1	1	1	1		1
1	1	1	0		0
1	0	1	0		0
1	0	1	1		0
1	0	0	1		1
1	0	0	0		0

8.2.4 Méthode de résolution algébrique

Equation non simplifiée :

$$K = \overline{B1}.\overline{B2}.\overline{B3}.\overline{B4} + \overline{B1}.B2.\overline{B3}.\overline{B4} + \overline{B1}.B2.B3.\overline{B4} + \overline{B1}.\overline{B2}.B3.\overline{B4} + B1.B2.B3.B4$$

$$+ B1.\overline{B2}.\overline{B3}.B4$$

Simplification :

$$K = \overline{B1}.\overline{B3}.\overline{B4}.\underbrace{(\overline{B2}+B2)}_{1} + \overline{B1}.B3.\overline{B4}.\underbrace{(B2+\overline{B2})}_{1} + B1.B2.B3.B4 + B1.\overline{B2}.\overline{B3}.B4$$

$$K = \overline{B1}.\overline{B3}.\overline{B4} + \overline{B1}.B3.\overline{B4} + B1.B2.B3.B4 + B1.\overline{B2}.\overline{B3}.B4$$

$$K = \overline{B1}.\overline{B4}.(\overline{B3} + B3) + B1.B2.B3.B4 + B1.\overline{B2}.\overline{B3}.B4$$

$$K = \overline{B1}.\overline{B4} + B1.B2.B3.B4 + B1.\overline{B2}.\overline{B3}.B4$$

Equation simplifiée :

$$K = \overline{B1}.\overline{B4} + B1.B4.(B2.B3 + \overline{B2}.\overline{B3})$$

8.2.5 Méthode de résolution graphique

Tableau de Karnaugh

Equation simplifiée :

$$K = \overline{B1}.\overline{B4} + B1.B2.B3.B4 + B1.\overline{B2}.\overline{B3}.B4$$
$$K = \overline{B1}.\overline{B4} + B1.B4.(B2.B3 + \overline{B2}.\overline{B3})$$

8.2.6 Schéma en logique à relais

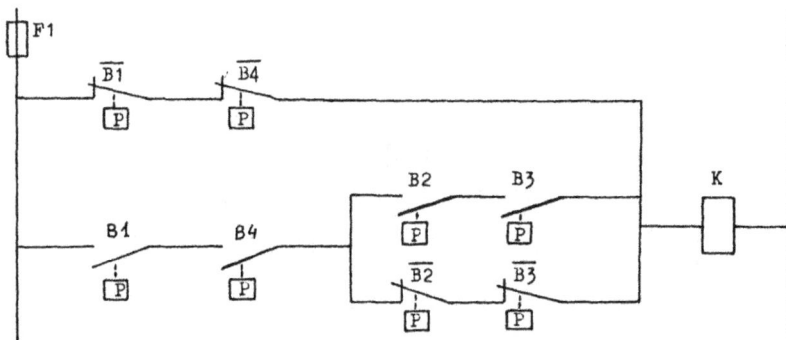

Nota : *les détecteurs de remplissage changent d'état lorsque le poids du grain est supérieur à la valeur de réglage.*

8.2.7 Schéma logique avec des opérateurs NON, ET, OU

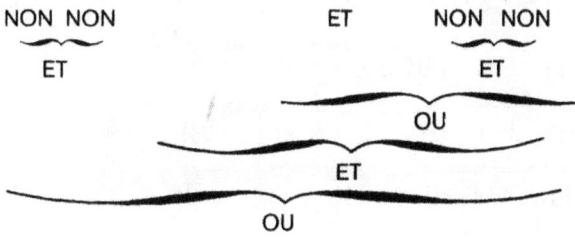

$$K = \overline{B1} \cdot \overline{B4} + B1 \cdot B4 \cdot (B2 \cdot B3 + \overline{B2} \cdot \overline{B3})$$

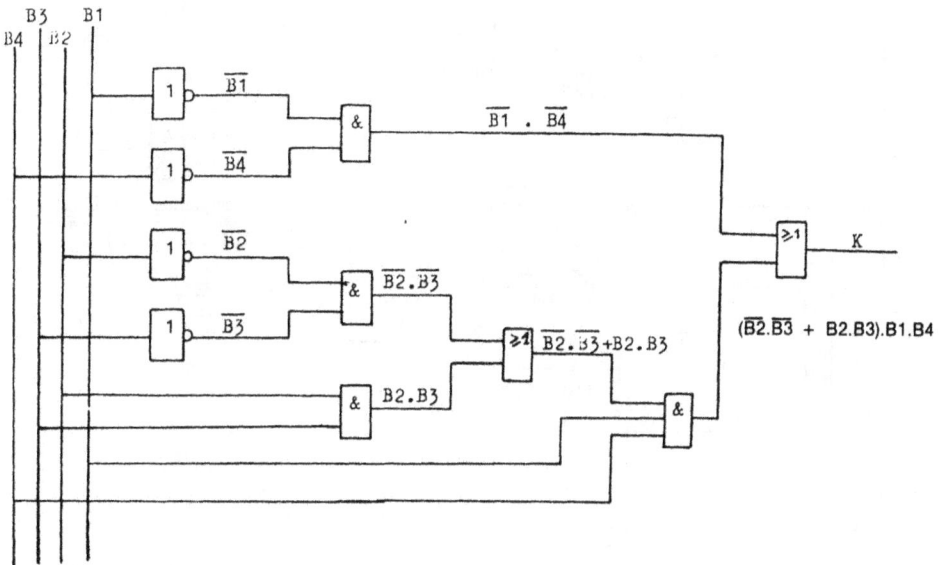

8.2.8 Schéma logique avec des opérateurs NON ET

Transformation de l'équation

$$K = \overline{B1} . \overline{B4} + B1 . B4 . \overline{(B2 . B3 + \overline{B2} . \overline{B3})}$$

$$\text{d'où } K = \overline{B1} . \overline{B4} + B1 . B4 . \overline{(\overline{B2 . B3} . \overline{\overline{B2} . \overline{B3}})}$$

$$K = \overline{\overline{B1} . \overline{B4} + B1 . B4 . \overline{(\overline{B2 . B3} . \overline{\overline{B2} . \overline{B3}})}}$$

$$K = \overline{\overline{(\overline{B1} . \overline{B4})} . \overline{B1 . B4 . \overline{(\overline{B2 . B3} . \overline{\overline{B2} . \overline{B3}})}}}$$

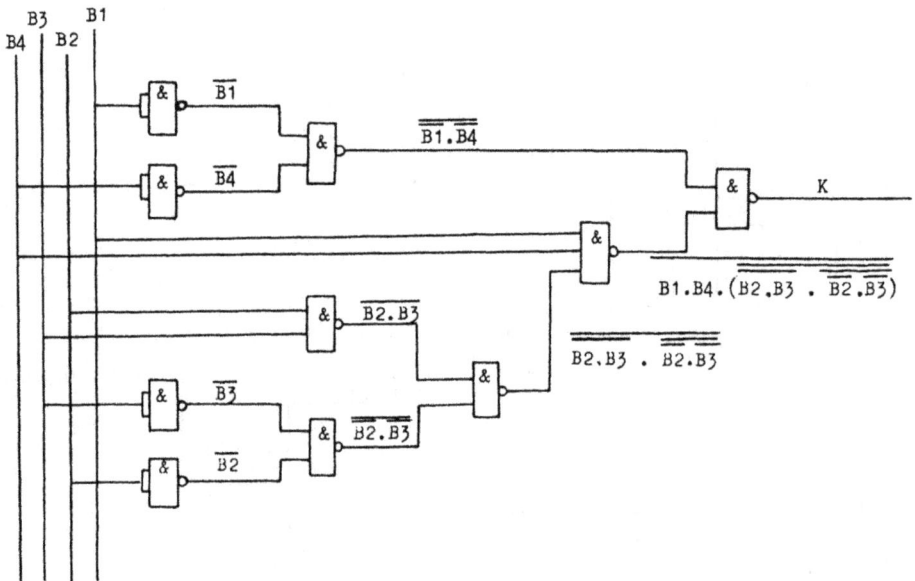

426

8.2.9 Schéma logique avec des opérateurs NON OU

Transformation de l'équation

$$K = \overline{B1} \cdot \overline{B4} + B1 \cdot B4 \cdot (B2 \cdot B3 + \overline{B2} \cdot \overline{B3})$$

$$K = \overline{\overline{B1} \cdot \overline{B4}} + B1 \cdot B4 \cdot \overline{(\overline{B2} \cdot B3 + \overline{B2} \cdot \overline{B3})}$$

$$K = \overline{\overline{B1} + \overline{B4}} + B1 \cdot B4 \cdot \overline{(B2 + \overline{B3} + \overline{B2} + B3)}$$

$$K = \overline{B1 + B4} + B1 \cdot B4 \cdot \overline{(\overline{B2} + \overline{B3} + B2 + B3)}$$

$$K = \overline{\overline{B1 + B4} + \overline{B1 + B4} + \overline{(\overline{B2} + \overline{B3} + B2 + B3)}}$$

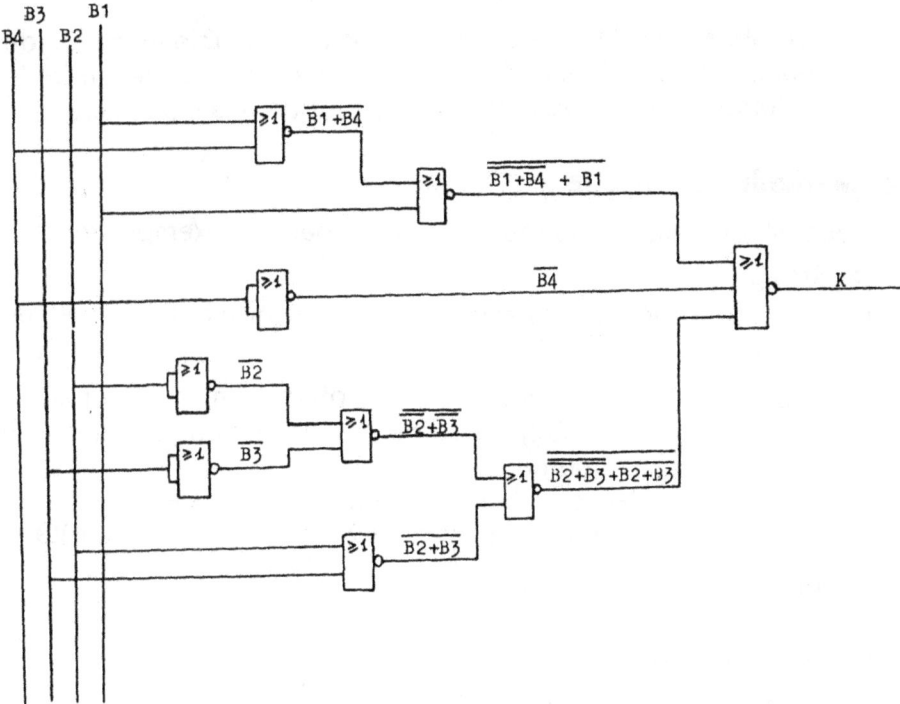

9 LOGIQUE SÉQUENTIELLE

L'utilisation de la logique séquentielle permet de traiter les problèmes qui ne peuvent pas être résolus par la logique combinatoire ; c'est le cas de variables de sortie qui dépendent d'une part des variables d'entrée citées dans l'énoncé et d'autre part de variables auxiliaires. En outre, en logique séquentielle, les mêmes états des variables d'entrée considérés à des instants différents ne donnent pas toujours le même état des variables de sortie.

9.1 Définitions

- **Variable primaire d'entrée :** c'est une variable lue dans l'énoncé ; elle correspond à un appareil de commande tel que bouton poussoir, fin de course, capteur, etc...

- **Variable secondaire d'entrée :** c'est une variable inconnue de l'énoncé mais qu'il est nécessaire de rajouter pour résoudre le problème ; elle correspond à un contact de relais auxiliaire.

9.2 Méthode matricielle

Nous allons traiter cette méthode en prenant un exemple.

Problème :
Un moteur est commandé par un bouton poussoir marche (S1) et par un bouton poussoir arrêt (S2).

Fonctionnement : — action sur S1 ; le moteur se met à tourner
— relâchement de S1 ; le moteur continue de tourner.
— action sur S2 ; le moteur s'arrête.
— relâchement de S2 ; le moteur reste arrêté.

Résolution de ce problème :

9.2.1 Tableau d'analyse

C'est un tableau qui reprend l'énoncé du problème et qui décompose son fonctionnement en phases successives.

On distingue :
— les phases stables dans lesquelles les variables d'entrée ont effectivement commandé le récepteur : ces phases sont appelées ETAT STABLE et sont représentées par un numéro d'ordre entouré d'un cercle.

— les phases transitoires qui précèdent les phases stables et dans lesquelles les variables d'entrée vont commander le récepteur ; ces phases ne durent que quelques millisecondes et sont appelées ETAT TRANSITOIRE ; elles sont représentées simplement par le numéro de l'état stable qu'elles vont engendrer.

Numéro des phases	Analyse du fonctionnement	Variables primaires d'entrée		Variable de sortie
		S1	S2	
①	Etat initial : aucune action sur S1 et S2	0	0	0
2	Action sur S1 ; état transitoire	1	0	0
②	S1 actionné ; le moteur tourne	1	0	1
3	Relâchement de S1 ; état transitoire	0	0	1
③	S1 relâché ; le moteur tourne	0	0	1
4	Action sur S2 ; état transitoire	0	1	1
④	S2 actionné ; le moteur s'arrête	0	1	0
1	Relâchement de S2 ; état transitoire	0	0	0
①	S2 relâché ; le moteur est arrêté c'est l'état initial	0	0	0

Remarque :

En règle générale, un tableau d'analyse ne comprend que les états stables (les états transitoires n'étant pas décrits).

9.2.2 Diagramme de fonctionnement

C'est un diagramme qui permet de lier par des flèches les états stables et les états transitoires entre eux ; il permet de visualiser très rapidement le cycle de fonctionnement du système.

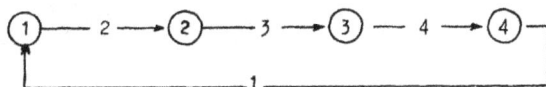

9.2.3 Matrice primitive

C'est un tableau dans lequel :

— les variables primaires d'entrée sont situées dans la partie haute et où leurs états sont combinés entre eux comme dans un diagramme de Karnaugh.

— tous les états stables et tous les états transitoires sont situés par rapport à l'état des variables primaires d'entrées.

— chaque ligne correspond à un état stable du fonctionnement.

— l'état de la variable de sortie est indiqué en face de chaque état stable.

— les cases qui ne peuvent pas être utilisées sont hachurées (par rapport à l'état stable, deux variables primaires ne peuvent pas changer d'état en même temps ; c'est une impossibilité technologique).

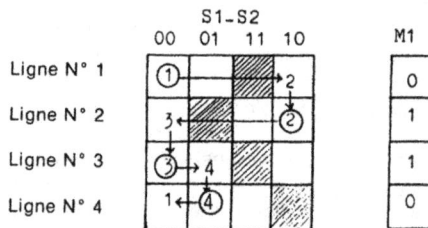

	$S1-S2$				M1
	00	01	11	10	
Ligne N° 1	①			→2	0
Ligne N° 2	3←			②	1
Ligne N° 3	③→4				1
Ligne N° 4	1←④				0

9.2.4 Recherche des variables secondaires d'entrée. Matrice contractée

Avant de déterminer le nombre de variables secondaires d'entrée nécessaires, il faut regarder si certaines lignes de la matrice primitive peuvent être superposables en respectant les conditions suivantes :

— On peut superposer
: un état stable et un état transitoire de même numéro
: deux états transitoires de même numéro
: un état transitoire ou un état stable avec une case vide ou hachurée.

— On ne peut pas superposer : deux états stables
: un état stable et un état transitoire de numéros différents
: deux états transitoires de numéros différents.

a) Polygone des liaisons

Pour repérer les lignes superposables, on trace le polygone de liaisons. Celui-ci indique les lignes superposables en les reliant entre elles.

Les lignes 1 et 4 ainsi que 2 et 3 sont superposables entre elles.

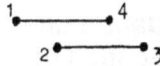

$$1 \bullet\!\!-\!\!-\!\!-\!\!\bullet\, 4$$
$$2 \bullet\!\!-\!\!-\!\!-\!\!-\!\!\bullet\, 3$$

b) Matrice contractée

C'est la matrice primitive dans laquelle les lignes qui étaient superposables ont fusionné.

S1_S2			
00	01	11	10
①	④		2
③	4		②

Fusionnement de la ligne 1 et 4

Fusionnement de la ligne 2 et 3

Remarques :

Lorsqu'un état stable est superposé à un état transitoire de même numéro, il faut indiquer l'état stable dans la matrice contractée.

La matrice contractée doit posséder un nombre de ligne égal à 2^n (n = nombre entier non limité en théorie).

A partir de la matrice contractée et pour retrouver le tableau de Karnaugh du système, il faut rajouter une variable appelée variable secondaire d'entrée de la façon suivante :

	S1_S2			
	00	01	11	10
K 1A 0				
1				

Cette variable secondaire d'entrée qui peut prendre l'état 0 (première ligne) ou 1 (deuxième ligne) est désignée ici par le repère K1A ; celle-ci appartient à un organe de commande auxiliaire.

9.2.5 Recherche des équations

a) Recherche de l'équation de l'organe de commande K1A

Méthode :

— Reproduire la matrice contractée sans indiquer les états stables et transitoires.

— Les cases correspondant à un état stable prennent la valeur de l'état de la variable secondaire d'entrée.

— Les cases correspondant à un état transitoire prennent la valeur de l'état stable qui suit.

— Cette matrice contractée devient un tableau de Karnaugh duquel il est facile de déduire l'équation recherchée.

— Pour faciliter les regroupements et simplifier l'équation, les cases non utilisées peuvent être remplies par des 1 ou des 0.

Explication :

— Première case en haut et à gauche : c'est l'état stable ① ; l'état de la variable de sortie K1A correspond à l'état de la variable secondaire d'entrée K1A qui est égal à 0.

— Même remarque pour l'état stable ④ .

— Première case en bas et à gauche : c'est l'état stable ③ ; l'état de la variable de sortie K1A est égal à la valeur de l'état de la variable secondaire d'entrée K1A qui vaut 1.

— Même remarque pour l'état stable ② .

— Case en haut et à droite : c'est l'état transitoire 2 ; l'état de la variable de sortie K1A est égal à la valeur de la variable secondaire d'entrée K1A pendant l'état stable ② c'est-à-dire 1.

— L'état transitoire 4 nous donne un état de variable de sortie égal à 0.

Equation de K1A suivant le regroupement indiqué.

$$K1A = S1.\overline{S2} + \overline{S2}.K1A = \overline{S2}.(S1 + K1A)$$

Deuxième possibilité :

Pour simplifier l'équation, on rajoute dans les cases non utilisées des 1 et on effectue les regroupements suivants :

d'où l'équation $K1A = S1 + \overline{S2}.K1A$

b) Recherche de l'équation du récepteur M1

Méthode :

— Reproduire la matrice contractée sans indiquer les états stables et transitoires.

— Lire dans la matrice primitive et inscrire dans les cases correspondantes les valeurs des états stables et transitoires de la variable de sortie M1.

— Cette matrice contractée devient un tableau de Karnaugh duquel il est facile de déduire l'équation recherchée.

— Pour faciliter les regroupements et simplifier l'équation, les cases non utilisées peuvent être remplies par des 0 ou des 1.

Explication :

— Case en haut et à gauche : c'est l'état stable ① ; la variable de sortie M1 vaut 0 (voir ligne N° 1 de la matrice primitive).

— Case en bas et à gauche : C'est l'état stable ③ ; la variable de sortie M1 vaut 1 (voir ligne N° 3 de la matrice primitive).

— Case en haut et à droite : c'est l'état transitoire 2 ; la variable de sortie M1 vaut 0 (voir ligne N° 1 de la matrice primitive).

Pour simplifier l'équation et effectuer un plus grand regroupement, il suffit de remplir les cases vides par 1 ou 0.

L'équation recherchée devient : M1 = K1A

Conclusion :

Pour résoudre ce problème, il faut utiliser un relais auxiliaire.

Les équations des variables de sortie sont :

$K1A = \overline{S2} \cdot (S1 + K1A)$
$M1 = K1A$

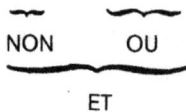

9.2.6 Schémas

a) Schéma développé des équations en utilisant un relais

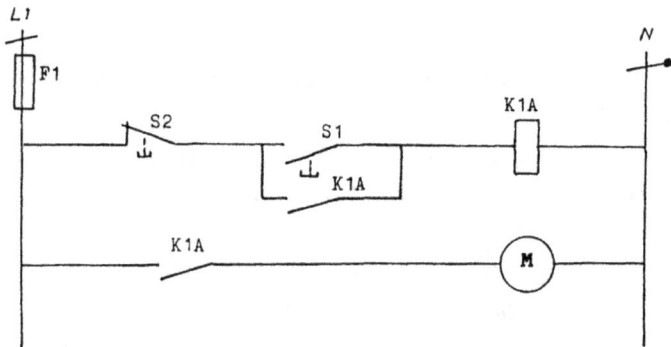

Légende :
F1 : fusible de protection
S1 : bouton poussoir marche
S2 : bouton poussoir arrêt
K1A : relais auxiliaire
M1 : moteur monophasé

b) Schéma logique des équations

Utilisation d'opérateurs NON, ET, OU

$K1A = \overline{S2} \cdot (S1 + K1A)$

NON OU
ET

$M1 = K1A$

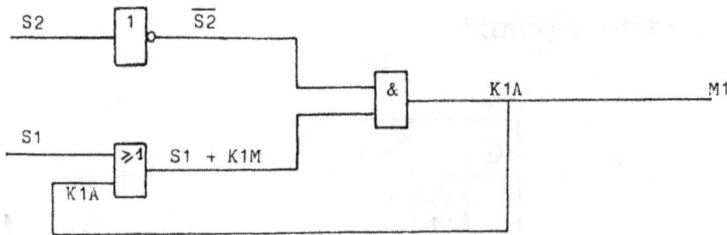

9.3 Premier exemple

Un présentoir électrique est commandé par deux boutons poussoirs S1 et S2.

9.3.1 Fonctionnement

- Lors d'une action maintenue sur S1, le présentoir tourne dans le sens des aiguilles d'une montre et s'arrête dès que le bouton poussoir est relâché.

- Lors d'une action maintenue sur S2, le présentoir tourne dans le sens inverse des aiguilles d'une montre et s'arrête dès que le bouton poussoir est relâché.

- Lors d'une action simultanée sur S1 et S2, le présentoir obéit au premier bouton poussoir actionné. A la suite de cette action, le sens de rotation dépend du dernier bouton poussoir relâché.

9.3.2 Résolution

Variables primaires d'entrée
S1 → commande la rotation dans le sens des aiguilles d'une montre.
S2 → commande la rotation dans le sens inverse.

Variables de sortie
K1M → commande la rotation dans le sens des aiguilles d'une montre.
K2M → commande la rotation dans le sens inverse.

9.3.3 Tableau d'analyse

Numéro des phases	Analyse du fonctionnement	Variables primaires d'entrée		Variables de sortie	
		S1	S2	K1M	K2M
①	Etat initial	0	0	0	0
②	Action sur S1 : le moteur tourne dans un sens	1	0	1	0
③	Action sur S2 : le moteur tourne dans le même sens	1	1	1	0
④	Relâchement de S1 : le moteur tourne dans le sens inverse	0	1	0	1
⑤	Action sur S1 : le moteur tourne dans le même sens	1	1	0	1

9.3.4 Matrice primitive

S1 – S2

	00	01	11	10		K1M	K2M
①		4	///	2		0	0
	1	///	3	②		1	0
	///	4	③	2		1	0
	1	④	5	///		0	1
	///	4	⑤	2		0	1

9.3.5 Diagramme de fonctionnement

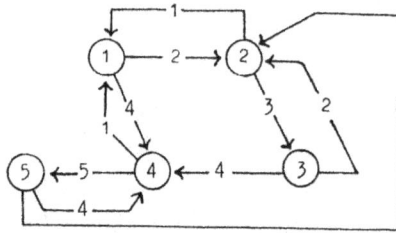

9.3.6 Polygone des liaisons

Superposition possible des lignes

(1, 2, 3) et (1, 4, 5)

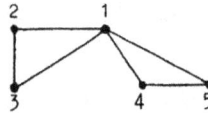

9.3.7 Matrice contractée : superposition des lignes (1, 2, 3) – (4, 5)

S1 – S2

K1A		00	01	11	10
	0	①	4	③	②
	1	1	④	⑤	2

La matrice contractée nous donne une variable secondaire d'entrée appelée K1A.

9.3.8 Recherche des équations

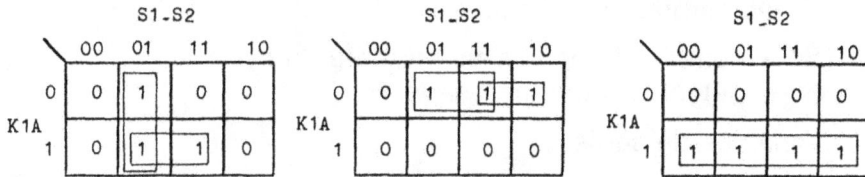

$$K1A = S2 \cdot (\overline{S1} + K1A) \qquad K1M = \overline{K1A} \cdot (S1 + S2) \qquad K2M = K1A$$

9.3.9 Schéma logique avec des opérateurs NON, ET, OU

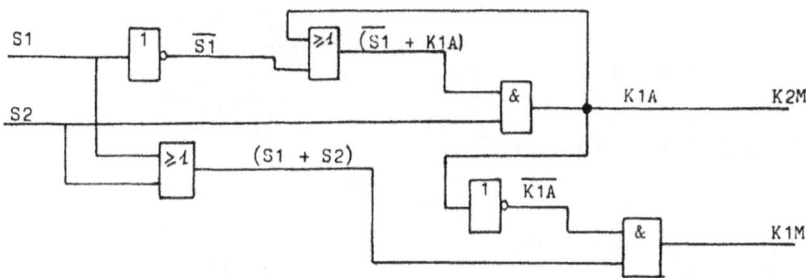

9.4 Deuxième exemple

Soit un chariot comprenant deux compartiments séparés l'un de l'autre : lorsque l'on appuie sur un bouton poussoir marche S1, le premier compartiment se remplit de sable ; dès qu'il est plein, un détecteur B1 arrête l'opération.

Le chariot se déplace de 0,50 m de façon à permettre au deuxième compartiment de se remplir de ciment ; lorsque ce dernier est plein, le détecteur B1 arrête l'opération ; le cycle est terminé.

Remarques :

Il est interdit d'appuyer sur le bouton poussoir S1 en cours de cycle.
Le chariot se présente toujours vide.

9.4.1 Résolution du problème de remplissage

Variables primaires d'entrée :

S1 → commande de la mise en route du cycle.
B1 → détecteur de remplissage.

Variables de sortie :

K1M → premier remplissage (sable).
K2M → deuxième remplissage (ciment).

9.4.2 Tableau d'analyse

Numéro de phases	Analyse du fonctionnement	Variables primaires d'entrée		Variables de sortie	
		S1	B1	K1M	K2M
①	Etat initial	0	0	0	0
②	Action sur S1 → remplissage de sable	1	0	1	0
③	Relâchement de S1	0	0	1	0
④	Action sur B1 → bac rempli	0	1	0	0
⑤	Relâchement de B1 → remplissage de ciment	0	0	0	1
⑥	Action sur B1 → bac rempli	0	1	0	0

9.4.3 Matrice primitive

S1 - S2

	00	01	11	10		K1M	K2M
ligne N° 1	①			2		0	0
2	3			②		1	0
3	③	4				1	0
4	5	④				0	0
5	⑤	6				0	1
6	1	⑥				C	0

Case impossible du point de vue technologique

Case interdite d'après l'énoncé.

9.4.4 Polygone des liaisons

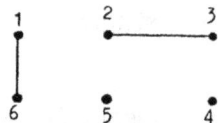

Superposition des lignes
(1, 6), (2, 3), 4, 5

438

9.4.5 Matrice contractée

S1 . B1

	00	01	11	10
00	①	⑥		2
01	③	4		②
11	5	④		
10	⑤	6		

K1A.K2A

La matrice contractée nous donne deux variables secondaires d'entrée appelées K1A et K2A

9.4.6 Recherche des équations

S1 . B1

	00	01	11	10
00	0	0	0	0
01	0	1	1	0
11	1	1	1	1
10	1	0	0	1

K1A.K2A

$$K1A = K1A . K2A + \overline{B1}.K1A + B1.K2A$$

S1 . B1

	00	01	11	10
00	0	0	1	1
01	1	1	1	1
11	0	1	1	1
10	0	0	1	1

K1A.K2A

$$K2A = S1 + \overline{K1A}.K2A + B1.K2A$$

S1 . B1

	00	01	11	10
00	0	0	0	0
01	1	1	1	1
11	0	0	0	0
10	0	0	0	0

K1A.K2A

$$K1M = \overline{K1A} . K2A$$

S1 . B1

	00	01	11	10
00	0	0	0	0
01	0	0	0	0
11	0	0	0	0
10	1	1	1	1

K1A.K2A

$$K2M = K1A . \overline{K2A}$$

9.4.7 Schéma logique avec des opérateurs NON, ET, OU

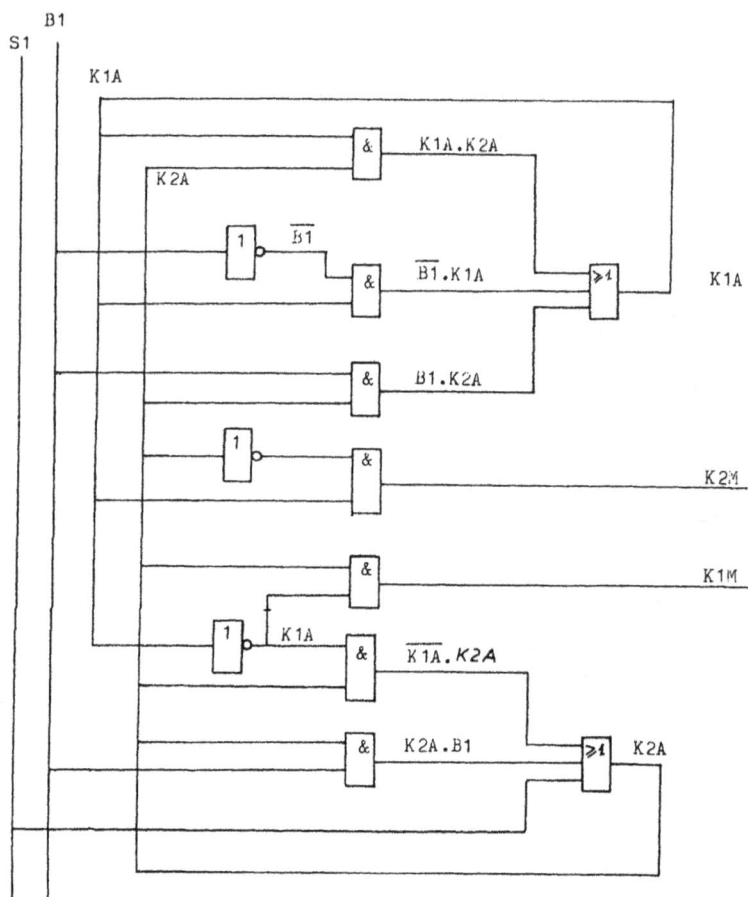

10 REMARQUE GÉNÉRALE

Les méthodes décrites précédemment ne sont utilisées que lorsque le nombre de variables d'entrée est faible ; dans le cas où le nombre de ces variables est égal ou dépasse six, il faut choisir d'autres méthodes de résolution qui sortent du cadre de cette étude.

INDEX ALPHABETIQUE

Colonne N : numéro de page pour le symbole normalisé.
Colonne D : numéro de page pour la description ou le fonctionnement de l'élément considéré.
Colonne E : numéro de page pour un exemple d'utilisation.

T	N	D	E

www.ingramcontent.com/pod-product-compliance
Lightning Source LLC
Chambersburg PA
CBHW082123210326

41599CB00031B/5857